普通高等教育工业设计专业"十三五"规划教材

CHANPIN XITONG SHEJI

产品系统设计

（第二版）

李奋强　编著

中国水利水电出版社
www.waterpub.com.cn

·北京·

内 容 提 要

本书从系统方法论的角度出发，首先论述了系统的基本概念，探讨了产品系统设计的基本思想方法和产品开发的一般设计流程。然后，从宏观上对影响产品系统环境方面的主要因素：产品生命周期、人的因素、科技因素、文化因素、经济因素、社会因素、生态因素等方面进行了分析，论述了产品信息调研方法、功能识别、产品基准选择以及产品分解等；从市场与消费者的角度，结合企业资源状况讲述了产品设计定位方法；从产品构造内部分析了产品功能、技术、形态、人机等基本组成要素。最后，论述了产品系统综合、产品结构（平台、模块、标准）整合创新设计方法、产品款型及系列化设计等。

本书突出产品系统设计概念的理解和基本设计思想方法的可操作性，从内容到形式表达有完整的指导材料和设计操作流程，适合工业设计、艺术设计专业的师生和从事产品设计的技术工作者、企业产品规划人员以及产品设计爱好者阅读参考。

本书配套教学课件可在 http：//www.waterpub.com.cn/softdown 免费下载。

图书在版编目（ＣＩＰ）数据

产品系统设计 / 李奋强编著. -- 2版. -- 北京：
中国水利水电出版社，2017.2（2024.1重印）
普通高等教育工业设计专业"十三五"规划教材
ISBN 978-7-5170-5188-6

Ⅰ．①产… Ⅱ．①李… Ⅲ．①产品设计－系统设计－
高等学校－教材 Ⅳ．①TB472

中国版本图书馆CIP数据核字(2017)第028271号

书　名	普通高等教育工业设计专业"十三五"规划教材 **产品系统设计（第二版）** CHANPIN XITONG SHEJI
作　者	李奋强　编著
出版发行	中国水利水电出版社 （北京市海淀区玉渊潭南路 1 号 D 座　100038） 网址：www.waterpub.com.cn E - mail：sales@waterpub.com.cn 电话：(010) 68367658（营销中心）
经　售	北京科水图书销售中心（零售） 电话：(010) 88383994、63202643、68545874 全国各地新华书店和相关出版物销售网点
排　版	中国水利水电出版社微机排版中心
印　刷	清淞永业（天津）印刷有限公司
规　格	210mm×285mm　16 开本　18.5 印张　495 千字
版　次	2013 年 1 月第 1 版　2016 年 9 月第 4 次印刷 2017 年 2 月第 2 版　2024 年 1 月第 5 次印刷
印　数	11001—12000 册
定　价	**68.00**元

凡购买我社图书，如有缺页、倒页、脱页的，本社营销中心负责调换
版权所有·侵权必究

第二版前言
Second Preface

　　系统设计方法，一方面强调分析和认识与设计有关的各种因素之间的关系；另一方面也强调综合与创新是其根本目标。设计必须要把理性、系统的方法与感性、直觉的思维有机结合起来，才能相得益彰、互为促进。工业设计需要处理的问题往往涉及多种因素，既包含设计目标内部的功能、结构、形态等要素，又包含设计目标外部的技术、文化、社会等环境影响因素。系统论设计思想方法具有综合性、交叉性等特点，对工业设计领域设计问题求解的研究具有一定的方法论指导意义和解决具体问题的实际意义。

　　产品系统设计是工业设计专业本科生的专业必修课程，是一门既有设计理论又与设计实践紧密结合的专业课程。本书第一版出版后，在工业设计专业本科高年级学生中得到了应用，也在工业设计专业研究生教育中得到了应用，企业作为产品开发培训教材也得到了应用，书中内容受到大家的肯定。

　　为了更好地适应多方面读者的需要，本书第二版做了部分修订。在第2章增加了对关联设计活动的叙述。系统分析方法中增加了霍尔三维结构分析方法、切克兰德方法。从学生使用教材的教学课程安排出发，由于学生要较早开展产品设计调研活动，将原第6章的产品设计调研提前到了第4章的位置。设计活动首先是信息输入活动，这样调整也符合设计逻辑。对产品设计调研内容做了必要的修改。第5章的产品设计定位中增加了定位图示方法。第6章产品构造解析（内部要素）中的功能分析一节中增加了产品开发的功能技术路径矩阵。另外，书中个别字段也做了必要的订正，全书插图全面更新，使本书质量有所提升。

　　本书从系统方法论的角度出发，首先论述了系统的基本概念，探讨了产品系统设计的基本思想方法和产品开发的一般设计流程。然后，从宏观上对影响产品系统环境方面的主要因素：产品生命周期、人的因素、科技因素、文化因素、经济因素、社会因素、生态因素等方面进行了分析，论述了产品信息调研方法、功能识别、产品基准选择以及产品分解等；从市场与消费者的角度，结合企业资源状况讲述了产品设计定位方法；从产品构造内部分析了产品功能、技术、形态、人机等基本组成要素。最后，论述了产品系统综合、产品结构（平台、模块、标准）整合创新设计方法、产品款型及系列化设计等。本书突出产品系统设计概念的理解和基本设计思想方法的可操作性，从内容到形式表达有完整的指导材料和设计操作流程，读者群定位为工业设计、艺术设计专业的师生和从事产品设计的技术工作者、企业产品规划人员以及产品设计爱好者。

　　本课程的核心价值是应用系统科学思想方法的精髓（事物的有机联系和变化发展）解决产品设计问题。本课程的体系框架由系统设计思想方法、产品系统分析与产品系统综合设计3个部分组成。

（1）系统设计思想方法包括系统基础知识及产品系统设计思想方法。

（2）产品系统分析包括产品宏观因素分析、产品设计调研、产品设计定位、产品构造解析等。

（3）产品系统综合设计包括产品整合设计和产品款型设计。

本课程在建立了产品系统设计的基础知识框架后，论述了系统设计的多元思想，将功能设计思想作为系统设计的主导思想。把产品目标市场、产品宏观环境和产品构成要素作为产品系统的3个层面，与产品设计组织系统联系起来对待，形成了一个完整的产品系统研究体系，如图所示。

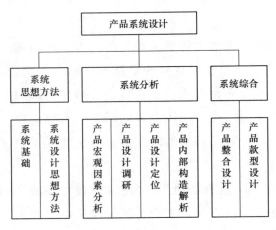

产品系统研究体系

学习本课程，可使学生熟悉并掌握一般的产品系统分析方法和产品系统的综合设计整合创新方式。让学生对于产品的系统设计理论有初步的认识并能将理论知识运用在产品设计实践中，为学生毕业后从事实际设计工作打下坚实的专业基础。

产品系统设计作为工业设计专业高年级学生的专业必修课程。它要求学生大体掌握产品系统设计思想方法，了解产品生命周期对设计的影响，了解人、社会、文化、科技、经济等对设计的影响，学生可以体会到设计的内部因素和外部因素都在决定着设计的目标。通过此课程的学习，增强学生对产品系统设计的思考和设计手段创新的尝试。产品系统设计能够较好地达到锻炼学生综合设计能力的目的，提升学生应对实际复杂设计问题的能力。课程注重学生系统分析和系统综合设计能力的培养，在课程内学生需要了解、掌握系统设计的相关知识、理念，并能比较全面、完整、系统地表达自己的设计。

系统科学处理的工程问题日益庞大复杂。工业设计的应用领域在不断扩大，已经从产品设计向解决有关产品、系统、服务及体验或商业网络问题的设计活动扩展，工业设计学科的发展速度也在加快。鉴于本人阅历、学识水平的限制，书中难免会出现一些疏漏，敬请广大读者批评指正。

李奋强

2016 年 6 月 28 日

　　企业生产的产品需要优化以降低成本，需要提高产品的竞争优势和市场占有率。对于产品成本问题，最基本的解决方法是扩大生产规模和实行标准化。扩大生产规模可以通过注入新资金解决，而实行标准化就是系统设计思想方法的具体体现。提高产品的竞争优势有多种途径，如提高可靠性、增加产品功能，提高产品性能、改善操作界面、提高产品的外观欣赏价值等；提高产品的市场占有率则可以通过增加花色品种、提供用户体验服务、最大限度地满足用户个性化需求等方法实现。上述方法途径也都是产品系统设计所研究的内容。

　　在解决产品问题的构想活动中，需要面对和处理一系列复杂问题。从产品内部需要处理产品整体与零部件、零部件与结构、功能与结构、造型与结构、交互界面与结构、材料选择、工艺结构、色彩装饰，以及诸如性能、可靠性、寿命、成本等。从产品外部环境对产品设计影响的因素方面，需要处理产品对使用环境的适应性、产品在市场中的定位、产品当前的技术水平与标准问题、产品当前的流行趋势、产品的使用方式、产品的维护、产品的适用人群、产品的价格、产品的经济效益等。就产品活动本身来说，经营管理的决策者、产品开发的设计者、批量生产的制造者、市场营销的销售者、消费市场的使用者对新产品目标的认识、理解、分析、判断水平都会影响和决定新产品方案。

　　设计是一种有目标的活动，在达到这个目标的活动过程中，所采用的方法是保证设计过程顺利进行的前提。产品的设计过程往往不是一种线性的发展过程，而是一个多层次、多方面的系统工程。设计的过程包括了搜寻、分析、构思、创造、综合、表达、检验、反馈、发展等阶段。科学的设计方法立足于系统地、动态地解决设计过程中出现的各类课题，系统的设计方法可以产生具体、明确的步骤和有针对性的解决方法。建立在工业化生产基础上的产品设计的重要前提是标准化，而系统设计思想则是在标准化思想的基础上发展而来。所不同的是：标准化要求产品各部件或某些种类的产品之间建立一种联系，主要是出自制造过程的需要；而系统设计则是使产品内部结构要素置于相互影响和相互制约中，以可互换和可互补的方式实现使用功能的灵活性和款型变化的多样性。

　　有关产品设计与产品开发的著述众多。本书的核心价值是应用系统科学思想方法的精髓（事物的有机联系和变化发展）解决产品设计问题。本书编写的体系框架由系统基础、系统思想方法及产品系统设计的体系组成。

　　（1）系统基础及系统设计思想方法。

　　（2）产品规划＝产品宏观分析＋设计。

　　其中，产品宏观因素包括：人、经济、社会、文化、生态、科技、产品生命周期等。

（3）产品定位＝产品市场分析＋设计。

其中，产品市场因素包括：目标定位、市场定位、产品定位、功能定位、品牌定位、用户定位、竞争者定位、款型定位、价格定位等。

（4）产品开发＝产品综合分析＋产品综合设计。

其中，产品综合分析包括产品整体分析和产品构造分析。

产品整体分析：产品信息、功能识别、基准选择、结构分解。

产品构造分析：产品要素、功能、结构、形态、操控等。

产品综合设计：产品综合及产品整合设计（产品体系结构、平台、模块、标准）、产品款型设计（款式、型号、系列化）。

本书在建立了产品系统设计的基础知识框架后，论述了系统设计的多元思想，将功能设计思想作为系统设计的主导思想。把产品宏观环境、产品目标市场和产品整体（包括产品构成要素）作为产品系统的3个层面，形成了一个完整的系统研究体系。

本书是应用系统科学思想方法指导产品设计的高校工业设计专业教科书。本书对编写体系框架内涉及的大部分问题都有论述，且主要围绕设计活动展开。限于篇幅及时间，抑或本书的定位，对生产制造、市场营销、市场消费活动并未深涉。本书试图建立产品自身以及产品系统所涉及的整体的系统设计分析方法以及产品系统综合创新方案流程，通过大量的产品设计案例展现了系统设计的思想方法以及设计流程。对于新产品开发如何从功能分析进入结构设计，对于已有产品的结构优化、外观技术美学分析、人机系统的协调等都有相应的内容加以说明。对于产品的标准化、模块化、平台化、系列化等都有系统详尽的论述。伴随着企业的不断壮大，在产品开发方面如何增加花色品种、如何提升企业的品牌知名度，特别是保持家族特征，维护企业核心价值，都有相应章节尽可能详细论述。

产品系统设计最重要的是两点：一是从整体的、有联系的方法论上，宏观把握复杂事物；二是分系统结构、分层次、分元素，将复杂事物分解到最简来处理，也就是系统综合方法和系统分析方法。由于系统设计方法论是上升到设计的哲学高度来认识问题，涉及的因素庞杂繁多，体系复杂，因此，我们把产品系统设计作为工业设计专业高年级开设的一门专业必修课。

设计师要了解业主的开发意图，同时也要深入社会实践，调查分析真正的社会需求，在系统而又完整的需求意识驱动下完成新的满足需求的构想。业主要从品牌定位的大前提下，规划产品的品种、系列，同时要打造和保护企业的品牌形象，遵循产品系列化开发规律，为新产品设计保驾护航。对于设计师、工程师、管理人员、高层决策者，本书都有值得学习和参考的内容。

本书经过8年的试用，不断完善，并尽可能反映最新的研究成果，希望能为新产品开发及产品的系统设计工作发挥作用。同时也希望本书能成为工业设计专业学生喜爱的教学用书。

鉴于笔者阅历、知识结构、认识水平的限制，以及时间比较仓促，书中难免会出现一些错误和纰漏，敬请广大读者批评指正。

本书得到了兰州理工大学2010年规划教材立项资助。

编者

2011 年 8 月

作者简介 <<<<

李奋强 教授，硕导，1958年生于甘肃金塔县，汉族。

1982年1月毕业于南京理工大学自动武器专业。在企业从事过5年的工艺设计及生产加工技术管理工作。1985年开始从事工业设计教育研究，1998年在甘肃省高校创办首个工业设计专业。现为兰州理工大学设计艺术学院教授，硕士生导师，兰州理工大学教学名师，兰州理工大学工业设计研究所所长，中国机械工程学会工业设计专业委员会理事，甘肃省工业设计专业委员会副主任。

作者发表了设计学方面研究论文40余篇，出版了工业设计专业"十二五"规划教材《产品系统设计》和《标志设计》。在《设计》期刊上独立发表的《做"更—美—好"的设计》和《设计之歌》提出了工业设计的目标与价值判断标准和对设计哲学的新思考。在《中国包装》上独立发表的《创新之道——老子道生一篇解读》诠释了人类发展皆来源于"创新之道"，成为设计哲学研究的新发展。擅长指导汽车等交通工具类及家用电器产品的造型设计。

主要研究方向：设计学、产品系统设计、品牌形象设计。

目 录

Contents

第二版前言

第一版前言

作者简介

第1章　系统设计基础 ··· 1
1.1　系统的概念 ··· 1
1.2　系统的组织 ··· 3
1.3　系统功能与系统环境 ·· 9
1.4　系统的属性 ··· 10
1.5　系统的特征 ··· 12

第2章　系统设计思想方法 ·· 13
2.1　设计活动分析 ·· 14
2.2　设计系统分析 ·· 19
2.3　系统设计思想 ·· 21
2.4　系统方法论 ··· 32
2.5　系统分析法 ··· 35
2.6　系统综合法 ··· 40
2.7　原型化方法 ··· 48
2.8　产品开发系统设计流程 ·· 52

第3章　产品宏观因素分析（外部因素）·································· 60
3.1　产品生命周期分析 ·· 60
3.2　人的因素与产品开发 ··· 67
3.3　经济因素与产品开发 ··· 70
3.4　科技因素与产品开发 ··· 75
3.5　文化因素与产品开发 ··· 81
3.6　社会因素与产品开发 ··· 88
3.7　生态因素与产品开发 ··· 95

第4章　产品设计调研 ·· 100
4.1　产品信息调查 ·· 100
4.2　专利文献和检索 ··· 106
4.3　基于顾客需求的产品功能识别 ······························ 112

4.4 产品基准选择 ································· 116

4.5 产品结构分解 ································· 121

4.6 产品检测报告 ································· 124

4.7 产品设计说明 ································· 130

第 5 章 产品设计定位 ····························· 136

5.1 产品市场调研分析 ························· 136

5.2 产品市场定位 ································· 144

5.3 产品定位 ····································· 147

5.4 产品品牌定位 ································· 150

5.5 产品竞争定位 ································· 157

5.6 产品消费者定位 ····························· 161

5.7 产品功能定位 ································· 164

5.8 产品款型定位 ································· 167

5.9 产品价格定位 ································· 171

第 6 章 产品构造解析（内部要素） ················· 175

6.1 产品及产品构造 ····························· 175

6.2 产品功能概述 ································· 179

6.3 产品功能分析 ································· 185

6.4 产品结构分析 ································· 191

6.5 产品形态分析 ································· 196

6.6 产品人机系统分析 ························· 201

第 7 章 产品整合设计 ····························· 207

7.1 产品整合创新概述 ························· 207

7.2 产品综合设计 ································· 210

7.3 产品综合设计模式 ························· 212

7.4 产品整合 ····································· 215

7.5 产品体系结构 ································· 216

7.6 产品平台整合构造 ························· 220

7.7 产品模块化概述 ····························· 224

7.8 产品模块化设计方法 ······················· 230

7.9 产品标准化 ··································· 234

7.10 产品标准化方式 ··························· 238

7.11 产品规格说明 ······························ 240

第 8 章 产品款型设计 ····························· 244

8.1 产品款型概述 ································· 244

8.2 产品款型设计方法 ························· 245

8.3 产品形态演化方式 ························· 253

8.4 产品系列化概念 ····························· 257

8.5 产品系列化设计类型 ······················· 259

8.6 产品系列化设计方法 ·· 262

8.7 制定产品参数系列 ·· 267

8.8 编制产品系列型谱 ·· 269

附录 产品系统设计案例选 ·· 271

参考文献 ·· 281

后记 ·· 282

第 1 章
Chapter 1
系统设计基础

系统论不仅为现代科学的发展提供了理论和方法，而且也为解决现代社会中的政治、经济、军事、科学、文化等方面的各种复杂问题提供了方法论的基础。系统论反映了现代科学发展的趋势，反映了工业化大生产的特点，反映了现代社会生活的复杂性，所以它的理论和方法能够得到广泛的应用。系统观念正渗透到各个领域，系统论在工业设计教育以及产品开发方面也得到了广泛的应用。产品系统设计就是系统科学在设计学领域里的应用。

1.1 系统的概念

1.1.1 系统的定义

系统（英文"System"）一词，来源于古希腊语，意思是由部分组成整体。系统概念的基本体系主要包括系统、要素、结构、子系统、系统层次、系统功能、系统环境等。

今天人们从各种角度研究系统，对系统下的定义不下几十种。如"系统是诸元素及其顺常行为的给定集合""系统是有组织的和被组织化的全体""系统是有联系的物质和过程的集合""系统是许多要素保持有机的秩序，向同一目的行动的东西"等。贝塔郎菲（L. Von. Bertalanffy，1901—1972）把"系统"定义为"相互作用的诸要素的综合体"。

一般系统论则试图给一个能描述各种系统共同特征的一般的系统定义，通常把系统定义为：系统是由若干要素以一定结构形式联结构成的具有某种特定功能的有机整体。或者更简练的表述为"系统是有关系的集合（图 1.1）"。系统本身是它所从属的一个更大系统的组成部分。

在这个定义中包括了系统、要素、结构、功能 4 个概念及其相互间的关系，并包括要素与结构、结构与功能、功能与环境 3 个层次的关系。

例如，改锥、钳子、镊子、勺子、叉子、筷子等日常用品（图 1.2）。只有筷子是直接的具有系统功能的最简单系统。改锥、钳子、镊子经过

图 1.1 系统——有关系的集合

图 1.2　日常用品

拆解分析也可以看作系统，而上述其他工具自身不具有系统特征，但仍然可以用系统方法处理，如工具类、餐具类等。

关于系统的内涵可从以下几个方面来理解：

（1）系统是由多个事物构成的，是一种有序的集合体。单一的事物元素，是不能作为系统来看待的，如一个零件、一种方法、一个步骤等只能看作组成系统的要素。

（2）系统中的各个构成元素是相互作用、相互依存的。无关事物的总合不能算作系统。比如就家庭这个系统而言，张家的小孩与张家是一个家庭，李家的小孩虽然与张家的小孩一块玩耍但不属于张家。

（3）某事物，是否是系统并不是绝对的，这要从看待该事物的角度而定。如从生产线的观点看，某生产线的一部机器不是系统，而只是该生产线系统中的一个元素。但从这台机器的角度看，该机器的各零部件则构成了该机器系统。换句话说，当一事物可以拆解且拆解来看时，该事物就构成了事物系统本身。

系统通过边界与周围环境相分离，而成为一种特定的集合，又通过输入和输出信息与周围环境相联系。在输入与输出之间有一个转换的过程，系统的作用也就在此。因此，一个系统不是孤立地存在的，它总要与周围的其他事物发生关系。使物质、能量或信息有序地在系统中流动、转换，系统接受环境的影响（输入），同时又对环境施以影响（输出）。例如，工业设计活动系统与市场营销活动和生产工艺活动密不可分。

各行各业性质不同，对系统有不同的表述，诸如体系、系统、体制、制度、方式、秩序、机构、组织等。对系统的一般认识：宇宙星系（图 1.3）、银河系、太阳系、亚洲国家、元素周期表、城市供水系统、城市供暖系统、自行车刹车系统、自行车转向系统、电路系统、机械系统等。

工业设计学科是一门由科学技术、美学艺术、人机工程以及市场经济、创新思维与表达技能相结合的边缘学科。主要处理机器与人、环境、社会、文化之间诸多矛盾的关系，使之达到平衡与和谐，将产品的内在功能与结构和产品的外在造型与形象有机结合而实现和艺术规律性与和实用目的性的统一的自由形式。其学科知识体系结构类似于钢丝绳或麻花结构，如图 1.4 所示，是一门多学科交叉的系

图 1.3　宇宙星系

图 1.4　"麻花"结构

统特征非常明显的综合性边缘学科，需要系统科学作为理论指导。因此，学习产品系统设计对工业设计具有特殊意义。

1.1.2 贝塔朗菲对系统及其基本原理的数学描述

如何认识系统呢？对于任何一个"复杂"事物的组成"要素"的复合体，可有 3 种不同的区分方式。

（1）按照要素的数目来区分。

（2）按照要素的种类来区分。

（3）按照要素的关系来区分。

我们将任何一个"复杂"事物的数目、种类、关系认识清楚了，也就认识了复杂事物。

简单的图示可以清楚地说明这个论点（图 1.5），图中 a 和 b 表示不同的复合体。

在方式（1）和方式（2）两种情况下，复合体可理解为各个孤立要素的总和。在方式（3）这种情况下，就不仅要知道各个要素，而且还要知道它们之间的关系（结构—系统）。

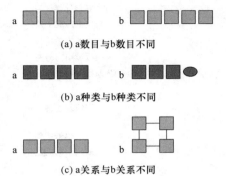

(a) a数目与b数目不同

(b) a种类与b种类不同

(c) a关系与b关系不同

图 1.5　系统的区分方式

1.2　系统的组织

系统的组织由系统中的组成要素通过系统结构有机形成，其组织体系主要包括系统要素、结构、子系统、系统层次等。

1.2.1　系统要素

1.2.1.1　系统由要素组成

系统是由要素组成的，要素是系统的最基本的成分，因此，要素也就是系统存在的基础。

例如，由电池、电动轮毂、自行车车架、链条、飞轮、手闸、车座、车把等零部件组装的产品就构造出了电动自行车。

在系统中，有些要素处于中心地位，支配和决定整个系统的行为，这就是中心要素；还有一些要素处于非中心、被支配的地位，称为非中心要素。

产品是由属于该产品的零部件组装而成的，认识产品系统要素的方法之一是分解产品为零件或部件。并对零件或部件的功能、结构进行比较。例如，吸油烟机产品系统的零件要素（图 1.6）。

1.2.1.2　系统的性质由要素决定

系统的性质是由要素决定的，有什么样的要素就有什么样的系统。

例如，自行车的性质与助力车的性质有所不同。自行车完全靠人力骑行，而助力车有助力单元。

当汽车的外观组成要素大量采用相对柔性的"曲线"和"曲面"要素时，汽车的造型表现出流畅、华丽、高贵、柔美的产品流线造型风格特征，如图 1.7 所示。当汽车的外观组成要素大量采用相对硬朗的"直线"和"平面"要素时，汽车的造型表现出刚烈、硬朗、有力的产品造型风格特征，如图 1.8 所示。

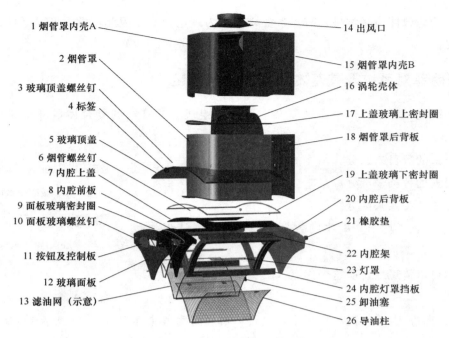

1 烟管罩内壳A	14 出风口
2 烟管罩	15 烟管罩内壳B
3 玻璃顶盖螺丝钉	16 涡轮壳体
4 标签	17 上盖玻璃上密封圈
5 玻璃顶盖	18 烟管罩后背板
6 烟管螺丝钉	19 上盖玻璃下密封圈
7 内腔上盖	
8 内腔前板	20 内腔后背板
9 面板玻璃密封圈	21 橡胶垫
10 面板玻璃螺丝钉	22 内腔架
11 按钮及控制板	23 灯罩
12 玻璃面板	24 内腔灯罩挡板
13 滤油网（示意）	25 卸油塞
	26 导油柱

图 1.6　吸油烟机产品要素

图 1.7　阴柔、华丽的产品造型风格

图 1.8　阳刚、硬朗的产品造型风格

1.2.2　系统结构及其特性

1.2.2.1　系统结构

系统结构是指系统内部各组成要素之间的相互联系、相互作用的方式或秩序，即各要素在时间或空间上排列和组合的具体形式。结构是对系统内在关系的综合反映，是系统保持整体性及具有一定功能的内在依据。系统的性质取决于要素的结构，结构的好坏是由要素之间的协调作用直接体现出来的。系统的性质取决于要素的结构。优质的要素如果协调得不好，形成的结构可能不是最优的；但是，质量差一些的要素，如果协调得好，则可能形成优异的结构，从而选择出质量较优的系统。

例如，树的系统结构包括 4 个组成部分：树根、树干、树枝、树叶自下到上按有机生长规律排列，如图 1.9 所示，树的有机生长规律反映了树的结构。

大众汽车公司 PQ35 平台上采用不同车身结构设计生产出了两厢（图 1.10）和三厢宝来轿车、途安小型 MPV、开迪货运车、途观（小型 SUV - TIGUAN）（图 1.11）、速腾、明锐、高尔夫等众多车型。

现在的移动通信系统，包含了各个要素，其中包括手机、中继站、卫星传送等。将这些要素连接起来，形成网络，便构成了一个完整的通信系统。这个无形的网络，即是这个系统的结构。因此，了解系统的结构有着关键的意义。

图 1.10　大众高尔夫

图 1.9　树的有机生长规律

图 1.11　大众途观

认识产品系统结构的办法之一是分解与组装产品。产品结构解剖如图 1.12 所示。

因此，处理好要素与要素、要素与系统之间的结构关系，对于系统的功能和性质至关重要。这就体现出系统设计的重要意义。

1.2.2.2　系统结构特性

系统结构具有以下 3 个基本特性。

（1）有序性。任何系统都是按照一定的时空状态体现出来的。有序性是客观事物存在和运动中表现出来的稳定性、规则性、重复性和相互的因果关联性，而无序性则表现为不稳定性、不规则性、随机性和彼此间的相互独立性。人类理性的功能主要在于抓取对象世界中的有序性以

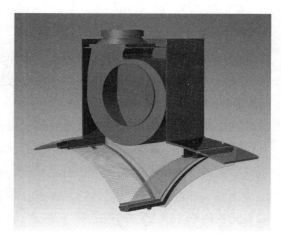

图 1.12　产品结构解剖

形成关于世界的规律性的认识，而无序性则是它难以对付的。经典科学的世界观认为有序性（体现为必然规律）构成世界的本质，而无序性（体现为偶然事件）纯属表面现象，从而使有序性和无序性相互对立起来。

例如，矩阵结构所表现出来的有序性。矩阵结构是在整个系统内部关系不明确的情况下，只单纯表示单位与单位之间的关系（图 1.13）。在产品开发活动中，这种组织结构是把按职能组合业务活动，以及按产品（或工程项目、规划项目）组合业务活动的方法结合起来运用的一种组织设计，即在同一组织内部，既设置具有纵向报告关系的若干职能部门，又建立具有横向报告关系的若干产品部门（或项目小组），从而形成纵向与横向管理系统相结合，形如矩阵的组织结构形式。

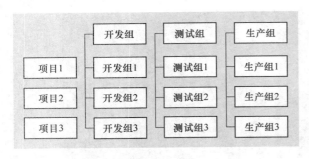

图 1.13　矩阵结构

树形结构所表现出来的有序性。树形结构指的是系统元素之间存在着"一对多"的树形关系的系统结构。树形结构是将各单位按级别分层，构成体系，表示为概括性的形态，最下层的单位即要素，分别独立，每上一层级的单位必须包含若干下一级单位，构成该层级的体系，即子系统（图 1.14）。在树形结构中，树根结点没有前驱结点，其余每个结点有且只有一个前驱结点。叶子结点没有后续结点，其余每个结点的后续节点数可以是一个也可以是多个。树形结构在许多方面都有应用，可表示从属关系、并列关系。

网络结构所表现出来的有序性。网络结构是单位之间仅存在概念性的相互关系，表示集团或群体的存在（图 1.15）。

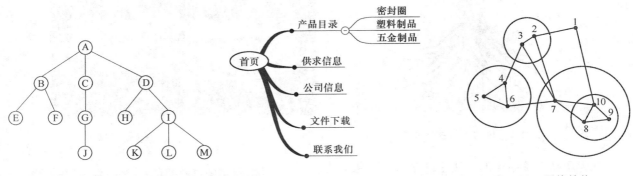

图 1.14　树形结构　　　　　　　　　　　　图 1.15　网络结构

（2）协调性。协调性是一种运动、动作连续变化的平衡艺术。系统结构在时空上的有序性，使系统诸要素之间的相互联系和相互作用，形成了一个有机的、协调的整体。它使系统中各要素失去了孤立存在的性质和功能，要素之间形成了相互依存的动平衡关系。系统的性质取决于要素的结构，结构的好坏是由要素之间的协调作用直接体现出来的。

例如，自行车刹车系统的动作：手刹—闸把—闸线—闸皮—抱紧轮圈—停车，反映了自行车刹车系统结构的有序性，形成一个和谐的整体，控制整个自行车系统的正常运行。

例如，自行车与健身车的构成要素基本相同，但由于结构组成方式不同，其产品的功能、性能大不相同（图 1.16 和图 1.17）。

图 1.16　自行车

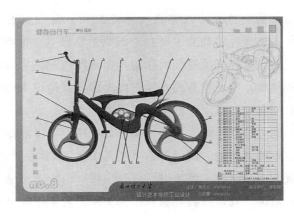

图 1.17　健身车的构成

（3）稳定性。系统结构的有序性和整体性，会使系统内部诸要素之间的作用与依存关系产生惯性，即显现出动态平衡态，维持着系统的稳定性。当稳定性破坏，系统的功能就无法正常发挥。

例如，移动通信系统，在网络的作用下，系统中各要素按某种秩序形成一个整体，各要素间保持着依存的关系，而且这种关系是稳定的和相互作用的。当手机的需求量增加，系统就必须扩容，负载能力加强了，反过来又会促进系统结构趋于优化。无论是哪个环节发生变化，其他环节必然与之相适应。这就是系统内部通过涨落保持稳定。

1.2.3　子系统

1.2.3.1　子系统是一种模块元素

复杂大系统的分系统称为子系统。子系统具有局域性，它只是整个系统的一部分。子系统不是系统的任意部分，必须具有某种系统性。

子系统是一种模块元素，它具有包（其中可包含其他模块元素）和类（其具有功能）的语义。子系统的功能由它所包含的元素和模块结构提供。子系统实现一个或多个接口，这些接口定义子系统可以执行的功能。如果某个协作中的各个类只是在相互之间进行交互，并且可生成一组定义明确的结果，就应将该协作和它的类封装在一个子系统中。这一规则同样适用于协作的子集。可以对协作的任何部分或全部进行封装和简化，这将会使设计更易于理解。

系统的每个部分都应尽可能独立于系统的其他部分。从理论上说，应该可以用新的部分替换系统的任何部分，但前提是新部分必须支持相同的接口。应该可以使系统的不同部分独立地演进，而不受系统其他部分的影响。为此，设计子系统提供了一种在设计模型中表示构件的理想方法：它们是用来封装许多类的行为的设计元素，并且只能通过它们所实现的接口访问它们的功能（构件就是这样）。

1.2.3.2　子系统设计规则

为确保子系统在模型中是可互换的元素，需要执行以下几条规则：①子系统不应暴露自己的任何内容，也就是说，子系统所包含的元素都不应有"公有"的可见性；②子系统外部的元素都不应依赖于子系统内部特定元素的存在；③子系统只应依赖于其他模型元素的接口，因此它不直接依赖于子系统外部的任何特定模型元素。

例如，电脑主机由 CPU、显卡、硬盘、主板、机箱、电源、光驱、内存等几个子系统组成（图 1.18）。

1.2.3.3　大系统分为子系统的条件

一种最简单的情形是，由于系统规模太大，必须对元素"分片"管理，因而把整系统或母系统分为若干子系统（subsystem）或分系统。当系统的元素很少、彼此差异不大时，系统可以按照单一的模式对元素进行整合。当系统的元素数量很多、彼此差异不可忽略时，不能够再按照单一模式对元素进行整合，需要划分为不同的部分，分别按照各自的模式组织整合起来，形成若干子系统，再把这些子系统组织整合为整个系统。

1.2.3.4　子系统与元素的差异

应当区分元素和子系统。元素也是系统的组成部分，但本质特征是具有基元性，相对于给定的系统它是不能也无需再细分的最小组成部分，元素不具有系统性，不讨论其结构问题。子系统具有可分性、系统性，需要且能够讨论结构问题。有些子系统可以只有一个元素，子系统对母系统具有相对的独立性。元素和子系统都是系统的组成部分，简称组分。

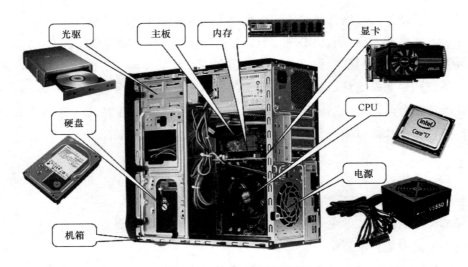

图 1.18　电脑主机的子系统

1.2.4　系统层次

系统的层次是系统内部的等级秩序，也是对系统内部组织阶段性认识的反映，系统层次是对复杂系统结构的一种组织和规划。层次在自然界中是一个容易理解的概念，观察地形地貌，在地形断裂处可以观察到随时间而积淀形成的不同地质层，通过地层对比，可以建立广大地区地层的年代顺序系统。

1.2.4.1　系统的层次是系统内部的等级秩序

层次是指系统内部在结构或功能方面的等级秩序，是人们对复杂系统处理方式的基本方法。层次具有多样性，可按系统的质量、能量、运动状态、空间尺度、时间顺序、组织化程度等多种标准划分。不同层次具有不同的性质和特征，既有共同的规律，又各有特殊规律。

企业标准在产品质量等级分类时，把产品实际达到的质量水平与规定的质量标准进行比较，凡是符合或超过标准的产品称为合格品，不符合质量标准的称为不合格品。合格品中按其符合质量标准的程度不同，又分为一等品、二等品等。不合格品中包括次品和废品。

产品随着人类社会需求的不断变化，其体系日益庞杂，需要通过产品的分功能、分级别来认识和处理。以汽车为例，汽车之家网站的汽车产品级别是按能量、运动状态、空间尺度等进行分类：微型车、小型车、紧凑型车、中型车、中大型车、豪华车、小型 SUV、紧凑型 SUV、中型 SUV、中大型 SUV、全尺寸 SUV、MPV、跑车、皮卡、微面、轻客、微卡。

1.2.4.2　层次是对系统阶段性认识的反映

层次是事物发展的阶段性，客观矛盾的各个侧面、人们认识和表达事物的思维过程在系统认识与理解过程中的反映，体现着人们对系统认识发展的步骤。对于同一个系统，可以有不同的层次划分。例如，思想家马克思和恩格斯把人的需要分成生存、享受和发展三个层次。人们的生存需要、享受需要和发展需要的满足既取决于生产力水平，也取决于一定的经济制度。美国心理学家马斯洛在《动机与人格》一书中提出了人的需要有七个层次：一是生理需要；二是安全需要；三是归属和爱的需要；四是自尊的需要；五是求知的需要；六是审美的需要；七是自我实现的需要。

1.2.4.3　系统层次是对复杂系统结构的一种组织和规划

通过对系统的层次划分、组织和规划，可以实现对系统的高效管理、运行和维护。

例如，操作系统的层次结构是一种系统的组织结构，这种结构的最大特点就是将一个大型复杂的系统分解成若干层次，即每一层都提供一组功能且这些功能只依赖该层以内的各层。分层的组织结构只是作为一种指导性原则，因为如何划分操作系统的功能以及如何确定各层的内容和调用顺序都十分困难。分层操作系统的经典案例是计算机科学家艾兹格·W·迪科斯彻（Edsger Wybe Dijkstra，1930年 5 月 11 日至 2002 年 8 月 6 日）的 THE 系统，该操作系统的分层体系：第零层硬件设施，第一层 CPU 中央调度与信号，第二层储存管理，第三层操作员控制台，第四层输入/输出管理，第五层用户程序。

例如，《中华人民共和国公务员法》规定，公务员职务分为领导职务和非领导职务。领导职务层次分为：国家级正职、国家级副职、省部级正职、省部级副职、厅局级正职、厅局级副职、县处级正职、县处级副职、乡科级正职、乡科级副职。

1.3　系统功能与系统环境

1.3.1　系统功能

如果把系统内部各要素相互联系和相互作用的方式或秩序称为系统的结构，那么与之相对应，把系统与外部环境相互联系和作用过程的秩序及能力称为系统的功能。功能是指系统在运行过程中所具有的效用和表现出的能力。效用即指用途，能力一般包含性能指标。

对于产品的功能来说，当顾客询问一件商品能做什么用时，回答则是产品的功能。产品的命名多以功能冠名，如剃须刀、菜刀、理发剪刀、指甲剪刀等。产品只有具备某种特定的功能才有可能进行生产和销售。销售人员往往是比较详尽地向消费者介绍产品的各项功能、性能和在各种场合和条件下的使用要求及方法。功能若失效，产品必须修理，否则产品也就报废了。功能减弱、功能不足、功能过时都会使产品淘汰。失去了功能，产品就成了废品。系统的功能体现了与外部环境之间物质、能量和信息输入与输出的变换关系。

功能是一个过程，体现了系统外部作用的能力，因而是由系统整体的运动表现出来的，是系统内部固有能力的外部体现，它归根到底是由系统内部结构决定的。系统功能的发挥，既有受环境变化制约的方面，又有受系统内部结构制约和决定的方面。

1.3.2　系统环境

一般把系统之外的所有事物或存在称为该系统的环境。环境是系统存在的外部条件。环境对系统的性质起着一定的支配作用。系统的整体性是在系统与环境的相互联系中体现出来的。系统和它的环境之间，通常都有物质、能量和信息的交换，典型的系统运行功能环境如图 1.19 所示。

系统通过边界与周围环境相分离，而成为一种特定的集合，又通过输入和输出信息与周围环境相联系。在输入与输出之间有一个转换的过程，系统的作用也就在此。因此，一个系统不是孤立地存在的，它总要与周围的其他事物发生关系。使物质、能量或信息有序地在系统中流动、转换，系统接受环境的影响（输入），同时又对环境施以影响（输出）。

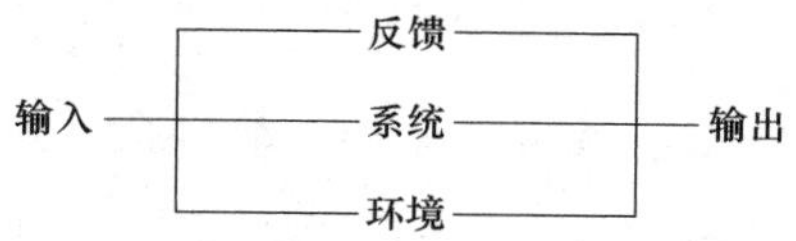

在现代产品设计中，环境包括以下 3 个重要组成部分。

图 1.19　系统运行功能环境图

（1）自然环境。包括资源环境、生态环境和地理环境。从产品向自然提取原材料起，经历日常运转，直到报废的全部寿命周期中，自然环境将不断地向产品输入所需的物质与能量资源，并不断地接受产品的排放与废弃物。人与产品的共同行为将作用于包含人自身在内的生态环境，对生态平衡发生影响，而地理条件如气候、温度、湿度、风沙、日照、地形等，将直接影响产品的运行和人的劳动条件。

（2）社会环境。包括民族、文化背景、社会制度、政府政策、国际关系等方面。由于现代高科技产品通常都会给社会带来深刻的影响，因此，上述社会因素也必然对产品的生产或使用发生促进或制约效果；由于现代产品大量参与国际大市场的竞争，因此市场环境成为产品开发的重要因素；由于产品的对象是人，因此，人们的消费观念始终对产品的发展起导向作用。

（3）技术环境。包括设施环境和协作环境。现代化生产要求高度文明的劳动环境，它将由相应技术设施来实现。现代产品常常把群体的共性功能转交给公共的环境设施来承担，如大型客机的地面导航系统、船舶的卫星定位系统等。而像高速公路、加油站之类，则成为今天汽车运行的基础设施。现代产品的运作还需要大量的周边技术协作，如材料与燃料的供给、废弃物的回收等。

图 1.20　厨房系统环境

例如，吸油烟机产品系统环境为厨房系统（图 1.20）。厨房系统环境在烹饪时会有油烟污染厨房系统环境，吸油烟机的主要功能是将厨房系统环境的油烟排到厨房系统建筑物之外的大环境中。对大环境而言，这种吸油烟机的功能还需要改进，以使油烟在排到厨房系统建筑物之前被吸油烟机过滤。

1.4　系统的属性

系统的属性主要表现为：系统整体涌现性、系统的规模效应、系统的结构效应、系统的层次性。

1.4.1　系统整体涌现性

系统整体具有的孤立部分及其总和不具有的特性，称为系统整体涌现性（或称突现性）。

例如，单个物质分子没有温度、压强可言，大量分子聚集为热力学系统，就具有可以用温度、压强表示的整体属性。

例如，筷子看起来只是非常简单的两根小细棒，但自两根等长的小细棒组成筷子系统后，就具有了系统的基本属性，包括整体涌现性。筷子的整体具有而单根木棍不具有的特性。

单个轮子不可骑而单轮车却表现出来可骑的性质称其为系统整体涌现性（图 1.21）。

1.4.2　系统的规模效应

组成系统要素的数目和结构复杂程度细分多少，代表系统的规模。规模大小不同所带来的系统性质的差异，称为规模效应。例如，数量巨大的沙子堆积形成的沙漠所产生的规模效应。

规模效应在经济学上称为规模效益。就是生产要达到或超过盈亏平衡点，即规模效益。因为任何

(a) 单个轮子　　　　　　　　　　(b) 单轮车

图 1.21　系统整体涌现性

生产都是有成本的，一般包括固定成本和可变成本。要达到盈利，必须使得销售收入大于生产成本，而这其中的固定成本是不变的，所以生产得越多，分摊到单个产品中的固定成本就越少，盈利就越多。

1.4.3　系统的结构效应

不同的结构方式，即组分之间不同的相互激发、相互制约方式，产生不同的整体涌现性。

典型例子是同样的原子成分按照不同自构方式经过化学反应形成性质不同的分子。由同样的成员组成的企业按照不同方式组织和管理，可能产生截然不同的生产效益。这是企业管理的结构效应。系统的整体属性也取决于组分的特性，一定的整体性要以一定的组分属性为基础。并非任意的元素经过组织、整合就能产生某种整体涌现性。

1.4.4　系统的层次性

复杂系统不可能一次完成从元素性质到系统整体性质的涌现，需要通过一系列中间等级的整合而逐步涌现出来，每个涌现等级代表一个层次，每经过一次涌现形成一个新的层次，从元素层次开始，由低层次到高层次逐步整合、发展，最终形成系统的整体层次。

用系统层次属性可以将复杂事物按层次分解为若干简单事物的组合。

例如，对工业设计对象的系统进行划分就可以得到如下的层次。

（1）工业品外观设计，以产品外观形态的整体及外观形态的局部表面的线条、图案、色彩、雕刻装饰设计为主。

（2）工业品造型设计，以产品的内在结构和外在造型为研究对象，提出比较全面的工业品设计方案。

（3）工业品设计，对产品的功能、结构、造型、交互界面进行全面系统的研究，对功能给出明确的定义，对结构提出更加合理的配置方案，对造型提出符合功能要求和消费倾向的便于使用的形式，对产品提出新的系统的工业品设计方案。

（4）工业设计，对工业品提出新的设计方案，对工业品的包装、商标及展示提出富有创意的新的设计方案。

（5）广义的工业设计，对产品、对商品销售、对传媒、对企业形象、对产品品牌、对产品策划提出全面的、富有创意的新的设计方案。

（6）设计（人为事物的设计），对人类的各种需要进行研究，对人类的环境、居住、生活、学习、工作、服务、娱乐、体育、旅游、休闲、盛会提出全面的、富有创意的新的设计方案。

1.5　系统的特征

系统具有如下一些基本特征。

（1）多元性。系统是多样性的统一、差异性的统一。系统组分的多样性和差异性是系统"生命力"的重要源泉。最简单的是二元素系统，一般为多元素系统，原则上存在无穷多元素的系统。

（2）相关性。也称有序性，即系统中各层次结构应有秩序地工作。系统中不存在与其他元素无关的孤立元素或组分，所有元素或组分都按照该系统特有的、是以与别的系统相区别的方式彼此关联在一起，相互依存，相互作用，相互激励，相互补充，相互制约。

（3）整体性。系统是二元素以上的集合，是由它的所有组分构成的统一整体，具有整体的结构、整体的特性、整体的状态、整体的行为、整体的功能等。系统是整合起来的多样性，兼具多样性和统一性两个特点。

对于一般复杂系统还具有另外一些特征。

（1）目的性。即系统必须完成一种特定的功能，各元素、各子系统既相互协同又制约地达到系统的目的。

（2）动态性。即系统总是处于相对的稳定状态，而绝对地处于运动状态，随时随地在各种正常或不正常输入与干扰信号下运动。

（3）反馈性。即根据系统输出功能的情况，系统有从内部机制或外部因素改变控制过程，以改善系统输入等状态的品质。

第 2 章
Chapter 2
系统设计思想方法

　　人类发展史就是人类创造文明与文化发展的历史。而设计活动也一直伴随着人类的文明与进步在发展壮大。在古代的手工艺生产方式时期，设计活动与生产制造活动是合二为一的。随着工业化时代的到来，人类的创造活动分工越来越细，设计活动与生产制造活动日益分离，设计学科也开始逐渐走向成熟和专业化。但由于设计活动置身于人类的创造活动中，特别是在经营产品的生产企业中，就产品设计活动本身来说，经营管理的决策者、产品开发的设计者、批量生产的制造者、市场营销的销售者、消费市场的使用者等都参与和制约着设计行为，影响着产品开发活动，如图 2.1 所示。

图 2.1　设计活动

　　对新产品目标的认识、理解、分析、判断水平，上述几个因素都会影响和决定新产品设计方案及其实现。所以说，设计与社会消费行为以及生活方式有关，设计与生产制造息息相关，设计与市场销售唇齿相依，设计与管理决策紧密相连，设计与设计团队的设计能力也有直接的关系。设计问题是一个复杂的系统工程问题。系统科学是处理复杂事物的科学有效方法，设计问题所表现出的复杂性需要系统设计方法来处理。

2.1 设计活动分析

2.1.1 设计活动

对于人类的各项活动，可以用设计师的眼光或站在设计师的角度加以研究，这就是关于设计活动的问题。对于人为事物中的设计活动的研究需要搞清楚设计活动的起源，设计活动是如何进行的，设计活动怎样才结束。对设计活动全过程的研究就形成了设计科学。

人类的三种活动方式：设想—设计—实现，如图 2.2 所示。从设计者的角度来看，人类社会的各项实践活动过程大体可分为三类。

图 2.2 人类的三种活动方式：设想—设计—实现

第一类活动是设想，是想象中的人为事物，在大脑中产生的对事物的渴求欲望和需要心理的思想活动，是设想中的人为事物：意象中、构思中、在业主和主管的筹划中、策划中。点子、计谋、创意等即是，简称为设想活动。

第二类活动是设计，是设计中的人为事物，指虚拟现实、可见、视觉化、详细的实施指导、资料等未实施之前的计划、方案，是在图纸上或可视化介质上展现出的可感知的实现以后是什么样的具体描述活动。

第三类活动是实现，是实施中的人为事物，指实做、研究、实验、实施、制造、生产、实现、执行、印刷、使用、流通、传播、维护等，是在现实世界真实存在的已诞生或实现的活生生的应用设想、设计的社会实践活动。

人为的一切事物都是通过设想和设计而后生产实践实现的，设计充当了人类从设想通往实施的桥梁。

2.1.2 设计活动源于消费需要

消费需求是社会发展的动力和设计诞生的源泉。需要的内容是功能，需要的形式是产品。设计的本质就是需要。当然，设计对需要也有反作用。所以说：设计是一种探寻—满足需要的视觉化活动（图 2.3）。

从设计链可以看出，设计活动源于消费需要。根据心理学的研究：需要是人类个体（社会）对其内外生存环境的客观需求（包括人体的生理需求、心理需求和社会需求）的心理反应，表现为个体的主观状态和个性倾向性、社会的局部状态和社会发展趋势。

人的需要具有以下几个特点。

（1）需要总是具有特定的内容，总是指对于某种事物的需要。

（2）需要具有多样性和层次性，对于事物的需要表现出差异和不同档次。

（3）需要具有周期性，许多需要能重新产生、重新出现。

（4）需要具有时代性和变化性，需要是随着满足需要的具体内容和方式的改变而不断变化和向更大范围、更高层次发展的。这是需要发展的最一般规律，也是导致设计无限的根源所在。

在产品设计方面，旧产品不断淘汰，新产品不断涌现。随着社会的进步和生产力的发展，人们的物质需要和精神需要将会不断地提高和发展。这种需要和设计制造（创造）交替的运动推动着人类文明不断向前，向着更高层次的需要方向发展（图 2.4）。

图 2.3　消费市场

图 2.4　需要的周期性

所以说设计活动与需要问题密不可分，需要问题是设计心理系统的一个重要研究内容。

2.1.3　设计活动源于设计委托

从设计系统看，设计活动源于设计委托。设计活动需要明确的目标，设计活动需要制订设计开发计划和设计活动经费预算，设计活动还需要对设计方案做出审定和终止。上述活动都需要委托者的参与或被领导与决策。

决策是人们从多种可能性中做出选择的过程。西蒙 H. A. 提出的启发式判断理论认为，人们不是通过复杂的统计演算，而是通过简捷的直觉判断作为最终决策基础。所谓直觉，并不是天生的灵感，而是以认识和经验为基础的信息加工结果，它是人的简化问题求取最佳决策的机制。这种机制就是直觉评价和决断能力。

设计需要被领导与决策或管理主要由于激烈的市场竞争，产品在由构想变为商品的过程中与策划、管理、生产、销售、市场等许多环节发生联系。由于设计师一般缺乏管理、生产、销售等方面的知识，难以从管理人员的角度去思考设计的目标。所以，设计师必须与各部门相互合作，才能有效完成任务。

设计活动可根据委托方的要求，本着为消费者负责，为委托方负责的设计职业道德进行设计活动，寻找到消费者和委托者双方都能接受的需求问题解决方案。

2.1.4　设计方案的产生来自于设计心理活动过程

设计系统心理活动由需要层次、管理决策能力、设计能力、劳动心理、商业心理、消费心理等组成。核心设计心理活动是创意构思过程，如图 2.5 所示。

设计方案的产生来自于设计心理活动过程，即创意、构思、想象等，而设计心理活动依赖于对信息的调研、处理、理解和分析。信息调研活动，信息分析处理活动及方案综合设计和评价活动成为设

图 2.5　设计师的创意构思

计心理系统的核心组成部分。

2.1.4.1　信息输入过程

　　信息输入过程，主要包括调研活动、信息搜集分析整理活动。

　　设计活动的首要任务是需要以下的一些基本资料：产品开发委托书，产品的技术功能及特性参数要求，产品技术发展趋势调研资料，产品专利情况，产品流行趋势的分析，市场调研与信息的收集，消费者调查，市场定性分析。在分析评估后根据公司发展的策略，以规划出新产品的整体概念。

　　产品概念形成的过程是需要依靠设计经验、设计信息的输入，与构思转换的能力，也就是如何将信息情报转换产生市场上有意义的创意方向。

　　设计活动在此阶段的主要任务是准备足够的用以进行创意构思的信息材料。

2.1.4.2　信息处理和创意构思活动过程

　　创意构思活动需要设计师和创造集体两方面的全身心投入。

　　（1）创意构思是设计师最核心的任务，其设计结果的好坏与设计师的美感，创意实力与经验有关。通常在具有创意出众的设计师身上，会具有倾向于创造性思维的个性特征，丰富的联想能力与高度的综合设计能力。

　　（2）产品概念的创意构思过程可以举行群体座谈会，针对现有竞争对手的产品与即将推出市场的设计概念提案，与顾客直接面谈，了解与澄清消费者的需求，并对设计方向提供建议与决策的依据。

　　设计思维的心理活动内容几乎在创意构思中全部得到体现。下述的心理要素组成了设计活动心理的主体，主要包括：感觉（视觉、听觉、触觉、嗅觉、味觉等）、知觉、记忆、经验、兴趣、注意、想象力、联想力、创造力、分析能力、综合能力、意志力、协调力等。如何发挥设计师的想象力、创意的活力与能量，尊重设计专业，并给予设计师某种程度的自由，一直是各设计管理组织认真探讨的设计心理学课题。

　　由于设计活动的核心和创意构思的瓶颈主要是对信息的搜集、分析、理解和综合处理上。在设计心理学研究方面还需要对上述内容从设计学的角度进行深入探讨。

　　由于网络与信息系统的快速发展，只要有心去收集市场相关的信息，对于所有的厂商与设计公司来说，机会成本与信息的涵盖面都会是大体相同的。但由于组成的设计开发团队，各有其企业文化及产品策略的背景，所形成决策的主管及专长，喜爱与品味也不会相同。再加上每一个设计开发团队的设计经验与创意构思活力不会相当，所以构思研究出来的产品概念与产品定位方向必然不同，风格也差别较大，细部处理会有很多文章可做。

　　这个阶段的工作不应该是由某一个专业部门完全单独来负责与执行，而应与其他专业进行沟通互动。有时小小的相互启发有可能会透过反馈的作用而扩大设计效益，转化成突破性的方案。

　　设计活动可在信息处理能力的基础上并行处理、多方案探索，寻求满足实用、经济、美观、舒适、需要、创新的满足各方条件的新创意构思的合适方案。

2.1.4.3 信息输出活动过程是展现方案的过程

方案表达主要包括图样表达能力、模型表达能力和设计思想文稿写作能力。设计师的工作是将设计方案的概念转换成可视化的具体形态。图面或模型可作为其他部门进行沟通与评选最方便的方法，还可以再通过市场调研的方法，将这些具象的结果直接询问目标客户群以收集消费者的喜爱反应，再将这些所进行的调查，评选结果加以统计分析，作为最终设计方案的决策依据。

输出过程的主要问题表现在表达技法的准确与娴熟方面。通过训练可以解决上述问题。设计活动可根据市场心理活动的要求，本着经济、需要的原则，为有利于产品走向市场而寻求更恰当的设计方案。

2.1.5 设计问题的复杂性

2.1.5.1 需求不断变化

我们说，设计是一种探寻满足某种社会需要的实践活动。由于社会需要是建立在个人需求之上的，是绝大多数个人需求的集中表现。当人的基本生存需求逐渐得到满足后，发展需求就会变得越来越强烈。同时，随着社会的不断发展，基本需求的标准也在逐步提高，权利需求也越来越强烈，社会安全需求也被提到议事日程上来。阶层之间和代际之间需求也有差异。而且，一种需求满足之后所带来的多种需求又提出来，旧的需求满足后新的需求又会产生。这种不断变化的新需求的产生使得设计问题日趋复杂，同时也推动着设计向着更新的方向向前发展。

消费需求的多样性，促使企业生产出适销对路的系列产品。与 20 世纪 80 年代居民消费主要集中在家用电器的单一产品相比，当前居民的购买力日益分化，在住房、通信、旅游、汽车等产品上都有需求，逐步形成了不同购买水平的消费者群体。高、中、低档次以及老、中、青、少、幼等不同年龄的消费阶层呈现出不同的消费倾向更趋多元化。

消费需求的这种多样性的特征，要求企业做到如下几点。

（1）不断应用高新科技，开发新产品，开发出科技含量高、附加值大的高科技产品，以适合消费者对新产品的需要。

（2）提高原有产品的功能和质量，进行产品的升级换代，以满足消费者对多功能产品和产品质量提高的需要。

（3）实行多条腿走路的策略，一方面要提高产品档次，实施品牌战略，满足高层次消费者的需求；另一方面，在保证产品质量的前提下进一步降低成本，以满足低层次消费者的需求。

（4）增加花色品种、提高可靠性、提高产品附加值、增加产品功能，提高产品性能、改善操作界面、提高产品的外观欣赏价值、最大限度地满足用户个性化需求。

消费需求的层次性，促使企业生产适合不同层次消费者需要的产品。消费者的各类需求不是杂乱无章的，而是有层次地排列着的。进入 20 世纪 80 年代以后，我国消费需求出现层次化趋势。由于经济发展呈现出东南—中部—西部梯度实力减弱的特点，表现在需求层次上更加明显，西部一些地区人们的消费需求以生存需求为主，而中部以及东南沿海地区的消费需求则体现为享受和发展需求。消费需求的多层次性，要求企业及时调整与变迁经营战略，进行深入细致的市场调查，了解各层次消费者的消费心理、消费方向、消费能力和水平，并及时生产出他们所需要的产品。要进行合理的市场定位、市场细分，开展错位竞争，使同一商品的规格、档次大大提升，不同商品的供应更加丰富，形成适合高、中、低收入阶层的梯度式的供应市场，满足多层次消费需求。

消费需求的可诱导性，促使企业在引导消费、引导市场上下工夫。消费者的需求是可变的，具有可诱导性，即在消费者群体中，存在着现实消费需求和潜在消费需求。潜在的消费需求是有货币支付能力的需求，但由于消费者购买欲望不足或是市场上商品缺乏或是商品的品种和质量不符合消费者的要求，从而使得这种需求未能实现。在外部力量的诱导下潜在的消费需求可以变为现实的消费需求。消费需求的这种可诱导性，使得企业引导消费、引导市场成为可能，这种"诱导"就是企业对市场的反作用，是企业从适应市场向引导市场转变的重要内容之一。在市场里起决定作用的是价值、竞争、供求等客观经济规律，这些规律制约着企业经营活动及其发展。但是，只要企业发挥主观能动性，广泛开展市场调查，敏锐感知消费者需求，并根据对市场运行规律的正确认识，分析市场需求的一系列信息和影响市场变化的各种因素，对市场发展趋势做出科学预测，并采取切实可行的营销策略，就能够在掌握消费需求的可诱导性上取得较大的主动权。这就要求企业不能沿用"供给能够自动创造需求"的传统模式进行生产，不能只是被动地适应消费者的需要，而是要主动去发现和创造需求，引导需求，变被动满足需求为主动创造需求，通过推出新产品或促销来加以引导和调节需求，把消费需求由潜在变为现实。

2.1.5.2 设计活动的参与者众多

设计作品特别是工业产品的设计不仅仅是设计师独立完成的事，还有设计师之外的众多参与者也在决定和影响着设计作品，包括设计进程、设计质量、设计市场效益和设计作品的成功与失败。任何一个设计的完成都需要一个团队的支持，一个人好不算好，一群人都得到发展才是真正的价值，这也正是中国设计师比较欠缺的群体素养，这不是一个概念化的说法，其中有大量的现代企业理念和价值观的因素。面对未来，我们更需要团队化的成功。美国学者卡尔 T·尤里奇（Karl T. Ulrich）等长期跟踪摩托罗拉的产品开发和产品设计过程，所著《产品设计与开发（第二版）》中指出："产品开发是一项综合性的活动，几乎需要企业所有的职能都参与进去，但有三项职能是产品开发项目的中心工作，这就是产品市场营销部门、产品设计部门、产品制造部门。"

（1）产品市场营销部门。市场营销职能调节着企业与顾客之间的相互作用。它常常帮助企业进行产品机会的识别、细分市场的界定和顾客需求的判断。营销还可以加强企业和顾客之间的交流、设定价格、关注产品的试销与促销等。

（2）产品制造部门。为了制造产品，生产职能要首先对设计和运作产品系统负责：广义的制造职能还包括采购、分配和安装等。这一系列活动通常称为供应链。处于这些职能中的不同的个人常在某些领域获得专门的训练，这些领域包括市场研究、机械工程、电子工程、材料科学、制造运作等其他几种职能，如财务、销售和法律职能，常常以辅助的形式包括在产品开发中。除了这些广阔的职能范畴外，开发团队的特定组合要依靠产品的特点而定。

（3）产品设计部门。设计的职能在于它会产生最能迎合顾客需求的产品实物形态的定义。在这里，设计的职能包括工程设计（机械、电子、软件等）和工业设计（美学、人性管理学、用户界面）等。

综上所述，设计问题的复杂性表现在如下两个方面：①设计活动发源于对人类需求活动变化的探索和研究，人类各种需求活动变化的复杂性导致设计问题日益复杂，设计目标永远都没有尽头，只能不断地进行再设计；②设计活动的参与者众多：设计活动与生产制造、市场营销、管理决策息息相关。从上述两个方面我们可以看出，设计问题不是简单问题，而是复杂问题。设计活动是一项复杂的系统工程，它受制于产品的生产制造、受制于产品的市场销售、也受制于企业的管理运营。

2.2 设计系统分析

设计活动是一种从无到有的创造过程，要经过大脑对知识、经验、各种有用信息和各种相关关系的分析、筛选、加工、综合、重新组合而提出达到平衡和满足各方要求的创新智力活动。在设计类专业的教学过程中，学生经常反映在拿到设计题目后束手无策、没有思路。根据心理学原理，人的行为由动机产生，动机受意识支配，意识由思想指挥。

2.2.1 设计活动系统层次架构

典型的设计活动包括主体设计活动和关联设计活动。所谓主体设计活动是指组织职能以设计为核心的机构所开展的活动，象以承接委托设计的设计公司或企业内部承担设计开发任务的部门所从事的有关设计业务的活动等。关联设计活动是指与设计组织的设计业务相关联的其他组织所开展的与设计活动有关或有助于设计活动顺利开展的相关活动，象为设计活动提供使用情况信息的消费者、市场部门、为设计活动提出设计任务和设计评价以及提供设计经费的管理决策部门、为设计活动提供制造技术和加工手段以保证设计质量的生产制造部门以及为设计复制品顺利走向消费者而开展促销活动的销售部门等所从事的与设计相关的业务活动。主体设计活动和关联设计活动两者共同形成了完整的设计系统。设计活动系统如图 2.6 所示。

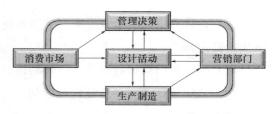

图 2.6 设计活动系统

2.2.2 主体设计活动和关联设计活动

设计活动的产生首先来自于消费者的市场需求和相一致的企业的商业手段。与企业活动内容相关的消费者市场需要信息反馈到管理决策部门，管理决策部门根据企业发展计划和商业目标，向设计部门下达或委托设计任务，由设计部门组织开展设计活动：做消费者市场调研和产品信息搜集，进行创意构思，综合评价，进行方案设计，试制使用鉴定。然后，由设计部门协助生产部门组织生产，合格产品由营销部门推向用户，完成一个设计活动链环。

2.2.3 设计项目团队

项目团队（由销售—设计—制造和其他项目必须人员组成）在现实世界中，很少有产品是由单一个人开发出来的。我们把开发一个产品的所有个人的集合称为项目团队。团队有一个团队领导，他可以从企业的任何一项职能中抽调出来。团队可以包括一个核心团队和一个扩展团队。为了有效地协调工作，核心团队通常保持较小的规模，以便在一间会议室中开会。而扩展团队则可能有几十人、上百人，甚至上千人的规模。

在大多数情况下，企业内部的团队常常需要得到个人或合作公司、供应商和咨询公司的支持。例如，在一种新型飞机的开发中，组成外部团队的人员数量可能比组成公司内部团队的成员数量还要大，而出现在最终产品上的只是公司内部团队成员的名字。

2.2.4 设计思维活动系统

设计思维活动过程主要由三个部分组成。

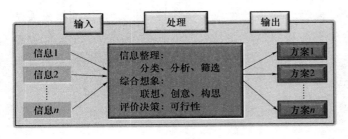

图 2.7 设计思维活动系统模型

（1）信息输入过程：设计信息向设计师大脑的输入过程。

（2）信息处理过程：设计信息在设计师大脑内的分析、筛选、想象、联想、创意、构思、综合、评价过程。

（3）信息输出过程：设计方案的可视化输出过程。

设计思维活动系统模型如图2.7所示。

2.2.5 设计系统活动流程

（1）设计活动的产生首先来自于管理决策部门向设计部门下达或委托设计任务，由设计部门组织开展设计活动。

（2）设计部门根据目标任务，明确设计定位，展开设计市场调研。

（3）组织设计团队开展设计创意构思、功能实现路径和方案可行性评价。

（4）对可行方案展开深入设计，包括结构、形态、使用操作和人机交互界面的具体化。

（5）由设计部门协助生产部门组织生产：工艺准备、样品试制、使用鉴定。合格产品由营销部门推向用户，完成一个设计活动链环。

产品设计是一个过程系统，而且，从属于更大的系统——产品开发系统。这一观念的意义在于：将改变产品设计概念局限于单纯的技能和方法的认识，而将产品设计纳入系统思维和系统操作的过程。将设计的概念从实物水平上升到复杂的系统水平，由设计部门协助生产部门组织生产，合格产品由营销部门推向用户，完成一个设计活动链环。主体设计活动系统流程如图2.8所示。

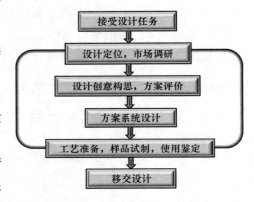

图 2.8 主体设计活动系统流程

2.2.6 设计活动需要链系统

由于需要在不断发生变化，旧的需要满足后，新的需要不断提出，新的设计活动再次展开。用户购买使用后将信息再一次反馈到管理决策部门，开始下一个设计活动，形成下一个设计活动链环。如此往复，就形成了一环套一环的设计活动需要链。设计活动需要链系统如图2.9所示。

综上所述，设计活动系统由消费者、管理决策部门、设计部门、生产部门、营销部门组成。需求和设计形成交替循环的设计活

图 2.9 设计活动需要链系统

动链环。需要是设计的动力和源泉。当然，设计对需要也有反作用。

2.3 系统设计思想

2.3.1 设计思想与设计作品

2.3.1.1 思想先行

中国有句成语"意在笔先"，出自王羲之《题卫夫人笔阵图后》："夫欲书者，先干研墨，凝神静思，预想字形大小，偃仰平直振动，令筋脉相连，意在笔前，然后作字。"意思是在创作一幅画之前，首先要立意。凡事预则立，不预则废，这是做事成功的一条准则。另有一句"胸有成竹"，来自文言文：江馆清秋，晨起看竹，烟光日影露气，皆浮动于疏枝密叶之间。胸中勃勃遂有画意，其实胸中之竹，并不是眼中之竹也。因而磨墨展纸落笔倏作变相。手中之竹又不是胸中之竹也。总之，意在笔先者，定则也；趣在法外者，化机也。独画云乎哉！

对创作而言，没有自我的感受，鲜明的意境，便没有独特的创造，即无从对客观自然形象进行取舍、提炼、概括，要塑造出具有独特的艺术形象是很难的。当你有了这种对客观自然的深切感受，要把它画出来的时候，头脑里会不断地进行思索，考虑如何把看到的、感受到的形象情趣，以及所处的环境等优美的东西画下来，考虑如何用形象、构图、色彩、笔墨等去表现。这种种思索，在头脑里逐步地推敲，丰富完整，形成具有鲜明形象的画面，而且预期可以达到较为完美的效果，这就是创作前的立意过程，也就是我们常说的"构思"。构思成熟了，才动手去画，做到"胸有成竹"。这是创作的第一阶段，也是整个创作过程中比较艰苦而重要的阶段。

产品设计与绘画创作在活动初期的行事方法上有些相似，那就是先要进行构思活动，将各种新产品设计的有关信息诸如可利用的技术现状、功能要求下的可能结构、产品形态和使用交互界面等在头脑中选择、取舍、判断，上下求索，捕捉一切可能的方案，一旦与预期的目标接近就可以将"构思"表达出来，经过反复推敲、斟酌、修改、判断，直到实现设计目标为止。

2.3.1.2 设计作品反映设计思想

设计思想是通过设计作品来表现的。设计师和产品开发活动组织必须在一定的设计思想指导下才能完成设计作品。设计师（产品开发团队）的职责就是向委托方提供设计方案以展现集体的智慧和设计思想。思想在脑海里存在，设计在作品中体现。因此可以通过考察设计作品来理解和认识设计思想。

设计思想的正确与否决定着设计结果的正确与否。立意的高低，是与创作者的艺术修养密切相关的。而笔墨的表现方法，却服从于立意，意奇则奇，意高则高。这个现实主义的创作过程，对我们今天的设计活动也是适用的。优秀的设计作品表现出先进的设计思想。低劣的作品则反映出落后的设计思想。所以说，设计思想和设计作品是灵魂与躯体的关系。

通过考察奔驰 Smart 作品来了解其设计思想（图 2.10）。该作品所表现的立意优秀的设计思想表现在以下几个方面。

（1）功能思想。20 世纪 70 年代，梅赛德斯—奔驰就注意到城市不断扩大和汽车数量不断增加的趋势，进而着手探索未来城市轿车的概念。1972 年提出了一个史无前例的理念：研发 2.5m 长的超紧凑型轿车。这款车长仅为标准停车位一半的座驾，为解决石油危机、交通拥堵、空间短缺等带来了新的希望。它的功能定位十分明确，没有提供现代小汽车的令人轻松的驾驶乐趣以及较小的行李空间来

图 2.10　奔驰 Smart

证明这确实是一部属于城市的汽车：用来代步或者购物的城市代步车。

（2）艺术美学思想。小巧玲珑、活泼可爱。城市小精灵 Smart 中的 S 代表了斯沃奇（Swatch），m 代表了戴姆勒集团（Mercedes - Benz），而 art 则是英文中艺术的意思，合起来可以理解为，这部车代表了斯沃奇和戴姆勒合作的艺术，而 Smart 车名本身在英文中也有聪明伶俐的意思，这也契合了 Smart 公司的设计理念

（3）人机工学思想。为用户着想，方便使用操作。车子没有离合器踏板：只要简单地向前推排挡杆就换到高挡位了，而向后拉排挡杆就换入低挡了。其尺度空间完全依照两人乘坐且可携带少量行李的要求设计。座椅和操作空间及仪表显示均符合人机工学的思想。

（4）安全思想。该车的最高时速可达 137km，满足高速 120km/h 的限速要求，加强的钢铁硬度使它成为了微型汽车级别中最安全的汽车之一。

（5）低成本优化设计思想。按标准化思想设计的产品，超过 85% 的东西可以循环再造。

（6）生态保护及绿色设计思想。Smart 对环境的危害是很小的，该车几乎所有的部件都有人造材料。钢底盘为粉末涂层而非常规的油漆，因此没有溶剂，没有过多油漆污染，也没有废水流出。

（7）节能环保思想。Smart 没有提供很大的发动机功率，而是根据城市代步车的基本功能要求，选择了从 44 匹到 61 匹的小发动机功率，同时匹配了经济节能的 6 速自动变速箱。其平均每 100km 仅耗油 3.3L，而二氧化碳排放量仅为 88g/km，是名副其实的"低排放冠军"。调研结果显示：在城市日常交通状况下，车辆平均每 1.3km 便需要停下一次。最新 Smart 微型混合驱动系统正适用于交通阻塞或红灯驻车等走走停停的短暂停车情况。它的工作原理是：当车速低于 8km/h 或踩住刹车踏板时，发动机会自动关闭；而当驾驶者松开刹车踏板，发动机又会迅速重新启动，保证车辆继续正常行驶，在发动机关闭和重新启动的过程中，驾驶者不需做换挡或其他操作，日常驾驶习惯也完全不会受到影响。

2.3.2　系统设计的多元化思想

系统设计思想始终着重于从整体与部分之间、整体对象与外部环境之间的相互联系、相互作用、相互制约的关系中综合地、精确地考查对象，以达到整合优化处理设计问题为目的。

设计项目的要求是集中反映了各种要求的综合要求。产品使用宏观环境因素（人、经济、文化、社会、生态、科技）对设计目标的要求是应用先进科学技术、降低成本、适应市场经济的要求，遵循民族地域传统文化、创造社会新生活、节能环保、低碳、保护生态、可持续发展。人对产品的使用形

成了人机系统环境，人机系统环境对设计目标的要求是高效、舒适、健康、安全、人性化、情趣化、个性化等。企业主也就是设计管理决策者对设计目标的要求是好销售、低成本、高收益。这些要求也同时代表了销售部门要求好销售、制造部门要求低成本、管理部门要求高收益的设计思想。消费市场的使用者对设计目标的要求是性能好、功能完善、外观美、使用操作方便、价格合理。设计师和设计项目团队自身对设计目标的要求是最大限度满足商家和使用者的要求，最大限度满足宏观环境因素的要求。同时，最大限度发挥设计者（设计师和设计项目团队）的创意、设计价值和艺术修养，充分展现设计才华，使科学性和艺术性在设计作品中得到完美的体现，实现功能与形式的辩证统一。

综上所述，也就是说，几乎人类活动的一切思想意识都融入了设计思想的大河，它们组成了产品设计的系统设计思想。所以说，产品系统设计思想是多元设计思想。主要由以下几个部分组成：战略、功能、人机系统、管理决策、用户和设计者设计思想。其中，功能设计思想是指导产品系统设计活动的主导设计思想。

2.3.3 主要系统设计思想

2.3.3.1 战略设计思想

战略设计思想也就是宏观环境因素影响下的指导设计思想。产品使用宏观环境因素（包括科技、经济、文化、社会、生态等）对设计目标的要求是应用先进科学技术、降低成本、适应市场经济的要求，遵循民族地域传统文化、创造社会新生活、节能环保、低碳、保护生态、可持续发展。这些要求反映在产品开发的管理决策层就是战略设计思想。

例如，目前各大汽车公司都在开发电动汽车。奔驰、宝马、通用都在对新能源特别是以电池驱动的纯电动车进行研发。作为国际一流的电池制造商同样也是自主汽车生产商的比亚迪也于 2009 年的时候在国内投放了其研发的纯电动车型——比亚迪 e6 和双模电动车——F3DM。其中后者已经在国内正式上市，而比亚迪 e6 目前还在试验当中。如图 2.11 所示的比亚迪 e6，就是典型的战略设计思想的代表作品。

图 2.11　比亚迪 e6

产品规划是按照公司的目标、能力、限制和竞争环境来完成的。管理决策层通过战略设计思想确定公司将要开发的项目组合和产品引进市场的产品开发时间。规划过程要考虑由各种资源所确定的产品开发机会，包括来自市场、研究部门、顾客、已有产品开发团队的建议及与对手的竞争。从这些机会中，项目组合被挑选出来，项目的时间计划被确定下来，资源得到分配。产品规划需要经常更新以反映竞争环境的变化、技术的变化和通过已有产品的成功得来的信息。

2.3.3.2 基于功能的设计思想

功能设计思想反映了系统设计思想的整体表现，也是"系统设计"整体涌现性的反映。

功能设计思想是社会发展的需要对设计目标的系统要求，是综合了科学技术、美学艺术、社会发展对节能、环保、高效、安全、可持续发展的要求。功能设计思想同时也反映了市场消费需求。所以说，功能设计思想是指导设计活动的系统设计的主导思想。

例如，由兰州理工大学工业设计研究所学员马硕 2010 年设计的购物自行车，就是基于功能的设计思想的一件作品（图 2.12）。

图 2.12　购物自行车（马硕设计）

无论何种设计对象（产品），都是由各种构成单元结合而成的。这些构成单元之间相互区别又相互联系，彼此制约地组成产品的结构系统。产品的各构成要素都有其各自的功能，发挥着不同的作用，并相互联系、相互制约地实现设计对象的总体功能，从而形成产品的功能系统。功能设计思想实质上是将设计对象视为一个系统，然后分析其总的功能。把实现总功能的低一级功能（分功能）加以分析，进而寻求实现各分功能的技术途径（技术原理）。

功能设计思想的特点如下所述。

（1）功能问题为思考主线索。

（2）克服思维定势和传统观念束缚，是一种发散思维的思考方式。

（3）排除产品的不必要功能，这就可能降低产品成本。

（4）有助于实现产品良好的实用性及可靠性。

（5）把功能分解与造型单元的构造结合起来，提供了一种产品造型设计的思路。

（6）突出系统化的思想。

2.3.3.3 人机系统设计思想

人机系统设计思想要求产品设计要适合人的生理，心理因素。且应同时满足人们的物质与文化需求。人机系统设计思想具体反映在产品的人机工程设计中，为考虑"人的因素"提供如下条件。

（1）人体尺度参数：提供人体各部分的尺寸、体重、体表面积、比重、重心以及人体各部分在活动时相互关系和可触及范围等。

（2）人体结构特征参数：提供人体各部分的发力范围、活动范围、动作速度、频率、重心变化以及动作时惯性等动态参数。

（3）分析人的视觉、听觉、触觉、嗅觉以及肢体感觉器官的机能特征，分析人在劳动时的生理变化、能量消耗、疲劳程度以及对各种劳动负荷的适应能力。

（4）探讨人在工作中影响心理状态的因素，及心理因素对工作效率的影响等。

这些数据可有效地运用到产品设计中去，为产品的功能合理性提供科学依据，为考虑环境因素提供设计准则：通过研究人体对环境中各种物理因素的反应和适应能力，分析声、光、热、振动、尘埃和有毒气体等环境因素对人体的生理、心理以及工作效率的影响程序，确定了人在生产和生活活动中所处的各种环境的舒适范围和安全限度。从保证人体的健康、安全、合适和高效出发，为考虑环境因素提供了设计方法和设计准则。

2.3.3.4 管理决策设计思想

管理决策对设计目标的要求是好销售、低成本、高收益。这些要求也同时代表了销售部门要求好销售、制造部门要求低成本、管理部门要求高收益的设计思想。但管理决策设计思想集中表现在经营战略思想上，那就是做大、做强、占领尽可能多的市场、使自己的企业处于有利于竞争或垄断的地位。

例如，吉利集团董事长李书福的设计思想就是管理决策设计思想的代表。

（1）做大、做强、占领尽可能多的市场。

吉利控股集团董事长李书福，1997 年吉利集团创建了国内第一家民营汽车制造企业。1998 年 8 月 8 日，浙江临海，第一辆吉利"豪情"下线，售价 3.69 万元。2006 年 8 月，吉利"金刚"（图 2.13）在全国上市，售价在 6.68 万～8.58 万元之间。2007 年 6 月，吉利"远景"首款中级商务级家轿上市，售价 7.48 万～10.38 万元。

图 2.13　吉利"豪情"与"金刚"汽车

为什么李书福要将产品由吉利"豪情"转向吉利"金刚"呢？

第一个原因：由中国质量协会、全国用户委员会发布的 2005 年度全国轿车用户满意指数（CACSI）测评结果显示，我国轿车行业 2005 年度用户满意指数为 73.3 分，比 2004 年提高了 1.1 分，比 2003 年提高了 1.9 分。其中，一汽大众"奥迪 A6"的用户满意度最高，达到了 83 分；而吉利"豪情"满意度最低，只有 63.1 分。

第二个原因：2005 年度中国十大汽车厂商销售收入，销售量，利润排行榜：吉利销售 15 万辆却没什么利润。

2009 年 8 月 31 日吉利"帝豪 EC718"（图 2.14）接受预订 1.8L 旗舰型 11.18 万元。2009 年 8 月 31 日吉利提交标书购富豪（Volvo）汽车。兰州、湘潭、上海和路桥基地分别生产自由舰、远景、帝豪、金刚，济南工厂将投产第一款排量为 2.4L 的中级车 GEELY GC，成都的车型则定位于 2.0L、

2.4L，以及今后 3.5L 的 SUV。2010 年，吉利的新车集中爆发，出自经济型平台、分为两厢、三厢的 A0 级轿车，基本型轿车平台的家用型 MPV，以及混合动力车型都会相继投放。除了整车，吉利已经装上了自主开发的 CVVT 发动机和自动变速箱。截至 2016 年，吉利汽车已经形成庞大的系列：熊猫、优利欧、吉利 SC5 - RV、吉利 GX5、豪情 SUV、帝豪 EC8、EC7、英伦、自由舰、远景、金刚、美人豹、吉利 GS、吉利 EX7、吉利 GE、中国龙、博瑞、博越等（图 2.15）。

图 2.14　吉利 EC718

图 2.15　管理决策设计思想的展现——吉利系列汽车

（2）跟风领先者。

管理决策者在做大、做强，占领尽可能多的市场，与行业领先者竞争主要采用风尚设计思想，即跟风领先者、紧盯时尚风格的经营战略思想。例如宝马 SUV 车型 X3 在市场表现出色，大众公司、奔驰公司马上跟风，奔驰推出紧凑级 GLK 小型豪华越野车、大众公司推出途观等对等的 SUV 车型跟风。大众公司的 U 型前脸造型在市场被大家看好，许多汽车公司紧盯时尚风格，纷纷推出各公司的变形 U 型前脸造型（图 2.16）。

2.3.3.5　消费者的设计思想

用户也就是消费市场的使用者对设计目标的要求是性能好、功能完善、外观美、使用操作方便、

图 2.16   时尚 U 型前脸造型风格

价格合理。这种要求反映了用户的设计思想。消费者的设计思想可以通过产品的市场表现反映出来。由于消费者的消费层次不同，消费者的设计思想也表现出高、中、低来。例如图 2.17 所示的一汽大众 2005 版开迪多用途车虽然请成龙代言推销，但由于外观不美观、小量货运投资太大，销量低而停产。

图 2.17   一汽大众 2005 版开迪多用途车

消费者的心意是其中一款正合他意。满足个性多样需求就要求产品的品种众多、档次划分细致、尺寸规格齐全、款式多样、色彩丰富。消费者的这些要求，设计师在产品设计中要充分考虑，周密计划，多样化设计。如图 2.18 所示的车铃的系列化产品设计充分满足了各类消费者的多样化需求。

2.3.3.6   设计者的设计思想

设计师和设计项目团队自身对设计目标的要求是最大限度地满足商家和使用者的要求，最大限度满足宏观环境因素的要求。同时，最大限度地发挥设计者（设计师和设计项目团队）的创意、设计修

图 2.18　车铃

养和艺术修养，充分展现设计才华和设计价值，使科学性和艺术性在设计作品中得到完美的体现，实现功能与形式的辩证统一。设计者的设计思想可以通过设计大赛的形式反映出来。现代主义、高科技主义、绿色环保主义等。

例如，图 2.19 所示的意大利法拉利汽车公司的玛莎拉蒂总裁轿车和马自达新概念汽车，追求新、奇、特是设计师的主要设计思想表现，外观充分展现设计师对汽车的科学性和艺术性完美统一的设计思想。

例如图 2.20 所示的丰田 IQ 和丰田汽车新概念，追求新奇完美是设计师的主要设计思想表现。图 2.21 所示的仿生型吸油烟机，图 2.22 所示的多元设计思想指导的毕业设计。

图 2.19　玛莎拉蒂总裁轿车和马自达新概念汽车

图 2.20　丰田新概念汽车和丰田 IQ 汽车

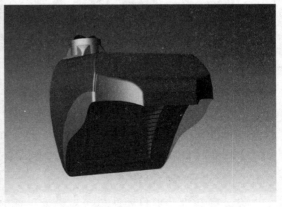

图 2.21　仿生型吸油烟机

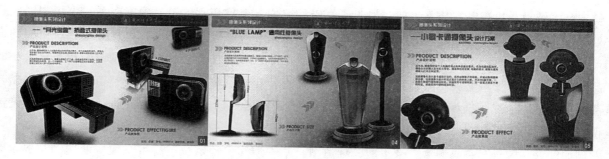

图 2.22　多元设计思想指导的毕业设计

2.3.4　系统设计思想的本质

系统设计思想的本质是认为设计事物内部之间、设计事物与内部之间、设计事物与外部环境之间既相互联系、又相互区别，并在处理上述三层关系的过程中规定设计事物本身，使其与设计事物内部之间实现协调，与外部环境之间实现和谐，整体而又完美的展现设计事物。系统观与定位观就是系统设计思想的本质。

2.3.4.1　系统观

系统论的设计思想是全部因素和全部过程的系统考虑，其核心是把设计对象以及有关的设计问题，如设计程序和设计管理、设计信息资料的分类整理、设计目标的拟定、人—机—环境系统的功能分配与动作协调规划、功能—结构—造型的协调等等，视为系统，然后用系统方法分析和综合加以处理和解决。其特征在于：全部设计因素和全部设计过程的系统考虑。

2.3.4.2　定位观

所谓定位观，实际上是系统论在产品开发中的一种认识和设计产品的思想、观念，即将产品纳入关联产品群（产品族）并与竞争对手相对照来分析、思考、构想，而不是孤立地来认识、分析、思考、构想。

例如，六家汽车公司（图 2.23）通用、现代、本田、宝马、福特、大众，他们分别推出各自的中高级汽车产品：别克君越、现代索纳塔、本田雅阁、宝马 3 系、福特蒙迪欧、大众帕萨特。每家公司都是依据其他公司的中高级汽车产品来区分和确定本企业的产品，这就是定位观在产品设计中的具体体现。同时，在本企业内部，每一个产品的款型都要受到与之相关本企业其他产品的制约。

图 2.23　中高级汽车产品定位

产品系统设计思想其本质是如何实现明确的产品定位。产品开发首先要确定产品在市场中的立足之处，产品在市场中的立足之处取决于产品市场开发策略。对某类产品来说，市场有高档、中档和低档产品，有冷门和热门产品，有高科技、普通和低端产品，有需求量大的、需求量中的和需求量小的产品。产品市场开发策略就是要确定主打产品在市场中的定位。按照某种标准进行市场细分，根据自身和竞争对手的情况，选择产品准备进入的目标市场，根据目标市场顾客的特征，确立自己的设计定位。

例如同一品牌汽车有旗舰型、豪华型、舒适型、基本型等多种定位，就得有相应的造型和成本以及相应的售价。如果外形豪华、做工很差，或做工很考究而外形让人很难接受都是违背产品系统设计思想的。

在我们以往的设计教育中任意构思，不加限制的做法，在系统设计中要加以改变，系统设计要受到系统约束，要遵循设计标准与规范。要倡导集体协作，在一个团队中共同完成一项比较复杂的设计任务，或独立在一个给定的产品基准平台上展开受约束的设计方案。

2.3.5 系统设计思想方法的特点

所谓系统设计的思想方法，其显著特点是整体性、综合性、精细化、最优化。

2.3.5.1 整体性

整体性是系统论思想的基本出发点，即把事物整体作为研究对象，从事物（系统）的整体出发，着眼于系统总体的最高效益，而不只局限于个别子系统。

系统设计方法的要点是使某一类的产品在形态上或技术上建立某种明显的联系，甚至形成强烈的制式化。在此基础上实现产品在使用功能上的互换性和无限的补充性，以增强系列产品的灵活性、统一性和持久性。同时，系统设计还强调产品在造型、色彩等形象因素上的统一，以保证使用环境获得秩序感（图2.24和图2.25）。

2.3.5.2 综合性

系统论方法是通过辩证分析和高度综合，使各种要素相互渗透、协调而达到整个系统的最优化。综合性有两方面的含义：①任何系统都是一些要素为特定目的而组成的综合体，如汽车就是操控驾驶、发动

图2.24 厨房（L型）系统设计的整体厨房

机、底盘、内饰、外形等组成的综合体；②对任何事物的研究，都必须从它的成分、结构、功能、相互联系方式等方面进行综合的系统考察。

例如，汽车的高加速性与低油耗的系统思考就具有综合性。标致307的两厢车改成三厢车（图2.26），要综合考虑车头、车身的造型。否则，车尾很多时候都不协调，似乎硬是把它拉伸出来的。

产品的设计过程往往不是一种线性的发展过程，而是一个多层次、多方面的系统工程。设计的过程包括了分析、创造、综合、发展、表达、反馈等阶段。科学的设计方法立足于系统地、动态地解决设计过程中出现的各类课题，系统的设计方法可以产生具体、明确的步骤和有针对性的解决方法（图2.27）。

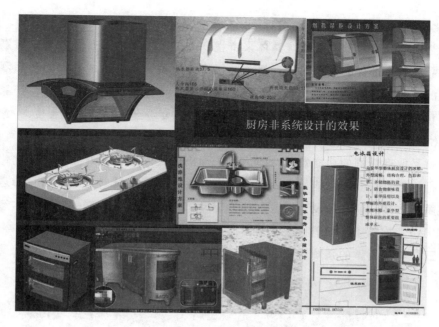

图 2.25　厨房非系统设计的效果

图 2.26　标致 307

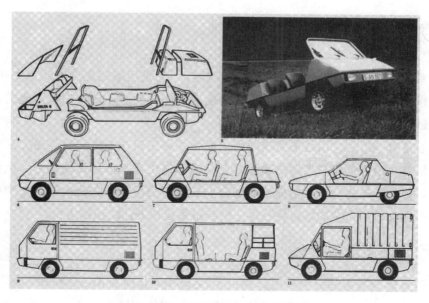

图 2.27　系列化产品的综合性

2.3.5.3 精细化

对产品的每个组成要素按照产品系统整体来审视、来要求，不放过每个细节，特别是影响整体的细节。对组成产品的各个部件、产品的外观都要进行精细化设计。对组成部件的产品零件要素也要进一步细分为零件的材料、结构、造型、表面处理、色彩等，且保证上述零件要素与产品整体符合功能与结构要求，而且达到和谐的程度。例如，区别汽车车型主要看细节和精细化程度。

2.3.5.4 最优化

所谓最优化就是取得最好的功能效果，即达到选择出解决问题的最好方案。最优化是系统论思想和方法的最终目标。根据需要和可能，在一定的约束条件下，为系统确定最优目标，运用一定的数学方法等获得最佳解决方案。就产品设计而言，功能完整、结构合理、造型美观、成本经济等方面都达到了让制造商和消费者均满意的和谐程度就是设计师追求的最优化。如图 2.28 所示，奔驰 C 系轿车对比一代、二代、三代车型所做的系统优化。

图 2.28　奔驰 C 系轿车一代、二代、三代、四代车型演化

2.4　系统方法论

许国志在《系统科学》中对系统方法做出如下阐述："凡是用系统观点来认识和处理问题的方法，亦即把对象当作系统来认识和处理的方法，不管是理论的或经验的，定性的或定量的，数学的或非数学的，精确的或近似的，都叫做系统方法。"

辩证法的核心是对立统一。用之于系统研究，就是强调还原论方法和整体论方法的结合，分析方法与综合方法的结合，定性描述与定量描述的结合，局部描述与整体描述的结合，确定性描述与不确定性描述的结合，静力学描述与动力学描述的结合，理论方法与经验方法的结合，精确方法与近似方法的结合，科学理性与艺术直觉的结合等。这些结合是系统论方法之精髓所在。

2.4.1　还原论与整体论相结合

还原论主张把整体分解为部分去研究。勒内·笛卡尔（R. Descartes，1596—1650，法国）强调，为了认识整体必须认识部分，只有把部分弄清楚才可能真正把握整体；认识了部分的特性，就可以据之把握整体的特性。在这个意义上，还原论方法也是一种把握整体的方法，即所谓分析-重构方法。但居主导地位的是分析、分解、还原：首先把系统从环境中分离出来，孤立起来进行研究；然后把系统分解为部分，把高层次还原到低层次，用部分说明整体，用低层次说明高层次。

系统科学强调在整体性观点指导下进行还原和分析，通过整合有关部分的认识以获得整体的认识。对于比较简单的系统，这样处理一般还是有效的。但是，对复杂系统问题，把对部分的认识累加起来的方法，本质上不适宜描述整体涌现性。愈是复杂的系统，这种方法对于把握整体涌现性愈加无效。

例如，按分析方法，地球上的海水体积是可以计算出来的，每天把海水舀到地面上的量一旦定下来，就可以计算出到哪一天将把地球上的海水舀干。这显然是不符合海水由于占据地球 70% 的巨大规模所表现出的整体涌现性。对于沙漠也是如此，用分析的方法可以搬走沙漠，但实际上是无法从地球上搬走沙漠的，这也是由于沙漠的整体涌现性所决定的。

现代科学表明，许多宇宙奥秘来源于整体的涌现性。还原论无法揭示这类宇宙奥秘，因为真正的整体涌现性在整体被分解为部分时已不复存在。而社会实践越来越大型化、复杂化，特别是一系列全球问题的形成，也突出强调要从整体上认识和处理问题。

世界是演化的，一切系统都不是永恒的。宇宙的许多奥秘只有用生成的演化的观点，才能做出科学的说明。基于还原论的科学是存在的科学，无法研究演化现象。还原论就是既成论，还原方法就是分析方法。涌现论把世界看作生成的。从生成论的观点看，整体涌现性可以表述为"多源于少""复杂生于简单"，生成论是涌现论表现形式之一。

总之，研究系统不要还原论不行，只要还原论也不行；不要整体论不行，只要整体论也不行。不还原到元素层次，不了解局部的精细结构，我们对系统整体的认识只能是直观的、猜测性的、笼统的，缺乏科学性的。没有整体观点，我们对事物的认识只能是零碎的，只见树木，不见森林，不能从整体上把握事物、解决问题。科学的态度是把还原论和整体论结合起来。

2.4.2　定性描述与定量描述相结合

任何系统都有定性特性和定量特性两方面，定性特性决定定量特性，定量特性表现定性特性：只有定性描述，对系统行为特性的把握难以深入准确。但定性描述是定量描述的基础，定性认识不正确，不论定量描述多么精确漂亮，都没有用，甚至会把认识引向歧途。定性描述与定量描述相结合，是系统研究的基本方法论原则之一。

自牛顿（I. Newton）成功地用数学公式描述物体运动规律以来，定量化方法越来越受到重视，获得极大的发展；定性方法被当作科学性较差的、在未找到定量方法之前的一种权宜方法。这在系统科学中（特别是早期）也有反映。但随着系统研究的对象越来越复杂，定量化描述的困难越来越严重了。系统科学要求重新评价定性方法，反对在系统研究中片面地追求精确化、数量化的呼声越来越强烈。

2.4.3　局部描述与整体描述相结合

整体是由局部构成的，整体统摄局部，局部支撑整体，局部行为受整体的约束、支配。描述系统包括描述整体和描述局部两方面，需要把两者很好地结合起来。在系统的整体观对照下建立对局部的描述，综合所有局部描述以建立关于系统整体的描述，是系统研究的基本方法。

一种特殊而意义重大的局部描述与整体描述，是所谓微观描述和宏观描述。简单系统的元素同系统整体在尺度上的差别还构不成微观与宏观的差别，如机器系统的元件与整机一般都属于宏观对象。

但巨系统出现了微观同宏观的划分，元素或基本子系统属于微观层次，系统整体属于宏观层次。系统的最小局部是它的微观组分，最基本的局部描述就是对系统微观组分的描述。任何系统，如果存在某种从微观描述过渡到宏观整体描述的方法，就标志着建立了该系统的基础理论。对于简单系统，它的元素的基本特性可以从自然科学的基础理论中找到描述方法，对元素特性的描述进行商接综合，即可得到关于系统整体的描述。对于简单巨系统，也具备从微观描述过渡到宏观描述的基本方法，即统计描述。复杂巨系统复杂到至今尚无有效的统计描述，也许并不存在这种描述方法，但局部描述与整体描述相结合的原则依然适用。

2.4.4　系统分析与系统综合相结合

要了解一个系统，首先要进行系统分析：①要弄清系统由哪些组分构成；②要确定系统中的元素或组分是按照什么样的方式相互关联起来形成一个统一整体的；③要进行环境分析，明确系统所处的环境和功能对象，系统和环境如何互相影响，环境的特点和变化趋势。

如何由局部认识获得整体认识，是系统综合所要解决的问题。分析-重构方法用于系统研究，重点在于由部分重构整体。重构就是综合。首先是信息（认识）的综合，即如何综合对部分的认识以求得对整体的认识，或综合低层次的认识以求得对高层次的认识。综合的任务是把握系统的整体涌现性。从整体出发进行分析，根据对部分的数学描述直接建立关于整体的数学描述，是直接综合。简单系统就是可以进行直接综合的系统。简单巨系统由于规模太大，微观层次的随机性具有本质意义，直接综合方法无效，可行的办法是统计综合。复杂巨系统连统计综合也无能为力，需要更复杂的综合方法。

分析和综合只是相对来说的。一般来讲，"分析"先于"综合"，对现有系统可在分析后加以改善，达到新的综合；对于尚未存在的系统可收集其他类似系统的资料通过分析后进行创造性设计，达到综合。对于系统分析和系统综合而言，要求把分析和综合的方法和系统联系起来，要从系统的观点出发，用解决设计中的有关问题，为产品设计提供依据。

一个产品的设计，涉及功能、经济性、审美价值等很多方面，采用系统分析和综合的方法进行产品设计，就是把诸因素的层次关系及相互联系等了解清楚，发现问题、解决问题，按预定的系统目标综合整理出对设计问题的解答。

在实际设计中，进行系统分析和综合时要注意以下原则。

（1）必须把内部、外部各种影响因素结合起来进行综合分析。

（2）必须把局部效益与整体效益结合起来考虑，而最终是追求最佳的整体效益。

（3）依据目标的性质和特性采取相应的定量或定性的分析方法。

（4）必须遵循系统与子系统或构成要素间协调性的原则，使总体性能最佳。

（5）必须遵循辩证法的观点，从客观实际出发，对客观情况做出周密调查，考虑到各种因素，准确反映客观现实。

在进行系统（产品）的设计分析与设计综合时，具体的步骤有8项。

（1）总体分析。这一步主要是确定系统的总目标及客观条件的限制。

（2）任务与要求的分析。确定为实现总目标需要完成哪些任务以及满足哪些要求。

（3）功能分析。根据任务与要求，对整个系统及各子系统的功能和相互关系进行分析。

（4）指标分配。在功能分析的基础上确定对各子系统的要求及指标分配。

（5）方案研究。为了完成预定的任务和各子系统指标要求，需要制定出各种可能实现的方案。

（6）分析模拟。由于一个大系统往往受许多因素的影响，因此当某个因素发生变化时，系统指标也随之发生变化，这种因果关系的变化通常要经过模拟和实验来确定。

（7）系统优化。在方案研究和分析模拟的基础上，从可行方案中选出最优方案。

（8）系统综合。选定的最佳方案至此还只是原则上的东西，欲使其付诸实现，还要进行理论上的论证和实际设计，也就是方案具体化，以使各子系统在规定的范围和程度上达到明确的结果。

综上所述，系统论的设计思想和方法的目的是使整个设计过程易于控制，把多种相关因素纳入考虑的范围，以便使产品的品质得以保证。同时，提倡利用多数人的智慧，为了共同的系统目标发挥创造力，应克服简单、草率的工作作风。

还原论和整体论方法以及分析和综合方法是系统设计的基本方法，且二者大体一致，只是系统设计中将还原论和整体论以分析和综合方法来代表。对此，有关系统分析和系统综合的方法在后边分别详细论述。

2.5 系统分析法

2.5.1 系统分析方法概述

系统分析是系统工程方法的一个重要组成部分，是系统设计与系统决策的基础。

系统是一系列有序要素的集合，各要素之间具有一定的层次关系和逻辑联系。系统分析是一种有目的、有步骤的探索与分析过程。在这个过程中，设计、分析人员从系统长远的和总体最优出发，确定系统目标与准则，分析构成系统的各层次子系统的功能及相互关系，以及系统同环境的相互影响。然后在调查研究、收集资料和系统思维推理的基础上，产生对系统的输入、输出及转换过程的种种设想，探索若干可能的方案。

例如，对黄河的认识，从黄河源头、黄河上游、黄河中游、黄河下游、黄河入海口的全面考察就是对黄河的系统分析。对黄河的地理、历史、流域文化、流域经济的分析就是对黄河的环境系统分析。

系统分析所涉及的范围十分广泛，涉及问题的性质也差异很大，既有宏观的，也有微观的；既有定性的，也有定量性的。不同的系统确有不同的问题，相同的系统所要解决的问题也需要用不同的方法加以分析。因此，系统分析没有特定的技术方法，它随分析对象和问题的不同而不同，各学科的定量、定性的分析方法原则上都可以为系统分析所借用。系统分析时，定量分析与定性分析应是相互结合的。

在系统工程中，系统分析的概念涵盖了包括调查研究、总目标确定、系统总体分析、系统宏观、微观模型建立、系统优化、系统方案综合、系统评价等内容在内的完整工作过程。产品系统分析中常用的一些基本分析方法有调研分析法、雷达图分析方法、投入产出法、分类法、相关表法、甘特图法、因果图法、分解解析法、复杂系统工程分析法等。

2.5.2 调研分析法

分析系统和环境如何互相影响，环境的特点和变化趋势常采用调研分析方法。调研分析是一种有目的、有步骤的对产品认识与分析的过程。产品系统调研分析大体上包含下列过程。

（1）调研资料：图书、期刊、报纸、网络、电视。

（2）调研分析产品系统设计目标与设计准则。

（3）调研产品功能环境：调研分析产品与环境的相互影响。

（4）调研用户：国际、国内用户调研；男、女、老、幼用户调研；高、中、低档用户调研。

图 2.29　美式灶具

（5）调研市场：商场、花色品种、品牌、价格、销量等。

（6）产品系统结构分析。调研构成系统的子系统的功能及相互关系—结构分析（功能部件、连接关系、装配关系、材料工艺）。

（7）产品造型要素分析。调研分析构成系统的各层次要素及外观相互关系（形态、比例尺度、材料表面装饰、设计风格等）。例如：开发美式灶具要对美式灶具作产品调研分析（图 2.29）。

2.5.3　投入产出法

进行系统环境分析，明确系统所处的环境和功能对象，用投入产出法（Input—Output Technique），又称"人出法""输入输出法"等。它是美国通用电器公司发明的用于探求设想而发明的一种分析方法。本方法先确定所期望的产出（结果和目标），然后决定投入，利用智力激励的方法寻求投入产出关系的设想。同时需要确定一些限制条件，如成本要不超过某允许值、坚固耐用等。根据"人""出"和限制条件，考虑其间的相互关系，运用创造性思

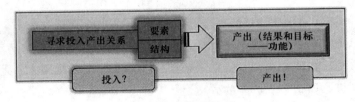

图 2.30　投入产出法

维和逐步推敲的方法明确由"出（功能）"求"人（要素）"之间的联系（结构），分析出解决问题的设计方案，（图 2.30）。

2.5.4　分类法

要确定系统中的元素或组分是按照什么样的方式相互关联起来形成一个统一整体的，也就是研究和发现系统的结构或元素的分类。分类是人类认识、分析、分辨、选择事物的一种方法，也是途径和归宿。在分类中学会了辨别事物、处理事物。

分类法有三种：①按照种类、等级或性质分别归类；②把无规律的事物分为有规律的、按照不同的特点分类事物，使事物更有规律；③建立生物类别的分级系统的生物学分类。其中，按照不同的功能特点分类事物的分类法最为常用。

事物的分类实质上是系统划分。根据"具有某种特定功能相关要素的集合"的定义，从功能出发，寻找围绕同一功能的各个组成要素，搞清这些要素所形成的结构关系，同时，将系统与系统之外的环境边界划分清楚（排除实现本系统特定功能之外的其他要素），则该系统就从环境中划分出来了，这种认识与划分系统的过程就是分类活动。分类取决于人类对事物的视角和既有的对事物的处理能力。对

事物的认识不同会产生不同的分类结果。

例如，中国古代认为物质世界本原于"阴阳五行"，而现代科学则将物质世界本原归纳为"元素表"。分类可使复杂事物变得条理而清晰。不分类等于垃圾，垃圾分类则变废为宝（图 2.31）。例如，动物的分类本能；食物与非食物的分类；找食能力（图 2.32）。

图 2.31　垃圾分类

图 2.32　动物的找食分类

2.5.5　相关表法

要弄清系统由哪些组分构成，也就是要找出系统中的要素，找出系统中的主导要素，分析要素的子功能，分析要素与整体的功能关系。相关表是探讨设计问题中相关要素间的关系为目的而展开构想的分析方法。其方法是对设计问题进行分解。然后进行分析比较，排出主次要问题，分为关系最重要的、希望产生关系和无关系三种情况。

2.5.6　甘特图法

要确定系统中的元素或组分是按照什么样的方式相互关联起来形成一个统一整体的，也就是研究和发现系统的结构或元素的分类。可以采用甘特图法。描述任务进度的传统工具是甘特图。这种图包含一个水平时间线和一个垂线。它是通过画出代表每一任务从开始到结束的水平条绘制而成的，每一水平条已填充部分代表该任务已完成部分。垂线代表当前任务，因此我们可直接看出任务提前或落后于进度。2016 年工业设计专业产品系统设计任务进程（表 2.1）。

表 2.1　　　　　　　　　　**产品系统设计课程设计任务进程示意**

项目	阶段划分	9 月		10 月			11 月
准备	查阅资料	□	□				
	设计调研	□	□	□			
设计研究	方案 1			□	▨		
	方案 2				▨	▨	▨
	结构分析				▨	▨	▨
	方案论证				▨	▨	▨

续表

项目	阶段划分	9月	10月			11月
方案设计	方案设计建模		▦	▦	▦	
	结构图、人机分析		▦	▦	▦	
	设计图、局部详图		▦	▦		▦
	材料装饰、色彩分析		▦	▦		▦
	效果图、展示制作		▦	▦		▦
答辩	设计说明				▢	▢
	答辩					▢

2.5.7 "鱼骨图"法

研究和发现系统的结构层次关系及子系统以及其功能表现可以用"鱼骨图"法，又叫因果分析图法。因果分析图法（Cause and Effect Diagram）是以图示方法揭示关系而认清相关因素间的影响等的分析方法。该法着眼于问题的结果和对问题结果产生影响原因的两个方面。图2.33中箭头顶端表示设计问题或其他问题等的要点，所谓骨是指对问题要点的影响原因，大骨、中骨和小骨分别表示大原因、中原因和小原因。

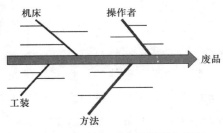

图2.33 机械加工废品原因分析图

绘制鱼骨图的方法是：以机械加工为什么出现废品为例。

（1）确定问题的要点，即要分析的项目，如"机械加工为什么出现废品"。

（2）确定出大的原因，如图2.33中的机床、方法、操作者等。

（3）继续找出中原因和小原因，以及更细小的原因。

（4）对关键性的原因做出标记以便进一步研究。

2.5.8 分解解析法

要弄清系统由哪些组分构成，也就是要找出系统中的要素，找出系统中的主导要素，分析要素的子功能，分析要素与整体的功能关系，可以采用系统分解解析法。

系统作为许多分系统和组成要素的集合，常常是较为复杂的。除了在整体上把握系统的特性外，还应对其进行解析，把大系统分解为若干分系统，分系统也可进一步分解。这样就有利于对分系统用以往的经验和知识来分析和处理，把复杂问题条理化、简单化。最简单的系统分解是结构要素的分解，如把电冰箱分解为压缩机、冷凝器、蒸发器、箱体、温控器等。分解不只适用于设计对象本身，设计中的许多方面都可以用系统的观点来认识和解析，比如系统目的的明确化、系统的评价、系统研制进程的安排等，不管多么复杂的问题，都可以通过分解达到条理化。这种情况的分解，如同结构上的分解一样，不仅是平面的，立体的分解也很多。比如系统的目的包括多种时，就要进行按级分解，分为大目的、中目的、小目的各级，如再将各级项目细分，内容就清楚了。

在分解时，有两点显然是应该注意的：①分解的程度应适当，过细不仅花费精力，也使系统综合变得困难，过于粗略则不利于分析，因此，分解为分系统的数目问题值得注意。②选择好分解的位置，应在分系统间联系最少处，以免各分系统分析时的干涉过多。在系统论中，分解的概念是十分重要的，分解也是一种分析方法。

例如解剖产品、拆卸零件，如图 2.34 野外灶具产品拆解测绘。拆卸产品、解剖零件是产品系统分析的主要途径。拆解工具包括：产品陈列、测绘工具、三坐标机、反求工程实验三坐标机、快速成型机、产品测绘室。

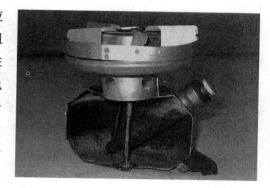

图 2.34　野外灶具产品拆解测绘

2.5.9　雷达图分析方法

雷达图分析方法（radar chart）是基于一种形似导航雷达显示屏上的图形而构建的一种多变量对比分析技术，因其形状很像蜘蛛网，故又称之为蜘蛛网图。雷达图可以对两组变量进行多种项目的对比，反映数据相对中心点和其他数据点的变化情况，常用于多项指标的全面分析，将其比较重要的项目集中划在一个多边形的图表上，来表现公司各项情况。一般设量化指标比率的中心点为起始档，档次逐渐升高，边缘为最高档，由若干个同心多边形组成。同心多边形向外引若干条射线，它们之间等距，每一个多边形代表一定的分值，由中心向外分值增加，每条射线末端放一个被研究的指标，使图表阅读者能够一目了然掌握各项指标变动情况和好坏趋向状态。例如，产品功能属性用户评价雷达图可应用于产品功能属性状况——功能性（实用）、技术性、艺术性（造型）、舒适性（人机）、经济性（性价比）、环保性等的评价（图 2.35）。

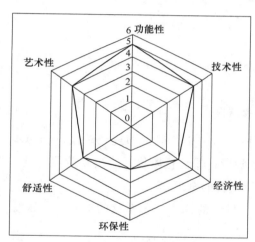

图 2.35　产品属性分析雷达图的基本形式

雷达图分析法是综合评价中常用的一种方法，尤其适用于对多属性体系结构描述的对象做出全局性、整体性评价。在制定产业技术路线图过程中，它成为判断产业发展趋势、确定产业范围边界的常用方法。

2.5.10　复杂系统工程分析法

工欲善其事，必先利其器。所谓方法就是解决问题的方式、途径、手段，也就是"善事"的"利器"。对于复杂系统分析常用的工具是系统工程学所提供的定性分析、定量分析、综合分析工具。系统分析工具包括：霍尔三维结构方法、切克兰德软系统方法、并行工程方法、物—事—人理系统方法、螺旋式推进系统方法以及信息化时代提出的综合集成方法——统计数据参数模型、人机交互、逐次逼近方法。

系统分析的前提条件是对系统首先建立系统模型。所建立的系统模型应能够描述系统某一方面的本质属性，并能以某种确定的形式（文字、符号、图表、实物、数学公式、计算机建模）提供关于该系统的知识，且可以据此（系统模型）对系统进行定性、定量、综合分析，找出研究对象的特征和发展规律。系统模型包括：实体模型、相似模型、比例模型、文字模型、网络模型、图表模型、逻辑模型、数学模型、计算机模型等。

系统建模方法：状态空间建模法、系统结构模型解析法、复杂系统建模法。

其中，复杂系统建模法大致分为五类：基于智能技术的复杂系统建模方法（神经网络建模、基于 Agent 的仿真建模）、离散系统建模、复杂系统定性建模、非线性动力系统建模、复杂系统其他建模（元模型建模、分形建模、综合集成法建模、元胞自动机、图形建模、复杂适应系统理论）等。

例如，霍尔（Hall）把系统工程的研究方法和步骤用三维坐标系表示，这就组成了包括时间、逻辑、专业的三维结构空间（图 2.36）。

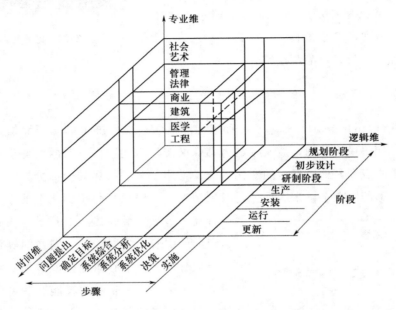

图 2.36　霍尔（Hall）系统工程三维结构

霍尔把任一系统由规划设计起到更新为止的整个寿命周期划分为 7 个阶段：①规划阶段；②初步设计阶段；③系统开发阶段（研制阶段）；④生产阶段；⑤安装阶段；⑥运行阶段；⑦更新阶段。这 7 个阶段构成了系统的生命周期，即系统由孕育诞生到被新系统所代替的全过程。

霍尔把思维过程进一步划分为 7 个步骤：①问题的阐述；②目标的选择；③系统的综合；④系统的分析；⑤最优化；⑥决策；⑦计划实施。

霍尔把系统工程处于某阶段、某一思维过程中所涉及的专业知识按照定量化的难易程度由下至上排列，其顺序是工程、医药、建筑工程、商业、法律、经济管理、社会和艺术等专业知识。

霍尔的三维结构空间是当前比较清楚地说明系统工程研究方法和步骤的模式。在所有工作阶段都包含着不同的思维过程和专业知识，因此以一向量（工作阶段、思维过程、专业知识）表示出系统工程所处的任一位置，就是霍尔三维结构空间作为系统工程的方法和步骤的本质。

2.6　系统综合法

2.6.1　系统综合法概述

如何由局部认识获得整体认识，是系统综合所要解决的问题。系统综合就是在系统分析的基础上提出全面的、完善的、整体的解决方案。对分析的结果加以归纳、整理、完善和改进，在新的起点上达到系统的综合，这才是系统设计的目的。

分析与综合是一个逻辑性很强的思维过程。王成焘先生主编，上海科学技术文献出版社在 1999 年出版的《现代机械设计——思想与方法》一书中对此给出了比较详尽的论述。面对所提出的创造对象、任务或设想，首先需要进行分析。要对问题的提法有清晰而明确的程式化的描述，然后去伪存真，由表及里，把本质和非本质的问题加以区分。对于复杂的问题，要将其分解为逻辑层次与关系清晰的各级子问题，必要时，在完成一轮分析过程后，反馈到起点，对问题作重新描述，以生成一个新的更合理的起点。这一分析将在作用机理和物化结构两条思路上进行。对各级子问题进行识别、定义、结构化、建立联系与排列，利用下面将要叙述的各种创新思维法则寻求问题的最优解。

综合是分析的反向过程。在求得各子问题的解之后，必须通过建立联结，构成总体，实现最终需要的总体功能。这种联结可能已在分析过程中初步建立，但在各子问题的解获得之后，联结将会发生变化，甚至通过综合过程，建立含有多种联结方式的解域，然后借助各种评价手段，确定最佳解。综合过程常常是一个创新的过程。

重构就是综合。分析-重构方法用于系统研究，重点在于由部分重构整体。首先是信息的综合，即如何综合对部分的认识以求得对整体的认识，或综合低层次的认识以求得对高层次的认识。综合的任务是把握系统的整体涌现性。

就产品设计而言，没有达到整体目标的设计，无论其各个局部或子系统的经济性、审美性、技术功能等多么优秀，从系统论的观点看则是失败的。系统综合方法主要有功能求索法、整合重构法（由部分重构整体实现整合创新）、产品定位法、产品基准法、系统优化法、标准化法、模块化法、平台化法、系列化法等。

2.6.2 功能求索法

一项新产品的设计，总是在一个创新"意念"的主导下，确定出产品的总功能，然后通过总功能的层层分解，构成若干功能元的有序组合系统，成为完整的构思。系统的总功能通常都是由许多子系统功能或基本单元功能，按一定的逻辑关系有序地组合构成。通过功能分析，我们对设计对象的总功能及分解后的分功能有了较深入的认识，其功能系统的基本构造和特点已经明确。

接下来的工作是按照一定的方法寻找实现每个分功能的技术途径。如果功能分解的程度合适，其实现的技术途径是不难找到的。各分功能解法的组合就是系统综合设计的原理方案。基于功能的设计思维包含功能分类、功能分析、功能综合和功能评价 4 项内容，思维的方向就是求取一个最佳的功能系统的解系，构成一个原理方案，实现所提出的创造目标，并满足周边的各种限制条件，结合对各组成部分功能的定义，有关结构方面的构想也逐步形成，并通过功能评价，形成最佳方案。

分功能的求解是功能论设计方法的关键问题。如果对于每个分功能已经有通用的、常用的或标准化的元部件可供选用，那就是最简单的情况。但呈大多数情况是这样的，虽然一部分分功能已有现成可选用的元部件，而其余的分功能则还需要探索解决办法的原理。同一种技术物理效应可以实现多种功能，例如杠杆效应可实现力的放大、缩小及换向。同一种功能有时也可能由几种技术物理效应来实现，如移动液体，可利用重力、离心力、压缩、脉冲等多种效应来实现。通常的情况是，能满足功能要求的原理方案（技术物理效应，物理原理等）是很多的，有些是设计者所熟悉的，有些则不为设计者所熟悉。在有特别要求或复杂的设计对象的情况下，凭经验和一般的知识不能解决问题时，为了开阔思路，以便选择出最佳的功能实现方案，借鉴汇集前人经验的设计手册、设计原理方案目录一类的技术资料是十分有益的。

在探寻解决各项分功能的解法方案（技术物理效应）时，应注意以下问题。

（1）充分考虑设计任务要求的有关要求，如已要求采用机械传动，就不必考虑液压、电磁等方面的技术物理效应，这是显而易见的。

（2）不仅针对某项具体的分功能，还要兼顾到设计的全局，充分考虑到该分功能在总功能中的作用及分功能之间的关系。若有可能，应考虑将几个分功能用同一技术物理效应来实现，从而使原理方案简化。

（3）对一种分功能相应地提出多种技术物理效应，以便在方案构思和评价筛选时有较大的选择余地，同时也应注意其先进性。

分功能的求解属于技术探索的范畴，不同的问题需要不同的专业技术知识和经验，需要相关专业的技术人员的协调配合，这点是非常重要的。虽然有设计目录之类的工具可以借鉴，但更需要设计者充分发挥创造性思维，利用一些创新技法来提高设计水平和工作效率，如头脑风暴法、联想法、类比法等。

2.6.3 重构整合法

重构整合是根据分解与组合的创新思维法则，在系统分析、分解的基础上，将系统要素及其结构依据功能要求重新打散，建立新的构成关系以实现由部分重构整体的整合创新。很多事物将其分解意味着创新，也有很多事物，彼此组合意味着创新。在科技发明创造中充满这类实例。

例如，眼镜片与镜架分离，成为隐形眼镜；电视与电话组合，成为可视电话；近视与老花两种镜片组合在一副镜架上，产生双功能眼镜。

分解与组合是对立统一的思维法则。通过分解，使单元结构和功能得以改善提高，能形成更好的组合。而组合又能使原先分离的单元功能发挥出一加一大于二的综合效果，其最终目的是创造更好的功能系统。

分解的哲理如下所述。

（1）事物本身由很多可分解的功能组成，组成方式不同，总体功能将不同，而人们需求的正是多种不同的总体功能，分解是为了重组。

（2）事物的主要功能常和一些辅助功能搭配在一起，将主功能分解出来，使其有可能获得更好的发挥，或组成更多更好的主辅搭配。

（3）事物由多种功能组成，合在一起彼此影响，分离有利于各自特点的发挥，或有利于创新改进。

组合具有如下几种。

（1）主要功能与辅助功能的组合。如行驶是轿车的主要功能，汽车空调、音响、安全气囊等是辅助功能，随着辅助功能的不断丰富，轿车的技术面貌也得到不断更新。

（2）同种功能的组合。即使完全相同的主功能，组合到一起有时也会产生 $1+1>2$ 的效果。两个船身合成，组成双体客轮，具有特别好的摇摆稳定性；两个结构完全相同的音箱组合可实现立体声。

（3）无关功能的组合。这些被组合的功能彼此无主次关系，但两者的合成却引发出一个创新，例如车与船的组合创造出水陆两栖坦克；很多汽车公司把内燃机汽车和电动汽车组合，创造出混合驱动汽车。

（4）不同功能关系的组合。组合机床、电路中不同集成块之间的组合，计算机芯片、软盘、硬盘、各种外围设备间的不同组合，都可归为这类组合。在生产中，把原有的加工中心、计算机和人按照功能单元模式组合，构成能对企业总体战略做出快速反应的小型集成系统，称为"独立制造岛"，成为现代制造技术的一种创新。

2.6.4　产品定位法

产品定位法是在产品定位观思想指导下进行产品定位的综合方法，是将竞争对手的产品作为主动进攻的对象为出发点，以自身产品体系的完整性为开发目的，寻找新设计突破点。

产品开发首先要确定产品在市场中的立足之处，而不是全面出击。产品在市场中的立足之处取决于产品市场开发策略。对某类产品来说，市场有高档、中档和低档产品，有冷门和热门产品，有高科技、普通和低端产品，有需求量大的、需求量中的和需求量小的产品。产品市场开发策略就是要确定主打产品在市场中的定位。

图 2.37　佳能系列数码相机的产品
定位——单反数码相机

例如佳能系列数码相机的产品定位。如图 2.37 所示是佳能系列数码相机的产品——单反数码相机，图 2.38 佳能系列数码相机的产品定位——中端数码相机，图 2.39 佳能系列数码相机的产品定位——低端数码相机。

图 2.38　佳能系列数码相机的产品定位——中端数码相机

图 2.39　佳能系列数码相机的产品定位——低端数码相机

2.6.5　产品基准法

产品基准是通过对比分析最强的竞争者或者公认的行业领先者来衡量产品、服务和实践的、持续的选择过程。产品基准法的一般做法是根据产品定位，选择同行业公认最领先的产品作为产品基准（或竞争对手的产品），根据对手的功能、结构参数、性能、尺度、外观、品味、档次有针对性地提出对应的竞争方案以与其在市场中竞争。寻找对手是选择产品基准，进行系统设计的特征之一。

例如：尼康主要选择同行业公认最领先的佳能产品作为产品基准，针对佳能 1280 万像素的 Canon 5D 全幅单反，开发出 1210 万像素的尼康 D3，针对小幅单反 1010 万像素的 Canon 40D，开发出 1230

万像素的尼康 D300，针对准专业数码 1210 万像素的 Canon G9，开发出 1210 万像素的尼康 P5100，如图 2.40 所示为佳能 G9，图 2.41 所示为尼康 P5100。

图 2.40　佳能 G9

图 2.41　尼康 P5100

2.6.6　系统优化法

所谓系统优化就是使系统整体取得最好的功能效果，即达到选择出解决问题的最好方案。系统优化是系统论思想和方法的最终目标。根据需要和可能，在一定的约束条件下，为系统确定最优目标，运用一定的数学方法等获得最佳解决方案。就产品设计而言，功能完整、结构合理、造型美观、成本经济等方面都达到了让制造商和消费者均满意的和谐程度就是设计师追求的系统最优化。

设计的质量指标主要是稳定性（功能的长期有效性及在下一次的更新换代前保持其先进性与竞争性）、准确性（预期目标与现实状况的近似程度）、快速性（设计速度及由设计到实现的时间），为达到这些指标，设计程式和方法是极为重要的。事无巨细均按现代科学方法的程式，则周期过长，造成不必要的浪费精力。因此，优化的设计程式是应该：发散思路、构想各种新颖的方案、收敛（非主要部分的常规设计与关键部位的现代设计相结合，以便于具体工作的展开）。过分刻板化的程式或过于松散无序的程式都是不优化的，应据实际情况确定出恰当的程式。

优化设计的方法很多，产品设计中常用的有以下几种。

2.6.6.1　直觉优化方法

直觉优化方法不需计算，凭直觉和经验加以确定，如造型形态问题等。它取决于设计者知识的广泛性及修养，还要配合一些评价方法。

2.6.6.2　试验优化方法

在产品设计中，当遇到解决产品本身机理不很清楚的问题时，或者对新产品、新系统设计经验不足，各参数对设计指标的影响主次难以分清时，试验优化是一种可行的优化设计方法。试验优化需要试验模型（样机或者模拟装置等），经过数次试验后根据试验结果的好坏来优选方案。或者也可以根据实验数据，构造一种函数，再求这个函数的极值。

2.6.6.3　进化优化方法

从生物学可知，进化是由渐变与突变两种方式形成的，产品等的进化也一样，要随时根据市场需求和竞争形势等不断更新换代，也即"自然选择""适者生存"的过程。价值工程是从使用寿命期间的功能价值出发一点一滴地分析改进，使工程和产品达到优化。适应性设计、变异性设计也是一种进化优化，而突变的创造性方法则是彻底的优化，所谓开发性设计即属此类。

2.6.6.4 数学优化方法

用数学方法在给定的多因素、多方案等条件下得到尽可能满意的结果，包括线性和非线性规划、动态规划、多目标优化等优化设计法，优化控制法、优化试验法等常用方法。这是一种严密、精确的寻优方法，也是优化设计研究、运用的主要内容。数学优化方法有简易优化法（如黄金分割法等）、图解分析法和数学规划法三大类。在解决优化设计问题时，一般经过 3 个阶段：①将设计问题转换为一个数学模型，其中包括建立评选设计方案的目标函数，考虑这些设计方案是否适用、可接受的约束条件，以及确定哪些参数参与优化等；②根据数学模型中的函数性质，选用合适的优化方法，并做出相应的程序设计；③用计算机运行程序，求出最优值，然后加以分析判断，得出最优设计方案或参数。

优化是多层次的，在每一个层次中可以采用各类不同的方法和手段。优化是应该贯穿于产品的构思、计划、设计、制造、装配、使用、维修、改造直至报废的全过程的一种思想。只要有一个环节没进行优化，那么这个环节里则可能产生某些不合理或不够好的效果。

在实际设计时，所要追求的是多目标的，如在性能、环境、成本、使用经济性等方面的各种要求。为了要协调各方面的因素，必然对有些指标要求高些，有些指标的要求低些，均衡起来达到优化的结果。因此，优化的目标应是广义的，多样的，协调起来达到满意，才是优化的真正含义。

2.6.7 标准化方法

标准化要求产品各部件或某些种类的产品之间建立一种联系，实现零部件的可互换。主要是出自制造过程的需要；而系统设计则是使客观物体置于相互影响和相互制约中，以可互换和可互补的方式实现使用功能的多样性和灵活性。

标准化要求合理地制定产品的品种规格以满足社会上不同层次的需求；制定先进的产品质量标准以提高产品的质量；在生产、流通、消费等方面全面节约人力、物力以降低成本；在商品交换和服务方面能保护消费者的合法利益和社会公共利益；能保障人类的安全、健康，创造舒适、宜人的环境，有利于建立科学、文明、进步的生活方式；促进相互之间的理解、交流，提高信息传递的效率；促进国际间的生产协作、技术交流和贸易等。

标准化有多种形式，每种形式都针对不同的情况、表现为不同的标准化内容，以达到不同的目的。主要有简化、统一化、系列化、通用化、组合化等 5 种标准化形式。例如，图 2.42 为各种标准及标准接口。

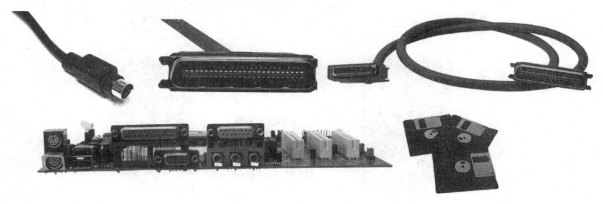

图 2.42　各种标准及标准接口

2.6.8 模块化方法

模块化是换元与移植创新思维法则与标准化思想相结合的产品系统设计整合的创新方法。模块是产品中相对独立的具有互换性的部件，在模块化系统中用于构成系统的功能单元。机械产品的模块是一组具有同一功能和同一接合要素（指连接部位的形状、尺寸、连接件间的配合或啮合等），但性能、规格或结构不同却能互换的单元。机床卡具、联轴器等可称为模块。模块化是一种以分解与组合方式提高系统技术经济性的工程技术方法。

例如，佳能公司采用模块化方法开发设计了 EOS 系列单反镜头模块，适马公司采用模块化方法为佳能和尼康公司提供了一系列单反镜头有对应接口的单反镜头模块。如图 2.43 所示为佳能单反镜头和图 2.44 适马单反镜头。

图 2.43　佳能单反镜头

图 2.44　适马单反镜头

最典型的模块化设计思想的体现者是计算机模块。20 世纪 80 年代，计算机技术的应用开始向家庭和个人电脑方向发展。由于采用了模块化方法，将显示器、主板、显卡、机箱、CPU、内存、硬盘、电源等设计制作成功能模块单元，实现了可互换的大批量生产，使制造成本大为降低。在中国市场，个人电脑由 20 世纪 80 年代的 2 万～3 万元，经过十几年的发展，价格降到了 8000 元左右。近几年更是降到了 3000 元左右，而且运算性能提升了几千倍。如图 2.45 所示为计算机模块（从左到右，自上而下）：显示器、主板、显卡、机箱、CPU、电源等。

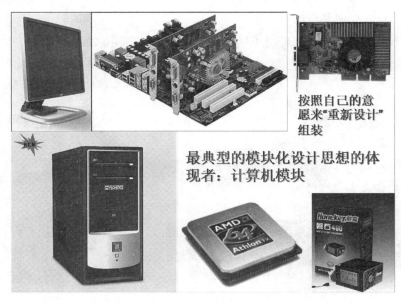

图 2.45　计算机模块

2.6.9 平台化法

平台化方法的着眼点在于考虑如何实现多种产品的部件共享，也就是要提供一个零部件可以在其上实现可互换性的产品平台。按照平台化方法设计的产品就是产品基础平台。产品平台可以理解为超大共用模块（含有多个零部件接口），但产品平台不是模块。

平台化方法的战略的核心就是提高零部件的通用化，实现零部件的最大共享，以实现更大规模的生产。平台战略可以大大缩短产品的开发周期，实现产品的多样性。例如，单反相机机身不仅用于光学相机，也被单反数码相机采用，以便缩短产品开发周期，降低产品开发成本，增加产品品种。同时，配合不同的镜头可以实现不同的摄影要求。

在汽车开发中，采用平台技术（Platform），同一套整车开发技术应用于组装多种不同款式、功能各异的车型，既满足了客户多样化的需求，又实现了理想的规模效应，大大降低了造车成本。

例如，PQ35 平台代表了大众紧凑型轿车制造水平，也代表了当今世界上 A 级车最先进的汽车生产技术和管理流程。PQ35 中的 P 代表的是产品平台；Q 代表的是动力总成横置；3 代表的是 A 级车；5 代表的是第五代产品。在全球范围内，出自 PQ35 平台的大众车型包括途安、高尔夫 5、高尔夫 5GTI、奥迪 A3、宝来、速腾、斯柯达明锐、大众 SUV 途观等，如图 2.46 所示。

图 2.46　PQ35 平台上所开发的车型

2.6.10 系列化法

系列化是小企业迅速发展成为大企业的产品开发的有效手段，也是企业做大、做强的必然选择。任何一个企业在产品开发的过程中，要想扩大市场，要想做大、做强，必须进行系列化产品开发。这是同种产品满足不同社会阶层、不同文化风俗、不同年龄、不同性别人们的差异化需求所决定的。系列化是通过对同一类产品发展规律的分析、研究，对国内和国外的生产与需要发展趋势的调查和预测，结合我国或企业自身的生产技术条件，经过全面的技术经济比较，将产品的主要参数、型式、尺寸、基本结构等做出合理的安排与规划，特别是将同一品种或同一型式产品的规格按最佳数列科学排列，以尽量少的品种数来满足最广泛的需要，形成产品的品种和规格的标准化。

例如，图 2.47 所示为大众汽车家族的系列产品。在产品开发中，系列化方法是标准化方法的独特形式。例如，相似功能系列：欧林厨具厂家生产的成套锅具系列（图 2.48）。

图 2.47 大众汽车家族的系列产品

图 2.48 欧林厨具厂家生产的成套锅具系列

2.7 原型化方法

2.7.1 模型与原型

给对象实体以必要的简化，用适当的表现形式或规则把它的主要特征描绘出来，这样得到的模仿品称为模型，对象实体称为原型。模型也有结构，模型结构与原型结构是不同的两码事，但两者又有直接或间接的联系。原型中必须考虑的结构问题都应在模型中有所反映，能以模型的语言描述出来。标度模型（scale model）要求具有与原型相同或相似的结构，但尺度大大缩小，如模型船舶、模型飞机等。地图模型（map model）要求具有与原型相同的拓扑结构。数学模型是抽象模型，不能要求它直接反映系统原型的结构，但必定与原型结构有内在联系，原型中的结构问题在模型中用数学语言描述，能用数学方法分析和解决。例如，原型的结构稳定与否可以转化为模型中数学结构的稳定与否。模型方法是系统科学的基本方法，研究系统一般都是研究它的模型，有些系统只能通过模型来研究。

构造模型是为了研究原型，客观性、有效性是对建模的首要要求，反映原型本质特性的一切信息必须在模型中表现出来，通过模型研究能够把握原型的主要特性。模型又是对原型的简化，应当压缩一切可以压缩的信息（标度模型表现为缩小规模），力求经济性好，便于操作。

按照构造模型的成分，有实物模型和符号模型两种。系统科学的兴趣在于由纯信息而非实物构成的符号模型。符号模型又包括概念模型、逻辑模型和数学模型，它们都在系统科学中有所应用。但最重要的是数学模型，通常所谓研究系统的模型化方法，就是指为系统建立数学模型，通过分析模型来解决问题的一整套方法和程序。

按照模型的功能，有解释模型、预测模型和规范模型的划分。模型的首要功能是提供一个框架，能够恰当地整理和组织观察数据、资料、信息，对原型系统的行为特性和运行演化规律做出解释，所以一般说来，模型首先是一种解释模型。基于系统的组分、结构、环境和现在的行为，能够对系统的未来行为特性做出预测的模型，是预测模型。预测模型也是解释模型，预测是特殊的解释。规范模型的功能在于提供按照一定目的影响和改变系统行为特性的思路和方式。

2.7.2 原型

模型化方法在产品系统设计中的应用就是原型化方法。所谓原型就是对产品进行延伸改造而形成的近似品。它包含的原型范围从概念草模到功能齐全的样品。原型化就是开发产品的一个近似品的过程。原型化方法是产品系统设计的三维方案模型的设计、分析和验证方法。

原型可从两个角度进行有用的分类。第一个角度是原型实体化程度。实体原型是可触知的制品，该制品是产品的一个近似品。产品为开发组所偏好的一些方面确实被制造用于检测和试验。实体原型有三种：包括看上去像产品的模型，用于快速检测某一设想的概念证实型原型，以及用于证实产品功能的实验型机器。第二个角度是原型综合化程度。综合化原型完成了产品的绝大多数属性（即使不是全部属性）。综合化原型与日常使用的单词"样机"非常一致，这个词指一个全范围、全操作的产品版本。

在一个产品开发项目中，使用原型有 3 个目的：学习、交流和集成。

（1）学习。原型通常用于回答"它能否工作"和"它满足消费者需要的程度如何"。当用于回答这类问题时，原型就作为学习的工具。

（2）交流。原型加强了开发组与高层管理者、销售者、合作者、开发组扩展成员、消费者及投资者间的交流。这一点对实体化原型来说尤为正确：以一个可见的、能触知的三维模型来表现一个产品，比用语言甚至以草图来描述这个产品更易理解。

（3）集成。原型用于保证产品的子系统及组件能如预期的那样一道工作。综合、实体化原型在产品开发项目中作为集成工具最为有效，因为它们要求零件、各部件间在空间和运动两方面都能协调，并和子零件组成一个产品。要做出这样的原型，要求产品开发组成员相互协作。如果产品任何组件的组合妨碍产品的整体功能，这一问题只能在综合化、实体化原型中通过集成来检测。这些综合化、实体化原型一般被称为试验性原型或试产原型。

2.7.3 原型化原理

2.7.3.1 解析化原型一般比实体化原型更具弹性

因为解析化原型是产品的一个数学上的近似品，它一般包含随不同设计选择而改变的参数。在大多数情况下，改变解析化原型的某个参数比改变实体化原型的某个属性容易得多。在大多数情况下，解析化原型不仅比实体化原型易于改变，而且也允许作更大的改变。所以，解析化原型常常优于实体化原型。解析化原型用于缩小可变参数的取值范围，而实体化原型用于对设计进行精雕细琢或确定。

2.7.3.2　检测不可预见现象需要实体化原型

一个实体化原型经常揭示出与原型最初目标完全不相关的不可预见现象。导致这些奇怪现象的一个原因是，当开发组用实体化原型进行试验时，所有的物理原理一直在起作用。用于探查纯几何问题的实体化原型也将有热、光属性。实体化原型的一些伴随属性与最终产品无关且在测试中令人烦恼。当然，实体化原型的一些伴随属性也将在最终产品中表现出来，在这些情况下，一个实体化原型可作为检测可能在最终产品中出现的、不可预见的有害现象的工具；相反，解析化原型无法揭示非基础解析模型（原型基于其上）的部分现象。因此，在产品开发尝试中，始终至少要建造一个实体化原型。例如，开发太空实验室是一项规模庞大的系统工程，有许多子系统需要反复实验改进。图2.49为太空实验舱方便间原型。

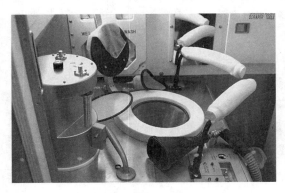

图2.49　太空实验舱方便间原型

2.7.3.3　原型可以降低高值重复风险

在许多情况下，一个测试结果可以决定一个开发任务是否将不得不重复。如果通过制造和测试一个原则可大大提高后续活动无重复进行的可能性，那么原型阶段是合理的。例如，如果一个浇铸件与其相配合件之间吻合性很差，这一浇铸件可能不得不重做。

原型在降低风险上的预期效益必须与制造和评价所需要的时间和资金进行权衡。由于失败的高成本、新技术或产品特性的重大变革而具有高风险或不确定性的产品，可以从这样的原型中受益。另一方面，那些失败成本低和技术成熟的产品不能从原型化过程取得降低风险的益处。大多数产品介于这两个极端之间。

2.7.3.4　原型可加快其他开发步骤

有时加入一个短暂的原型化阶段可以使后续活动比没有这一阶段时完成得快的多。如果原型化阶段所需的时间少于后续活动节省的时间，则这一策略（原型化）是适当的。具有复杂几何形状的部件的一个实体化模型使得模具设计者更快地细化和设计模具。

2.7.4　原型化技术

数百种不同的技术被用来建立原型，尤其是实体原型。近20年来出现了两种极其重要的建模技术：计算机三维建模（3D）和快速原型化。

2.7.4.1　3D计算机建模

近20年来，表现性设计的主要形式已经发生了重大变化，从图像（经常是用计算机制作的）到3D计算机模型。这些模型用3D实体来表现设计，每个实体通常用圆柱、块、孔等几何单元构造而成，如图2.50所示3D。3D计算机建模的优点包括：很容易显示出所设计的三维形式；自动计算实体属性如重量和体积；从一个规范的设计描述图生成其他更具体的描述图如截面图的功能。3D计算机模型还可以用来检测各部件之间的几何空间冲突，并且是其他更具体的分析如运动学或受力的基础。这些3D

计算机模型已经开始被用做原型。在某些情况下，3D计算机模型的使用已经替代了某些实体原型的使用。例如，在开发C919客机时，开发团队可以避免建造一个与实物同等大小的木制飞机原型，而以前这种原型是用来检查结构部件和其他各种系统如液压线路的零件的几何冲突的。基于工业设计可以做出一个3D计算机模型作为"数字模型""数字原型"或者"虚拟原型"。

图 2.50　3D计算机建模汽车设计模型

2.7.4.2　快速原型化

快速原型化又称为快速成型—RP技术（Rapid Prototyping），是由3D System公司于1984年推出，20世纪90年代发展起来的一项先进制造技术。其基本原理是"分层制造，逐层叠加"的过程。形象地讲，快速成型系统就像是一台"立体打印机——3D打印"。这些技术中的大多数采用的方式是建造对象时，每次做一个横截面，就铺置一种材料或选择性地凝固一种液体。其制成品经常是用塑料做的，但也有用其他材料如石蜡、纸、陶瓷和金属制成的。有时，这些制成品直接用来展示或用于工作原型中。但是，这些制成品经常被用来作为制造模具的样品，然后用这些模具铸造具有特殊材料属性的样品。快速原型化技术使现实三维立体原型更早、更便宜地被制造出来。正确使用这些原型可以缩短产品开发时间，改进最终产品。除了能快速构造工作原型之外，这些技术可以用来更快、更便宜地展现产品概念，使产品概念能更方便地传达给其他团队成员、高级经理、开发合伙人或潜在顾客。

例如，上海实睿信息技术有限公司Spectrum Z510全彩色快速成型机具有高清晰度、全彩色成型、快捷和成本低的特点（图2.51）。超级喷墨成型技术功能，可以制作并评估已接近完成状态设计概念的实体模型。这种24位颜色、三维彩色快速成型制作的彩色模型能精确地反映最初的设计数据。彩色模型有利于进行信息交流，可以在产品开发战略中抢占先机，如图2.52所示。

图 2.51　Spectrum Z510
全彩色快速成型机

图 2.52　快速成型样品

快速原型化技术将一个实体的复杂的三维加工离散成一系列层片的加工，大大降低了加工难度，具有如下特点。

（1）成型全过程的快速性，适合现代激烈的产品市场。

（2）可以制造任意复杂形状的三维实体。

（3）用 CAD 模型直接驱动，实现设计与制造高度一体化，其直观性和易改性为产品的完美设计提供了优良的设计环境。

（4）成型过程无需专用夹具、模具、刀具，既节省了费用，又缩短了制作周期。

（5）技术的高度集成性，既是现代科学技术发展的必然产物，也是对它们的综合应用，带有鲜明的高新技术特征。

以上特点决定了快速原型化技术主要适合于新产品开发，快速单件及小批量零件制造，复杂形状零件的制造，模具与模型设计与制造，也适合于难加工材料的制造，外形设计检查，装配检验和快速反求工程等。对促进企业产品创新、缩短新产品开发周期、提高产品竞争力有积极的推动作用。自该技术问世以来，已经在发达国家的制造业中得到了广泛应用，并由此产生一个新兴的技术领域。

2.8 产品开发系统设计流程

系统设计思想方法在产品系统设计中是通过产品系统分析与综合过程在产品系统设计中表现出来的。这种产品系统分析与综合过程就形成了产品系统设计流程。"设计流程"无论长短、无论繁简都是一个完全具备系统特征的"事物"。因此设计流程也是产品系统设计研究的对象。而且，"设计流程"的规划设计充分反映了对设计项目的系统研究水平。下面对产品开发系统的"设计流程"进行系统分析与综合。

2.8.1 "设计流程"分析

产品开发系统的"设计流程"系统分析与综合包括社会生态系统、管理决策层的规划、产品设计系统的制约、产品相关因素、设计师及其个性分析与"设计流程"综合等。

2.8.1.1 管理决策层的规划

产品开发流程的第一步是研究市场前景和相应的产品策略，此时应确立关于产品的整体规划，包括产品平台、成体系的系列产品、构建产品平台的核心技术以及预期的商业回报。这一步工作是企业年度计划的组成部分，属于高级管理范畴。接下来的工作是对产品系列中的具体产品制订研发计划，详细分析产品的市场前景。这称之为"市场进攻计划"，同样属于高级管理的范畴。此时将对新的产品线，特别是新开发的产品平台所支持的产品制订详细计划。

2.8.1.2 考虑产品平台因素

在开发过程中，一件具体产品的研发都应当在产品平台整体发展的基础上进行。以施乐公司为例，从表面上看，每一种新型复印机的研发过程似乎都是重复一种固定的模式，而实际上，技术进步的积累与设计程序的不断改进使得研发成为一种次序明确清晰的活动。

产品平台是由关键的技术因素，即平台要素，依照一定的构建原则规划产品的设计系统。仍以施乐公司的产品为例，这个系统的构成要素包括注墨于纸面的打印单元、传送纸张至打印单元的送纸系统、用户界面、机构控制单元、网络控制单元等。每一个构成要素都是重点投入的核心技术，并且是预计赢得市场的竞争点所在。

2.8.1.3 设计师的个性与设计系统的制约

在企业系统之外的或是仅限于某些侧面的产品设计，似乎不受过程系统的制约，如产品的造型，时尚的形态等感性的因素，似乎都是凭着具有创意和个性的设计师的能力所为。实际产品的某些侧面确实需要依靠设计者个体才能的发挥，但产品功能的实现，毕竟要通过工业化的量产途径去面对难以确定的消费者，自然存在生产技术、成本等一系列的实际问题，尤其是如何获得良好的市场效果，必然脱离不了系统的制约，否则只能是纸上谈兵。

2.8.1.4　社会生态系统对产品设计的制约

近 30 年来，我们面临从工业社会向信息社会转变之际，工业信息化扑面而来，使社会产业结构发生了变化，使生产投入和产出的概念有了新的内容。从产品决策、开发设计方法、生产制造方式，到企业组织、控制生产过程和进行营销管理方法等，都在发生巨大的变化，从各个方面影响着产品开发设计的目的、手段和思维方法。产品从设计到生产，到商品化，直至消亡，整个过程犹如生命周期系统，每个环节要素都要在同一目的的驱使下从属产品的循环系统，而且从属于更大的社会生态系统。

2.8.1.5　产品开发系统设计流程

根据系统设计思想方法，设计流程在 3 个层面上展开。

（1）研究宏观环境因素，进行市场调研与趋势预测，制定产品开发战略，明确设计目标、选择竞争对手，下达设计任务书等。这是"设计流程"的目标化阶段。

（2）研究产品使用环境因素，识别产品功能、分析产品要素、明确产品设计定位、选择产品基准、展开重构整合创新形成新方案、研究可利用的标准等、制作模型、筛选评价方案、系统深化设计、工艺设计、经济分析、移交设计等。这是"设计流程"的概念化、视觉化、标准化、产品化阶段。

（3）研究产品市场环境因素，制定品牌销售战略，准备产品包装、选择或设计商标、设计说明书、设计产品样本、营销展示设计、开展市场营销活动等。这是"设计流程"的商品化阶段。

一般而言，产品设计包含了产品设计的概念化、视觉化、标准化、产品化阶段。在整个产品开发战略中处于核心的位置，但产品企划和产品开发是更上一级系统，产品设计往往要从属于产品开发系统。产品开发阶段展示的是从产品战略到市场营销的过程，是产品开发设计的完整过程（图 2.53）。在实践中，这些过程的某些环节要素都会变化和调整，构成完全不同的设计系统。但无论如何变化，基本原理是一致的。

图 2.53　产品开发阶段

产品系统设计的内容大体包括产品环境分析、产品系统分析、产品设计定位、产品基准选择、产品设计调研、功能调研、产品结构分解、产品系统整合创新、产品系统优化、标准化、模块化、平台化、系列化等。对设计程序的科学划分需要做到其设计程序能够反映设计过程的本质，应该反映设计的全过程，应能指导设计实践活动。同时，其阶段性应该是明确的，可以落实到具体的人、事、物，理解、学习和掌握应该比较方便。

通过对产品战略到市场营销全过程的分析，参考国内外对设计方法与程序的研究，我们认为：设计过程是从设计目标的酝酿到消费者购买商品之间的完整阶段所组成，根据不同阶段的不同设计内容和明显的阶段差异，完整的产品开发系统设计过程可以划分为 6 个阶段。

（1）产品开发的目标化阶段。

（2）设计的概念化阶段。

（3）设计的视觉化阶段。

（4）设计的标准化阶段。

（5）设计的产品化阶段。

（6）产品开发的商品化阶段。

2.8.2　产品开发的目标化阶段

产品开发的第一步通常是对未来新产品产生希望和预见：我们希望设计生产什么产品？现有产品使用方面的问题在哪里？为什么现有产品不能实现用户希望的功能？对这些问题的答案就是管理决策者或设计师对未来产品的预见。

希望是极为普遍、广泛存在的。每个设计师都会对新产品有自己的期望，每一位用户都希望所使用的产品能尽可能地按自己的愿望来工作，每一位企业的决策者对市场运作都抱有希望，每一位科研人员都盼望自己研发的技术能够应用于实际产品。

产品开发的关键问题在于这些希望是否能够成功地实现，能否开发并投产成为可盈利的产品？这些问题就是对市场时机的考虑。新产品投放市场能获得多少收益也需要进行充分的估计。在今天竞争日益激烈的市场中，对市场所能接受的价格和产量的估计是能否进行产品开发的最根本出发点。

产品开发的目标化阶段是设计的酝酿、筹划期和产品开发的创意阶段，根据市场反馈和预测，针对宏观决策的战略调研和战略决策，进行设计策划和设计任务的制定。此阶段主要是设计管理层搜集消费市场的反馈信息和根据企业的经营目标对新开发产品所做的产品目标、产品创意、产品开发决策活动（图2.54）。

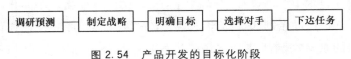

图 2.54　产品开发的目标化阶段

当完成市场分析并决定开发某项新产品时，开发小组的工作是分析消费人群的需求，了解消费者对新产品的希望。掌握消费者需求之后，还需要对市场上现有的同类竞争产品进行分析，知晓这些产品在多大程度上满足了消费者的需求。

通过对以上问题的总结，开发小组掌握了市场情况、消费人群和可应用的技术。其结果是制定和下达产品开发任务书及配套的开发计划，包括经费预算，后期的产品宣传策划等。企业上下一心，确定目标，落实任务是这一阶段的标志性成果。此阶段主要搞清以下一些问题。

（1）市场反馈和预测战略分析。

（2）确定设计战略目标。

（3）做出开发计划的日程安排。

（4）经费预算计划。

（5）设计后期的产品宣传策划。

管理决策人员按照企业基本方针确定开发目标、新产品开发计划、设计的日程和预算等。开发目标对设计的成功与否关系重大。它是设计的开端，是设计的设计，把握着设计的方向和设计的深度，甚至于设计评判的标准。

2.8.3 设计的概念化阶段

设计任务落实之后，首先由专业设计人员对产品开发进行市场调研、搜集有针对性的信息和各种相关资料。针对具体调研的产品，将企业的战略目标转化为设计人员心中的具体概念、构思（图2.55）。对目标有一个理性的认识和初步思考，包括以下内容。

2.8.3.1 总体分析

这一步主要是确定系统的总目标及客观条件的限制。

（1）产品市场定位。

（2）任务与要求的分析：确定为实现总目标需要完成哪些任务以及满足哪些要求。

（3）新产品大体上的规格：在明确了新产品的市场、消费者、技术、成本等问题以后，开发小组的任务是决定如何做到使新产品适应市场并决定产品的价格范围。在此阶段的第一项工作是为新产品制订一套大体上的规格，这项工作必须考虑到公司对此项目的要求，包括产品的市场定位以及业务计划与以后的发展规划。

2.8.3.2 建立产品功能模型

（1）功能分析。根据任务与要求，对整个系统及各子系统的功能和相互关系进行分析，产品主要功能和辅助功能分析。

对业务体系建设、消费者需求和竞争的认识，引导设计小组产生新的产品概念。其中的第一步是确定产品怎样才能使用户感到满意，此时，并不需要考虑如何实现这样的产品。这是建立产品功能模型的必要工作。

产品的开发需要功能模型的帮助，用以描述问题、解决问题和相互之间的转化，功能的各个分支转化成为实际产品的组件有多种可能的配置。

（2）指标分配。在功能分析的基础上确定对各子系统的要求及指标分配。

方案研究，在众多的创意中选择一个：为了完成预定的任务和各子系统的指标要求，需要制定出各种可能实现的方案。

功能模型和可选择的产品构造为产品概念的提出创造了非常有效的环境。在此阶段，以实现产品功能规范为基础，开发小组会提出很多的创意。设计师需要在众多的创意中选择一个来实现。选择分析的结果就是确立产品的概念：产品工作原理、产品结构特性、产品卖点、成本、对参数的理解、约束条件分析等。将目标在大脑中形成尽可能清晰的概念是这一阶段的标志性成果。此阶段主要搞清以下一些问题。

1）确定存在问题的领域。

2）确定需要的范围、市场和消费者需求品的缺陷和价值。

3）确定目前技术的可能性。

4）定出概略性能说明。

5）确定预想的重要问题的领域提出的问题在什么地方？要搞清它的领域以确认技术可能性为主，收集现有数据，而说明书必须对开发的产品应该具备的性能要求做出明确的说明。

6）初步分析产品市场定位、产品特性、产品卖点。

概念化阶段是产品向设计迈出的实质性的第一步，是设计由管理层向设计师转化的必然阶段，双方之间的交流、沟通、正确理解和对设计目标的适当调整是必不可少的。对市场调研的范围大小、信息的可信度、目前技术的了解、掌握、实施的可能性等问题的研究程度对后续设计的技术先进性、款式时尚性、商业经济性等极其重要。

2.8.4　设计的视觉化阶段

设计的视觉化阶段以实现产品的创意为目的。实现产品创意的一个重要方面是进行产品建模，通过实际构建功能模型或以数字分析的方式建模，对执行的效果进行测试。在传统的研究领域，建模常用来分析解释科研工作中出现的某些现象。而在产品开发过程中，我们并不需要解释什么现象，而是要通过新颖的产品构造使消费者满意，实现我们的梦想，尽到设计师的责任，同时尽可能创造利润。因此，设计人员必须在产品开发的现实环境中考虑建模，用以有效地帮助设计决策的工作（图 2.55）。

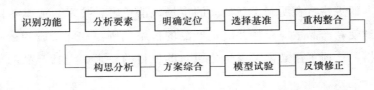

图 2.55　产品开发的概念化、视觉化阶段

设计的视觉化是设计分析构思方案由朦胧的意象向明确的视觉形象的转化工作，是设计的核心阶段和能够被他人明确感知的阶段。将调研资料信息和已有的经验、知觉、判断所形成的产品概念，进行视觉化的分析与综合，提出可行的方案，并在方案的细节上均给予仔细的考虑，包括做出三维模型或计算机三维仿真模型，反复与目标任务对照，优化设计方案。将目标和形成的目标概念转化为视觉信息能够看见是什么样子是这一阶段的标志性成果。此阶段由构思分析、方案综合、模型试验（形态、尺度等几何要素）、反馈修正 4 个设计环节组成。

2.8.4.1　构思分析

（1）研究实施的可能性（初步设计分析）。

（2）明确可能实施的技术，讨论细节问题。

（3）明确经济上的可能性。

（4）决定重要问题，对关键技术进行分析。

（5）提出总体解决概要（设计 1 草）。

（6）检查消费者和生产者的经济能力，即检查购买力和生产成本之间的平衡可能性，最后做出解决问题的设想概要构思分析。

2.8.4.2　方案综合

系统优化：在方案研究和分析模拟的基础上，从可行方案中选出最优方案。

（1）开展方案设计，对构思进行综合设计。

（2）补充可能的说明（说明书 2）。

（3）开展细部设计（设计 2 草）。

系统综合：选定的最佳方案至此还只是原则上的东西，欲使其付诸实现，还要进行理论上的论证和实际设计，也就是方案具体化，以使各子系统在规定的范围和程度上达到明确的结果。

（4）预测技术性能和生产成本。

（5）制定设计方案文件。

2.8.4.3　模型试验

分析模拟：由于一个大系统往往受许多因素的影响，因此当某个因素发生变化时，系统指标也随之发生变化，这种因果关系的变化通常要经过模拟和实验来确定。

（1）设计方案二维原型展开三维尺度的模型试制。

（2）制造原型（原型 1）。

（3）试验检查原型。

（4）评价技术性能。

（5）使用者原型试验（试验 1）。

2.8.4.4　反馈修正

在展开原型阶段，先造出原型，通过检查，从中发现新问题，确认已提出的设想，并确定无法解决的部分，然后用原型进行性能试验，最后进行实际应用实验等。

通过试验评价设计和技术，在这一阶段里以说明书中记述内容为具体基准，按说明书进行细部设计，然后对体现设想的图或文字说明文件进行修订。

2.8.5　设计的标准化阶段

为了利用实践证明成熟的技术，避免重复设计和出现有问题的设计，在开展方案深化设计之前，需要按照系统设计的思想对产品做全面的调查，落实产品的已有技术和标准规范。同时，对复杂和大型设计项目从开始就要有系统设计和标准化思想，对产品的种类、规格、技术模块、产品平台、系列化开发、风险与成本控制等问题做出系统规划（图 2.56）。在设计的标准化阶段由专业设计人员主要进行下列工作。

2.8.5.1　调研、搜集目标产品的已有技术、标准、规范

技术标准包括：国家标准、专业标准和企业标准等有关涉及原材料（毛坯、半成品）标准；零、部件标准；设计标准；工艺标准；工艺装备设备维修标准；自制设备及设备维修标准；环境条件标准及产品标准和检验标准。还要调研安全标准；方法标准；包装标准；编码（编号、代号）标准等。对目标产品的已有专利、商标等进行系统调研，搜集有关信息和各种相关资料。

2.8.5.2　产品标准化工作

此阶段主要进行设计预备工作和大量的细致的市场调查工作和资料收集工作，以明确设计概念。在产品开发时就应注意简化产品品种，防止将来出现不必要的多样化，以降低成本。对于一定范围内的产品品种进行缩减，产品简化后，它的参数应形成系列，参数系列可从国家标准优先数列中选取。将同一品种或同一形式产品的规格按最佳数列科学排列，形成产品的优化系列，以尽量少的品种数目满足最广泛的需要。统一各种图形符号、代码、编号、标志、名称、单位、运动方向（开关转换方向，电机轴旋转方向，交通信号指示方向）等；使产品的形式、功能、技术特征、程序和方法等具有一致性，并将这种一致性用标准确定下来，消除混乱，建立秩序。

2.8.5.3　产品技术平台整理测绘、拆卸产品，研究产品基准

在产品系列确定之后，用技术经济比较的方法，从系列中选出最先进、最合理、最有代表性的产品结构，作为基本型产品，并在此基础上开发出各种换型产品。

在具体设计工作中，调用和测绘基本型产品的标准件与通用模块，能满足基本型产品的结构直接采用或做局部调整，将不能满足基本型产品的部分作为产品开发的主要设计工作展开概念与方案设计。

如汽车设计要利用已有的汽车底盘和发动机开展设计工作，吸油烟机要利用已有的专业风机（电机、风轮、蜗壳）开展设计工作。

2.8.6　设计的产品化阶段

选优得到的设计方案必须在设计过程中加以实现，这是产品开发的最后一个阶段。此阶段最主要的工作是对购买要素、部件制造、产品组装等依据预定的规范和标准，将产品具体化（图2.56）。

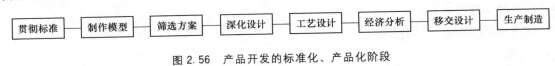

图2.56　产品开发的标准化、产品化阶段

视觉化后经标准化修订就要实做产品，从产品生产和工艺的角度对设计进行检验和修正，对产品的结构、材料、零件制造工艺，产品装配工艺以及产品的功能和产品性能全面进行检验，包括成本分析等。一个真实的设计在设计活动过程中会遇到极大的技术性挑战。产品与设计资料和任务书一致或发现新的问题加以解决，或优于原设想目标，或证明设计目标不可行是这一阶段的标志性成果。

产品化阶段主要解决以下一些问题。

（1）对产品的结构、材料、零件制造工艺、产品表面处理效果、产品装配工艺按生产要求实做。

（2）从生产和工艺的角度对设计进行检验和修正。

（3）使用评价。

（4）产品的功能和产品性能对照设计目标全面进行检验，包括成本分析。

（5）产品与设计资料和任务书相一致或发现新的问题加以解决，或优于原设想目标，或证明设计目标不可行。

设计的产品化阶段是设计活动中的最高难度的活动，大多数设计到了产品化阶段就夭折了，真正能闯过产品化阶段的设计是设计服务于社会的前提条件。在产品化阶段继续完善和修正不合理的结构是对设计师毅力的考验。因此，作为设计师，要努力使设计通过产品化设计阶段的考验。

2.8.7　产品开发的商品化阶段

善始善终是想做事做成事的基本要求。对产品开发而言，最终目的是实现商品化并在市场中立住脚，而实际上的统计显示开发出的产品多数都夭折了，原因很多，但其中产品开发的商品化阶段工作不力是一个重要原因。

在市场中，良好的设计能够唤起隐性的消费欲，使之成为显性。或者说，设计发觉了消费需要，并制造了消费需要。很多时候，人们会发现自己原本进超市是为了一袋牙膏或者一只水杯，可结果是，当从超市出来时却推着满满一车的商品。原因很简单，在超市琳琅满目的货柜上的商品，从包装到陈列方式都是为了唤起消费者的购买欲望，让人身不由己地购买自己计划外的商品。

产品试销评价而转化成为大批量生产的商品是设计的终极目标。商品化设计阶段要做的工作是将产品经过包装、宣传、展示、销售、使用、维护、反馈，使产品真正转化为商品（图2.57）。

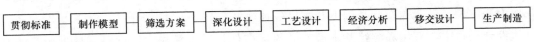

图2.57　产品开发的商品化阶段

获得大量的订货，或提出改进意见，或被市场彻底否定是这一阶段的标志性成果。此设计阶段主要解决以下一些问题。

（1）将产品经过包装、宣传、展示、销售、使用、维护、反馈，使产品真正转化为商品。

（2）销售调查（产品试售）。

（3）生产计划。

（4）机械设备和市场准备。

（5）开始生产（商品化）。

（6）生产和销售。

直到取消这个设计项目，或按消费者的改进意见重新投放市场并获得大量订货实现了决策目标，这个设计周期才算结束。后续也还要继续不断完善消费者对此产品提出的新的改进意见，这也依然属于商品化设计阶段的必须任务。直到商品衰退消亡为止。

在实际的产品开发设计过程中，上述 6 个设计阶段并不是一成不变的，尤其在一些功能复杂、技术含量高的产品设计中，设计过程将反复多个回合才能获得最后较理想的结果。尤其在制作阶段，可能需要重点解决样品生产与工业化批量生产之间存在的差异。

随着设计技术的进步，计算机在设计上的广泛、深入运用，使设计过程发生了许多不同的变化，这些变化也对传统、严格的设计程序提出了挑战。特别是计算机"虚拟现实"（Virtual Reality）技术的发展，能够使繁琐的设计过程在计算机中进行，在设计过程中有许多环节，计算机可以发挥更高的效率，特别是在进行各种环境和功能的模拟上，具有人工不能替代的优越性，从而大大节省了人力、物力，缩短了产品的开发周期。

由于产品设计涉及的范围极为广泛，各种产品的设计方式与过程有很大的差异；各种不同产品的设计程序也不尽相同；各国家与地区工业设计的发展水平与设计方式也不尽相同。更主要的是随着设计科学的发展，设计的手段不断发生新的变化，尤其是计算机辅助设计在设计领域的普及，使得产品的设计方法与设计程序处于一种动态的发展过程中。因此对设计方法与设计程序的研究与总结也应当随之不断发展。

第 3 章

Chapter 3

产品宏观因素分析（外部因素）

产品开发首先要确定发展战略目标，而目标的确定必须要研究产品开发的宏观环境影响因素（图3.1）。管理决策层或设计者需要研究产品生命周期的不同发展阶段的差异，人的消费习惯及变化趋势、消费者的购买力变化等，要积极跟踪最新的科研动态，研究新技术是否有转化为产品的商机，研究新科技对市场的成熟程度，研究文化习俗及艺术思潮变化潮流，需要研究宏观经济形势，判断经济形势的走势是"收"或"放"，需要研究社会生活的变化，研究产品对生态环境的适应问题，研究自然资源的状况；研究国家新的政策法规的颁布，特别要关注国家发展最新的五年规划。对上述宏观环境因素的研究，有助于确定将要开发的项目组合和产品引进市场的时机，制定出企业的发展战略和产品开发的战略规划。

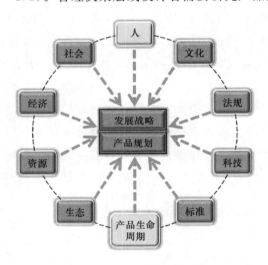

图 3.1　产品开发宏观环境影响因素

产品规划是按照企业的目标、能力、限制和竞争环境来制定的。规划要确定企业生产什么产品、为谁生产、生产多少。规划过程要考虑由各种资源所确定的产品开发机会，包括来自市场、研究部门、顾客、已有产品开发团队的建议及与对手的竞争获得的机会。从这些机会中，挑选项目，确定项目计划，有效分配资源。

同时，产品规划还需要经常更新以适应竞争环境的变化、技术的变化和市场最新信息。

3.1　产品生命周期分析

3.1.1　产品整体的概念

企业的一切生产经营活动都是围绕着产品进行的，即通过及时、有效地提供消费者所需要的产品而实现企业的发展目标。企业生产什么产品？为谁生产产品？生产多少产品？这一似乎是经济学命题的问题，其实是企业产品开发策略必须回答的问题。产品是什么？这是一个不是问题的问题，因为企业时时刻刻都在开发、生产、销售产品，消费者时时刻刻都在使用、消费和享受产品。但随着科学技术的快速发展，社会的不断进步，消费者需求特征的日趋个性化，市场竞争程度的加深加广，导致了产品的内涵和外延也在不断扩大。

3.1.1.1 产品的内涵

以现代观念对产品进行界定，产品是指为留意、获取、使用或消费以满足某种欲望和需要而提供给市场的一切东西（菲利普·科特勒）。象电视机、化妆品、家具等有形物品已不能涵盖现代观念的产品，产品的内涵已从有形物品扩大到服务（美容、咨询）、人员（体育、影视明星等）、地点（桂林、维也纳）、组织（保护消费者协会）和观念（环保、公德意识）等。

3.1.1.2 产品的外延

产品的外延，即整体产品概念，包含核心产品（产品的基本功能）、有形产品（产品的基本形式）、期望产品（期望的产品属性和条件）、附加产品（附加利益和服务）及潜在产品（产品的未来发展）5个层次（图 3.2）。

1. 核心产品（产品的基本功能）

也称实质产品，是指消费者购买某种产品时所追求的最基本功能，是顾客真正想要买的东西，因而在产品整体概念中也是最基本、最主要的部分。如买自行车是为了代步，买汉堡是为了充饥，买化妆品是希望美丽等。核心产品是产品中最基本的部分，如棉皮大衣内部的保暖部分。

2. 有形产品（产品的基本形式）

有形产品是产品的结构、外在形态造型和市场形象部分，如棉皮大衣面料、款式等。有形产品是核心产品借以实现的形式，即向市场提供的实体和服务的形象。产品的基本效用必须通过某些具体的形式才得以实现。如果有形产品是实体产品，则它在市场上通常表现为产品品质、外观特色、式样特征、品牌名称和商标及包装等。如冰箱，有形产品不仅仅指电冰箱的制冷功能，还包括它的质量、造型、颜色、容量等。

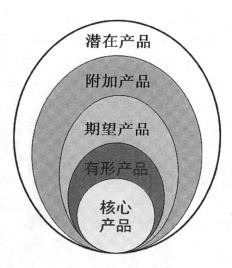

图 3.2　产品整体概念

3. 期望产品（期望该有的产品属性和条件）

是指购买者购买某种产品通常所希望和默认的一组产品应该有的属性和条件。包括说明书、质量保证、安装、送货、产品使用技术培训或指导等。一般情况下，顾客在购买某种产品时，往往会根据以往的消费经验和企业的营销宣传，对所欲购买的产品形成一种期望，如对于旅店的客人，标明三星级，则期望的是干净的床、香皂、毛巾、热水、电话和相对安静的环境等。

4. 附加产品（附加利益和服务）

附加产品是产品品牌建设中从市场的角度由营销活动附加到产品上的东西，是顾客购买形式产品和期望产品时，附带所获得的全部附加服务和利益，包括产品包装、顾客咨询、提供信贷、免费送货、时间保障、质量三包、售后维修服务等。美国学者西奥多·莱维特曾经指出："新的竞争不是发生在各个公司的工厂生产什么产品，而是发生在其产品能提供何种附加利益"。

5. 潜在产品（产品的未来发展、补充、完善或升级）

潜在产品是指一个产品最终有可能实现的全部附加部分和新增加的功能，特别是预料会有市场竞争力更强的新产品出现。许多企业通过对现有产品的附加与扩展，不断提供潜在产品，所给予顾客的就不仅仅是满意，还能使顾客在获得这些新功能的时候感到喜悦。例如，购买单反数码相机，企业能否持续不断开发出新的不同用途的单反镜头就成为顾客确定该企业是否存在潜在产品的标准。所以潜在产品指出了公司的实力和产品可能的演变，也使顾客对于产品的期望越来越高。潜在产品要求企业不断寻求满足顾客的新方法，不断将潜在产品变成现实的产品，这样才能使顾客得到更多的意外惊喜，更好地满足顾客的需要，更加专注于该公司不断推出的新产品。

3.1.1.3　工业产品

按照系统的观点来看，几乎人为事物无一例外都可以称为产品。所以，清华大学设计学教授柳冠中提出，工业设计是人为事物的学科。但是，并不是所有产品都由工业设计师设计。像建筑物是由建筑设计师设计，理发由发型设计师完成，服装则由服装设计师设计。本书所谓工业产品讨论的范围主要限定在工业化生产产品范围内，指批量化生产出来用于大众使用和消费的大批量销售给顾客的物品。工业设计主要讨论以金属材料、塑料、木材等制成的工业品的设计问题（图3.3）。由于我们集中于工程化的量产产品，本书更适合于家用电器、交通工具、家具、休闲玩具、体育器械、计算机外设、通信产品、机械装备、施力工具等产品的开发，而不是毛衣、服装这类产品的开发；由于我们集中于独立的个体产品，本书不太适合诸如汽油、尼龙、纸张等产品的开发；由于集中于有形产品，我们没有强调在开发无形服务和软件产品中所涉及的问题。

图 3.3　各种工业产品

3.1.2　考察电话机产品生命周期发展

3.1.2.1　视觉通信原理

1684 年，英国著名物理学家和化学家罗伯特·胡克在皇家学会的一次演说中，首先提出了视觉通信的原理。他建议，在通信时，把要传送的文字的一个个字母和代表各种各样意义的编码符号，挂在高处的木框架上，让对方看到并接收下来。1794 年 8 月 15 日，一种叫"遥望通信"的视觉通信方式首次在法国里尔和巴黎之间使用。1796 年，英国人休斯提出了用话筒接力传送语音的办法，并将之命名为 Telephone，这个名字一直沿用至今。

3.1.2.2 电流通信原理

1753 年 2 月 17 日，用电流进行通信的设想首次在一本名为《苏格兰人》的杂志上提出，文章署名为 C. M.。1832 年，俄国外交家希林制作出用电流计指针偏转来接收信息的电报机。1832 年，美国医生杰克逊在大西洋中航行的一艘邮船上，给旅客们讲电磁铁原理，深深地吸引住了美国画家莫尔斯。1837 年，莫尔斯终于设计出了著名的莫尔斯电码，它是利用"点""划"和"间隔"的不同组合来表示字母、数字、标点和符号。

3.1.2.3 发明电话

1876 年 2 月 14 日，电话的发明人贝尔在美国专利局申请电话专利权。在此之前，早在 1854 年，电话原理就已由法国人鲍萨尔设想出来了，6 年之后德国人赖伊斯又重复了这个设想。原理是：将两块薄金属片用电线相连，一方发出声音时，金属片振动，在其相连的电磁开关线圈中感生了电流，变成电，传给对方。

3.1.2.4 电话百年发展历程

1876 年世界第一台电话问世。1878 年在德国制造的手持电话，它的听筒和话筒是一个，听话和说话时交替使用。1879 年盒式电话：由红木制成，还配有一个柱状听筒。1885 年，桌面电话，麦克风设在旋转臂上，曲柄用来接通交换机。1905 年，数字拨号桌式电话采用了 11 个数字拨号的方式。1927 年，第一部拨号电话的出现代替了交换机的人工呼叫系统。拨号装置是在 1927 年安装的，它真正使用是在 1978 年。1930 年，由丹麦制造的自动电话，它用字母拨号。1970 年，丹麦首次使用按钮拨号电话，用数字按钮代替原来的拨号方式。1980 年的按钮拨号电话的设计标志着电子学理论真正进入电话行业。1983 年的按钮电话具有许多功能，如电话号码记忆功能、重拨功能、监听功能、24 种铃声等。1973 年 4 月，美国摩托罗拉公司发明世界上第一部推向民用的移动电话（Mobile）。20 世纪 80—90 年代的早期，这种手机外形四四方方，又称大哥大，通常称为手机。目前在全球范围内使用最广的手机是 GSM 手机和 CDMA（数字制式）手机（图 3.4）。

随着 IT 技术的不断发展，智能手机开始进入消费市场。智能手机，说通俗一点就是一个简单的"1＋1＝"的公式，"掌上电脑＋手机＝智能手机"。从广义上说，智能手机除了具备手机的通话功能外，还具备了 PDA 的大部分功能，特别是个人信息管理以及基于无线数据通信的浏览器和电子邮件功能。智能手机为用户提供了足够的屏幕尺寸和带宽，既方便随身携带，又为软件运行和内容服务提供了广阔的舞台，很多增值业务可以就此展开，如：股票、新闻、天气、交通、商品、应用程序下载、音乐图片下载等等。融合 3C（Computer、Communication、Consumer）的智能手机已成为手机发展的新方向。

21 世纪初出现了一种带个人数据助理（PDA）的"智能电话机"。智能电话机除了具有完整的固定电话功能外，通常还具有大容量的名片管理功能、来去电管理功能、防止电话骚扰（电话防火墙）功能、企业集团电话名片（内部名片）管理功能，以及辅助办公的许多功能，比如：日程安排、便笺、日历、计算器等功能。早期的智能电话通过拨号上网，具有一定的信息交换能力，实现了简单的发送短信、接收文字信息的功能。随着固网智能电话在中国近 10 年的发展，其处理能力也大大加强，逐渐地增加了智能手机（Smartphone）具有的许多功能。图 3.4 显示了从 1876 年电话诞生到 2010 年最新电话的发展历程。

图 3.4　电话百年发展历程

3.1.3　产品生命周期分析

3.1.3.1　产品生命周期

产品生命周期理论是美国哈佛大学教授雷蒙德·弗农（Raymond Vernon）1966 年在其《产品周期中的国际投资与国际贸易》一文中首次提出的。

产品生命周期（product life cycle，PLC），是产品的市场寿命，即一种新产品从开始进入市场到被市场淘汰的整个过程。费农认为：产品生命是指市上的营销生命，产品和人的生命一样，要经历形成、成长、成熟、衰退这样的周期。就产品而言，也就是要经历一个开发、引进、成长、成熟、衰退的阶段。典型的产品生命周期一般可以分成 4 个阶段，即介绍期（或引入期）、成长期、成熟期和衰退期。

系统论是从整体性、联系性和反馈性 3 个方面把握事物。从系统论的角度来看，产品的孕育过程也包含在产品生命周期内，就如同受精后的胚胎在体内就已经开始了生命的历程一样，而且是决定产品市场命运的关键部分。因为，没有产品的孕育过程就没有产品上市的可能。此外，产品的诞生是人类社会需求运动的产物，而人类社会需求活动有其自身的发展规律，产品的衰退期与一般生物的生命现象有着本质的不同。例如，自行车上市几百年来，并没有因为摩托车、汽车的上市退出市场，其衰退期却是一个无限延长的过程。衰退之后不代表死亡，通过产品革新，又会"起死回生"。这是系统论对事物发展变化的辩证观点。在旧的层面上"死亡"，在新的层面上"降生"。我们可以将衰退期之后的阶段称为后衰退期（Post - the Stage of Declining），或过渡。因此，产品生命除去引入、成长、成熟、衰退期外，还应在两端分别增加引入期和过渡期。

基于产品开发的完整的产品生命周期是从技术的诞生、产品技术研发，产品设计，到完成产品生产、投产试销、进入市场、产品发展演化、产品衰落到转化蜕变的过程。其中，在产品衰落到转化蜕变期间，会出现一个过渡期，在此过渡期，会出现新、老产品同时销售的局面。如图 3.4 电话百年发展历程就说明了这一点。电话座机发展到后期出现了移动电话的新转机。所以说，产品生命周期按开发工作性质和营销市场表现大体可分为 6 个阶段：研发期、引入期、成长期、成熟期、衰退期和过渡期，如图 3.5 所示。

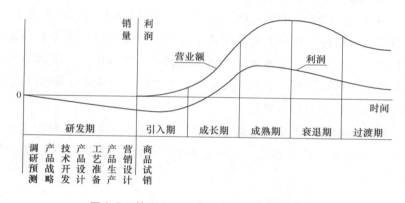

图 3.5　基于产品开发的产品生命周期曲线

将产品生命周期由 4 个阶段拓展为 6 个阶段，反映了产品开发不同于市场营销的工作特点。产品开发处于幕后，而市场营销位于台前。"台上一刻钟，台下十年功"，这是对台前幕后的形象描述。对于产品开发而言，需要在产品上市之前做大量的准备工作，在产品上市期间要处理好各种市场反馈发生的问题，在产品衰退期后，更是要拿出浑身解数来面对最严酷的市场竞争。

3.1.3.2　产品生命周期各阶段分析

1. 研发期

研发期是新产品孕育期，也是产品开发的初级设计阶段。研发期的先导开发工作是技术开发，所谓技术开发是把研究所得到的发现或科学知识应用于产品和工艺上的技术活动。研发人员或研发机构根据市场现实或潜在的需求，通过一定的材料和技术路线，采用适当的方法和手段，筛选出具有能满足市场需求或能更好地满足市场需求的新品种、新技术。

2. 引入期

引入期是新产品上市初期，是产品开发的中级设计阶段。设计进入改善功能阶段。

一种新技术的诞生往往带来一系列的新产品。但新技术产品由于人们对其认识时间短，了解不充分，开发出的产品问题也比较多，经过一段时间的使用才能使产品技术性能达到比较理想的状态。引入期，产品开始投入市场，处于试销阶段，销售额的年增长率一般低于10％。这时产品设计尚未定型，工艺不够稳定，生产批量小，成本也比较高，用户对产品不太了解，同行竞争者少，一般可能没有利润，甚至发生亏损。

技术的应用和功能扩展是对新技术的发展和生理需求的满足，这是中级功能阶段和设计的初级阶段（有形，但功能唱主角）。是艺术的初级阶段，或者很难说有多少艺术的成分，只是一个产品雏形而已。可以称之为产品初级设计阶段。

产品中级设计阶段，开始注重产品的各项功能拓展，使产品的功能、结构、造型三者关系处理趋于合理。例如，1903年，汽车经过18年的设计探索，开始将汽油机装在汽车前部，汽车遂形成自己的独特形式，而不再是装有发动机的马车。例如，1919年的电话机。

3. 成长期

成长期是产品上市中期，是产品开发的高级设计阶段。设计进入提高功效阶段。这时顾客对产品已经熟悉，大量的新顾客开始购买，市场逐步扩大，产品销售量迅速上升，销售额的年增长率一般在10％以上。产品大批量生产，生产成本相对降低，利润也迅速增长。竞争者看到有利可图，纷纷进入市场参与竞争，使同类产品供给量逐步增加，价格随之开始下降，企业利润增长速度逐步减慢，最后达到生命周期利润的最高点。随着竞争的加剧，新的产品特性开始出现，产品市场开始细分。

成长期，产品核心技术结构设计和工艺设计基本定型。产品设计处于改善功能、提高技术性能和可靠性、提高舒适程度、设计容易操作控制来提高功效的产品设计阶段。提高功效阶段是消费者参与设计，影响设计的具体表现。用户对产品的功效反映最为强烈。产品结构开始向模块化整合方向发展。交互式设计、图形界面要求的实现逐一实现。

随着功能和技术性能的提高，产品的形式也更成熟，这是技术的成熟和功能设计的高级阶段，是艺术设计的中级阶段。设计的矛盾由技术—功能转向产品形式。这一阶段可以称之为产品高级设计阶段。

4. 成熟期

成熟期是产品上市中晚期，是产品开发的更高级设计阶段。

成熟期市场需求趋向饱和，潜在的顾客逐渐减少，产品的销售量增长缓慢，逐步达到最高峰，然后缓慢下降；销售量的年增长率一般为−10％～＋10％，产品的销售利润也从成长期的最高点开始下降；市场竞争非常激烈，各种品牌、各种款式的同类产品不断出现。竞争逐渐加剧，产品售价降低，促销费用增加，企业利润下降。但有些产品种类生命周期中的成熟期可能无限延续。

产品设计进入艺术造型阶段：美观好使的操作、智能化的汽车，美观好用的、高效的、亲和的人机界面。这是设计的高级阶段，是技术与艺术紧密结合认识达到高级阶段或设计成熟的阶段。可以称之为产品高级设计阶段，也是产品生命周期的入市成熟阶段。

5. 衰退期

衰退期是产品上市晚期，是产品开发设计进入全面完善期。

产品销售量出现负增长，利润日益下降。这是以规格品种为主的设计，是产品技术—功能—功效—艺术的全面提升到功能好—形式美的价格低廉、个性十足、尽善尽美的阶段。

表面上价格下跌，实际上产品价值低估成本上升，销售下降带来企业生产成本上升，企业面临着倒闭破产的威胁。例如，2002年超平彩电进入产品的衰退阶段，价格由10年前的8000元降到了2000元，取而代之的是纯平彩电和背投彩电进入成熟期，等离子彩电进入入市初期。到了2007年，液晶彩电、等离子彩电价格下跌，也进入了产品的成熟期。

随着产品进入衰退期，竞争才真正开始，此阶段消费者对产品提出了全方位的要求：功能、造型、工艺、材料、色彩、表面处理、价格等都进入到"尽善尽美"。

作为企业从第二阶段的引入期（功能开发期）就要抓住机遇，加大设计力度，领先一步走向成熟。在尽善尽美的初期就要推出替代产品，或性能更高的产品，保持高价值、高价格，免受残酷市场的损伤危害，保持旺盛的市场竞争力。企业是提供产品的源头，当不利于企业时，必须主动变化和创造局面，造成新的有利于企业的局面。

6. 过渡期

衰退期后，是产品花样翻新寻求蜕变的设计即将要发生转变的系统化阶段，也是产品生命周期的更替阶段，是产品回光返照的阶段，也是更新替代产品即将打入市场的信号。随着科学技术的发展，新产品或新的代用品出现，将使顾客的消费习惯发生改变，转向其他产品，从而使原来产品的销售额和利润额迅速下降。于是，产品进入了过渡期。

过渡期的特点是老产品继续生产、继续开发。但同时，将相当的利润投入新技术的开发，也就是与产品生命周期的开始研发期相衔接。这是一个新老交替的过渡期。

在过渡期，对于老产品，由于品牌建设投资、技术投入、设备投入、产品线都比较完善，投资挖潜、资源的综合利用是过渡期的主要任务。

3.1.3.3 产品生命周期的意义

基于产品开发的产品生命周期反映了产品生命的全部特征，是系统论方法在产品开发中的应用，该周期理论提供了一套适用的企业产品开发战略规划观点，对产品生命周期内各个发展阶段产品开发规划具有重要的指导意义。

产品生命周期揭示了任何产品都和生物有机体一样，有一个从诞生—成长—成熟—衰亡的过程，但不同点是：产品是人为事物，可以通过不断创新，开发新产品，使产品在市场上永葆青春。

借助产品生命周期理论，可以分析判断产品处于生命周期的哪一阶段，推测产品今后发展的趋势，正确把握产品的市场寿命，并根据不同阶段的特点，采取相应的产品开发组合策略，增强企业竞争力，提高企业的经济效益。

产品衰退并不表示无法再生。若通过合适的改进策略，公司可能再创产品新的生命周期。例如，机械产品的自动化升级，自动化产品的智能化升级，燃油汽车的电动升级等。

但产品生命周期各阶段的起止点划分标准不易确认。并非所有的产品生命周期曲线都是如图所示的，还有很多特殊的产品生命周期曲线。产品衰退并不表示无法再生。若通过合适的改进策略，公司可能再创产品新的生命周期。

3.2 人的因素与产品开发

3.2.1 人对产品影响的 3 个层面

人是产品的缔造者，产品是为人服务的，因此，人与产品形成了极其密切的关系。从系统论的角度看，人对产品的影响表现为 3 个层面。

（1）人机系统层。产品需要人来操作，人与机就形成了人机关系。所以，在产品开发中要考虑人的因素，将人的身体尺寸、反应特性与劳动心理纳入具体的产品设计当中，这就是人机工程学上的人的因素问题。设计基于操作人员，其使用需要培训来适应机器。

（2）消费者与商品层。产品开发的目的是销售给顾客，产品就成为人类消费的对象，人与产品就形成了消费者与商品的关系。所以，在产品开发中要考虑消费者的因素，将人的消费行为、消费习惯、消费心理纳入产品设计定位当中，这就是消费者的消费行为对商品的选择问题。所以，解决产品定位问题一定要考虑人的消费行为。设计基于消费者，其使用一般不需要专门培训。例如，苹果公司在开发苹果电脑时，从第二个层面入手，将电脑用户定位于更广大的消费者，其商品操作使用要求只要有小学水平就能操作，开发出了简单易用的高级电脑，因而成为世界电脑的标杆。

（3）市场与商品营销层，也就是产品开发的宏观战略层面。产品开发要分析判断产品的市场区域优势、营销的品种问题、规模问题，确定产品开发的时机和入市时间，产品投放市场的节奏和数量等。人与产品就形成了市场与营销的关系。解决营销问题要研究人类的市场行为。设计基于市场容量和市场真正可能的需求，其使用也不需要专门培训。例如，2010年，小米公司在选择进入手机行业时，从市场与商品营销层面入手开发手机产品，通过各种营销手段从市场获得了大量的产品开发信息，短时间内建立起了品牌通行渠道（网络营销）。

图3.6　人与产品的3层关系

上述3个层面就形成了人与机、消费者与商品、市场与营销的人与产品的三层关系，如图3.6所示。产品开发战略规划关系到企业的存亡成败，关系到对市场的把控问题。在规划中，要研究市场人口问题，市场购买力、经济承受力、市场成熟度以及区域消费文化习俗等。

3.2.2　市场人口环境与产品

人口是市场的第一要素。人口数量直接决定市场规模和潜在容量，人口的性别、年龄、民族、婚姻状况、职业、居住分布等也对产品市场格局产生着深刻影响，从而影响着企业的产品营销活动。企业应重视对人口环境的研究，密切关注人口特性及其发展动向，及时地调整营销策略以适应人口环境的变化。

3.2.2.1　人口数量分析

人口数量是决定市场规模的一个基本要素。如果收入水平不变，人口越多，对食物、衣着、日用品的需要量也越多，市场也就越大。企业营销首先要关注所在国家或地区的人口数量及其变化，尤其对人们生活必需品的需求内容和数量影响很大。

3.2.2.2　人口结构分析

（1）年龄结构。不同年龄的消费者对商品和服务的需求是不一样的。不同年龄结构就形成了具有年龄特色的市场。企业了解不同年龄结构所具有的需求特点，就可以决定企业产品的投向，寻找目标市场。

（2）性别结构。性别差异会给人们的消费需求带来显著的差别，反映到市场上就会出现男性用品市场和女性用品市场。企业可以针对不同性别的不同需求，生产适销对路的产品，制定有效的营销策略，开发更大的市场。

（3）教育与职业结构。人口的教育程度与职业不同，对市场需求表现出不同的倾向。随着高等教育规模的扩大，人口的受教育程度普遍提高，收入水平也逐步增加。企业应关注人们对报刊、书籍、电脑这类商品的需求的变化。

（4）家庭结构。家庭是商品购买和消费的基本单位。一个国家或地区的家庭单位的多少以及家庭平均人员的多少，可以直接影响到某些消费品的需求数量。同时，不同类型的家庭往往有不同的消费需求。

（5）社会结构。我国绝大部分人口为农业人口，这样的社会结构要求企业营销应充分考虑到农村这个大市场。

（6）民族结构。我国是一个多民族的国家。民族不同，其文化传统、生活习性也不相同。具体表现在饮食、居住、服饰、礼仪等方面的消费需求都有自己的风俗习惯。企业营销要重视民族市场的特点，开发适合民族特性、受其欢迎的商品。

3.2.3 市场购买力

购买力是指在一定时期内用于购买商品的货币总额。购买力是通过社会总产品和国民收入的分配和再分配形成的，社会购买力来源于各种经济成分的职工工资收入、其他职业的劳动者的劳动收入、居民从财政方面得到的收入（如补贴、救济、奖励等）、银行和信用单位的农业贷款、预购定金净增加额、居民其他收入、社会集团购买消费品的货币。

中国社会购买力主要由三部分组成：居民购买消费品的货币支出、社会集团购买力、农民购买农业生产资料的货币支出。另一种含义指单位货币能买到商品或劳务的数量，即货币购买力。它决定于货币本身的价值，商品的价值或劳务费用的高低。

购买力的大小，取决于社会生产的发展和国民收入的分配。社会购买力随着社会生产的增长而不断提高，而国民收入中积累与消费比例关系的变化也对购买力产生直接的影响。例如，20 世纪 80 年代改革开放前，中国是一个自行车王国（图 3.7）。改革开放后，购买力逐渐增强，由自行车王国逐渐演变为汽车消费大国。图 3.8 反映了我国从自行车到汽车消费的巨变。

图 3.7　自行车王国

图 3.8　汽车消费大国

3.2.4 市场成熟度

市场成熟度是指消费群体对自己的行为承担责任的能力和愿望的大小。它取决于两个要素：消费活动成熟度和消费心理成熟度。消费活动成熟度包括消费者的知识和市场行为，消费法规建设。消费心理成熟度指的是消费群体的消费意愿和动机。消费心理成熟度高的消费活动需要太多的外部激励，他们靠内部消费动机激励。

3.2.5　市场消费文化习俗

3.2.5.1　消费习俗

消费习俗是指消费者受共同的审美心理支配，一个地区或一个民族的消费者共同参加的人类群体消费行为，是约定俗成的消费习惯。它是人们在长期的消费活动中相沿而成的一种消费风俗习惯。它是社会风俗的重要组成部分。消费习俗具有某些共同特征。在习俗消费活动中，人们具有特殊的消费模式。它主要包括人们的饮食、婚丧、节日、服饰、娱乐消遣等物质与精神产品的消费。

3.2.5.2　消费习俗的特点

（1）群众性。一种消费习惯如果适合大多数人的心理和条件，那就会迅速在广大的范围里普及，成为大多数人的消费习惯。消费习俗一经形成便具有历史继承性及相对稳定性，就不易消失。消费习惯所引起的消费需求具有一定的周期性。这里所指的是消费心理和消费行为的统一，如人们对某一消费品引起注意，产生兴趣，于是购买，通过消费，感到满意，逐步形成习惯性的兴趣、购买和消费。反复的消费行为加强了对某种消费品的好感，而经常的好感、购买，必然促使某种消费行为成为习俗。所以，消费习俗就是基于习惯心理的经常性消费行为。消费风气不是消费习俗。消费风气是以商品为中心，该商品生命周期完结为结束。而消费习俗是以社会活动为中心，习俗一旦出现，就会在相当长的时期内不断重复出现。如"过年"是一个全民辞旧迎新活动，端午节是一个全民性的祭奠屈原的活动。

（2）长期性。一种习俗的产生和形成，要经过若干年乃至更长时间，而形成了的消费习俗又将在长时期内对人们的消费行为发生潜移默化的影响。

（3）社会性。某种消费活动在社会成员的共同参与下，才能发展成为消费习俗。

（4）地域性。消费习俗通常带有浓厚的地域色彩，是特定地区的产物。

（5）非强制性。消费习俗的形成和流行，不是强制发生的，而是通过无形的社会约束力量发生作用。约定俗成的消费习俗以潜移默化的方式发生影响，使生活在其中的消费者自觉或不自觉地遵守这些习俗，并以此规范自己的消费行为。

3.2.5.3　消费习俗对消费者心理与行为的影响

多种不同的消费习俗对消费者的心理与行为有着极大影响。

（1）消费习俗促成了消费者购买心理的稳定性和购买行为的习惯性。

（2）消费习俗强化了消费者的消费偏好。在特定地域消费习俗的长期影响下，消费者形成了对地方风俗的特殊偏好。这种偏好会直接影响消费者对商品的选择，并不断强化已有的消费习惯。

（3）消费习俗使消费者心理与行为的变化趋缓。由于遵从消费习俗而导致的消费活动的习惯性和稳定性，将大大延缓消费者心理及行为的变化速度，并使之难以改变。这对于消费者适应新的消费环境和消费方式会起到阻碍作用。

3.3　经济因素与产品开发

产品开发的出发点是满足人类的需要，这种需要的付出就与经济发生了极为密切的关系。经济在产品开发活动中起着血液的作用。经济形势的起落决定着产品的开发能力和市场拓展能力，也决定着产品在市场中的表现。由于产品自身存在三个层面：产品的宏观环境层面、产品自身以及产品的要素层面。因此，经济会在三个层面影响产品。

（1）从要素层面来说，产品结构、产品零配件材料、表面处理、工艺水平要求的高低决定着产品的品质和成本控制问题；

（2）从产品自身来说产品的功能、性能、档次、价格要求的高低决定着产品的利润；

（3）从产品的宏观环境层面来说产品的品牌、市场占有率、市场定位决定着企业的营销目标和经济收益。

反过来，在三个层面上经济投入的多与少将决定产品的品质、功能、性能、档次、价格和市场定位。

3.3.1 经济

经济是人类社会的物质基础。与政治是人类社会的上层建筑一样，是构建人类社会并维系人类社会运行的必要条件。其具体含义随语言环境的不同而不同，大到一国的国民经济，小到一户人家的收入支出，有时候用来表示财政状态，有时候又会用来表示生产状态，是当前非常活跃的词语之一。

（1）经济就是生产或生活上的节约、节俭。前者包括节约资金、物质资料和劳动等，归根结底是劳动时间的节约，即用尽可能少的劳动消耗生产出尽可能多的社会所需要的成果。后者指个人或家庭在生活消费上精打细算，用消耗较少的消费品来满足最大的需要。总之，经济就是用较少的人力、物力、财力、时间、空间获取较大的成果或收益。

（2）经济就是国家或企业、个人的收支状况，如国民生产总值、社会总产值、企业的产量与效益、个人的收入与支出等。

产品开发中的经济概念是第二种。指宏观经济形势、市场经济状况、消费者收入分配以及产品价格成本等影响产品规划、影响产品开发、影响产品销售、影响产品使用的有关经济问题。

3.3.2 宏观经济

3.3.2.1 宏观经济

宏观经济是指整个国民经济或国民经济总体及其经济活动和运行状态，如总供给与总需求；国民经济的总值及其增长速度；国民经济中的主要比例关系；物价的总水平；劳动就业的总水平与失业率；货币发行的总规模与增长速度；进出口贸易的总规模及其变动等。

宏观经济的主要目标是高水平的和快速增长的产出率、低失业率和稳定的价格水平。

3.3.2.2 我国当前宏观经济形势

综合判断国际国内形势，我国发展仍处于可以大有作为的重要战略机遇期，既面临难得的历史机遇，也面对诸多可以预见和难以预见的风险挑战。从国内看，工业化、信息化、城镇化、市场化、国际化深入发展，人均国民收入稳步增加，经济结构转型加快，市场需求潜力巨大，资金供给充裕。体制活力显著增强，政府宏观调控和应对复杂局面能力明显提高，社会保障体系逐步健全，社会大局保持稳定，我们完全有条件推动经济社会发展和综合国力再上新台阶。同时，必须清醒地看到，我国发展中不平衡、不协调、不可持续问题依然突出，主要是，经济增长的资源环境约束强化，投资和消费关系失衡，收入分配差距较大，科技创新能力不强，产业结构不合理，农业基础仍然薄弱，城乡区域发展不协调，就业总量压力和结构性矛盾并存，社会矛盾明显增多，制约科学发展的体制机制障碍依然较多。

3.3.3　市场经济

市场是商品经济的大舞台，每个企业都要通过市场来展现各自的产品阵容，来实现各自的市场目标。市场经济就是商品经济，市场经济环境就是为各个企业的产品提供一个公平竞争的环境。交换与竞争是市场经济的主旋律。

3.3.3.1　市场经济的基本特征

1. 独立的企业制度

在市场经济中，作为市场主体的企业生产什么、生产多少以及如何生产，是由市场需求的规模和结构决定的，企业要对市场供求、竞争和价格的变化做出灵活反应。因此，企业必须有独立的产权，能够自主地参与市场经济活动，实行自主经营、自负盈亏、预算约束硬化。独立的企业制度主要包括3层含义。

（1）企业拥有明确和独立的产权并受到法律的有效保护。

（2）企业有充分的决策权，能够根据市场信息的变化自主决策。

（3）企业对自己的决策和行为负民事责任。

2. 完善的市场体系

市场机制要达到提高效率、优化资源配置的结果，必须具有一个完善的市场体系。完善的市场体系要求在市场中必须有足够多的买者和卖者以及他们之间的充分竞争，以避免产生买方或卖方的垄断现象，否则市场的资源配置功能的充分发挥就会受到限制。

3. 开放的市场空间

市场经济是以社会化大生产为基础的高度发达的商品经济。伴随着社会分工的深化和社会生产的增长，必然要求市场的扩大，从而要求各民族、各地区和各个国家连成一个相互依赖的有机整体，把分散的地方市场联合为统一的全国市场；把国内市场联合成为世界市场。市场经济在本质上是开放的、无国界的，资本、劳动力等生产要素流动的国际化是市场经济的必然产物和基本特征。

4. 健全的法制基础

在市场经济的运行过程中，如市场的准入、市场的交易、市场的竞争都必须由法律来规范、保证和约束。政府管理部门要按照相应的法律、法规体系来协调与管理市场经济的主体及其权利和义务，保障市场经济正常运行的交易规则和竞争规则，避免市场经济的盲目性和滞后性，确保国家利益和国际经济活动的正常进行。市场机制的完善从根本上来说是通过法制的不断完善，而不是通过政府的管治或干预实现的，因此，建立适应市场经济需要的法制基础是市场经济的必然产物。

3.3.3.2　市场经济下的交换与竞争

1. 交换与竞争的普遍性

市场经济是信用经济，信用是市场经济社会道德的主旋律，信用是赢得社会普遍认可和尊重的通行证。市场经济的核心是诚信"交换"。

供给不足，大家都想买到，那就产生了需求方的竞争。供给充分而需求不足，卖方就希望买方优先买自己的产品，由此就有了供给方的竞争。供求双方讨价还价表现为供求之间的竞争。

实际上，市场经济下的竞争是无所不在的。其表现形式也是变化万千。不仅同类行业之间、满足同种需求之间的产品会有竞争，例如出版社和电视台之间有竞争；生产完全不同产品之间的企业也会有竞争。因为有可能两个企业、两种行业会使用同一种资源。例如石油既可以作燃料，又可以生产化工产品。而石油是有限的。技术替代、功能替代、效用替代都会导致竞争。

2. 交换与竞争的有利之处

（1）通过交换与竞争，优化配置资源，提高有限资源的利用效率。

（2）通过交换与竞争，优胜劣汰。优胜劣汰不仅是把资源配置给更有效率的支配者的意思，更重要的是不断促进社会、市场、技术不断向前发展。

（3）通过交换与竞争，降低社会交易成本。

（4）通过交换与竞争，使消费者从中受益。

作为产品规划人员，要充分利用市场经济提供的交换与竞争的有利之处，提出符合市场经济环境下的能够应对各种挑战的周密规划，积极应对市场经济的优胜劣汰规则。

3.3.4　经济环境分析

经济环境是影响企业营销活动的主要环境因素，它包括收入因素、消费支出、产业结构、经济增长率、货币供应量、银行利率、政府支出等因素，其中收入因素、消费结构对企业营销活动及企业产品战略规划影响较大。

3.3.4.1　消费者收入分析

收入因素是构成市场的重要因素，甚至是更为重要的因素。因为市场规模的大小，归根结底取决于消费者的购买力大小，而消费者的购买力取决于他们收入的多少。企业必须从市场营销的角度来研究消费者收入，通常从以下 5 个方面进行分析。

（1）国民生产总值。它是衡量一个国家经济实力与购买力的重要指标。国民生产总值增长越快，对商品的需求和购买力就越大；反之，就越小。

（2）人均国民收入。这是用国民收入总量除以总人口的比值。这个指标大体反映了一个国家人民生活水平的高低，也在一定程度上决定商品需求的构成。一般来说，人均收入增长，对商品的需求和购买力就大；反之就小。

（3）个人可支配收入。指在个人收入中扣除消费者个人缴纳的各种税款和交给政府的非商业性开支后剩余的部分，可用于消费或储蓄的那部分个人收入，它构成实际购买力。个人可支配收入是影响消费者购买生活必需品的决定性因素。

（4）个人可任意支配收入。指在个人可支配收入中减去消费者用于购买生活必需品的费用支出（如房租、水电、食物、衣着等项开支）后剩余的部分。这部分收入是消费需求变化中最活跃的因素，也是企业开展营销活动时所要考虑的主要对象。这部分收入一般用于购买高档耐用消费品、娱乐、教育、旅游等。

（5）家庭收入。家庭收入的高低会影响很多产品的市场需求。一般来讲，家庭收入高，对消费品需求大，购买力也大；反之，需求小，购买力也小。另外，要注意分析消费者实际收入的变化。注意区分货币收入和实际收入。

3.3.4.2　消费者支出分析

随着消费者收入的变化，消费者支出会发生相应变化，继而使一个国家或地区的消费结构也会发生变化。

（1）消费结构。德国统计学家恩斯特·恩格尔（Ernst Engel，1821—1896）于 1857 年发现了消费者收入变化与支出模式，即消费结构变化之间的规律性。

（2）恩格尔系数。恩格尔所揭示的这种消费结构的变化通常用恩格尔系数来表示，即

$$恩格尔系数 = \frac{食品支出金额}{家庭消费支出总金额}$$

恩格尔系数越小，食品支出所占比重越小，表明生活富裕，生活质量高。

恩格尔系数越大，食品支出所占比重越高，表明生活贫困，生活质量低。

恩格尔系数是衡量一个国家、地区、城市、家庭生活水平高低的重要参数。企业从恩格尔系数可以了解目前市场的消费水平，也可以快速推知今后消费变化的趋势及对企业经营活动的影响。

3.3.4.3　消费者储蓄分析

消费者的储蓄行为直接制约着市场消费量购买的大小。当收入一定时，如果储蓄增多，现实购买量就减少；反之，如果用于储蓄的收入减少，现实购买量就增加。

居民储蓄倾向是受到利率、物价等因素变化所致。

人们储蓄目的也是不同的，有的是为了养老，有的是为未来的购买而积累，当然储蓄的最终目的主要也是为了消费。企业应关注居民储蓄的增减变化，了解居民储蓄的不同动机，制定相应的经营策略，获取更多的商机。

3.3.4.4　消费者信贷分析

消费者信贷，也称信用消费，指消费者凭信用先取得商品的使用权，然后按期归还贷款，完成商品购买的一种方式。

信用消费允许人们购买超过自己现实购买力的商品，创造了更多的消费需求。随着我国商品经济的日益发达，人们的消费观念大为改变，信贷消费方式在我国逐步流行起来，这种消费趋势值得企业从产品经营战略规划的角度去研究。

中国 20 世纪 80 年代开始由计划经济走向市场经济，经过 30 年的发展，人们的生活面貌发生了翻天覆地的变化。由商店里商品匮乏变成商场中商品琳琅满目；由"老四样"的"三转一响"（自行车、缝纫机、手表、收音机）变为肩挎笔记本（电脑）、腰带手机、脚踩刹车（汽车）、手持咔嚓（照相机、摄像机）的"新四样"。如图 3.9 所示，反映了中国经济发展对汽车产业的影响，从 1992 年的年产 106

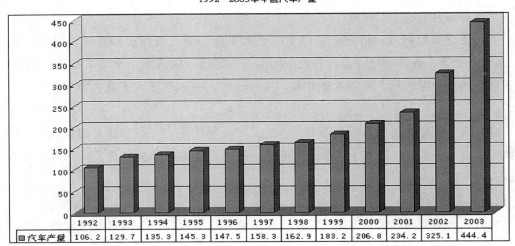

图 3.9　中国经济发展对汽车产业的影响

万辆发展到 2003 年的年产 444 万辆。中国汽车工业协会发布的统计数据显示，2010 年中国汽车产销量双双突破 1800 万辆（2010 年中国汽车产销分别为 1826.47 万辆和 1806.19 万辆，同比分别增长 32.44％和 32.37％），不仅蝉联世界第一，且创全球历史新高（中央政府网站 http：//www. gov. cn）。

3.3.5 产品设计与经济

3.3.5.1 产品设计是经济文化交流的关键因素

产品设计既是创新技术人性化的重要因素，也是经济文化交流的关键因素。

2001 年国际工业设计协会联合会对设计提出的任务：致力于发现和评估与下列项目在结构、组织、功能、表现和经济上的关系。

（1）增强全球可持续发展和环境保护（全球道德规范）。

（2）赋予全人类社会、个体、集体、最终用户、制造者和市场经营者带来利益和自由（社会道德规范）。

（3）在世界全球化的进程中支持文化的多样性（文化道德规范）。

（4）赋予产品、服务和系统以表现性的形式（语义学）并与它们的内涵相协调（美学）。

3.3.5.2 产品设计的经济属性是第一位的

产品设计的价值主要在于经济，经济属性是第一位的。

（1）产品设计是使资本增值的有效途径。资本运行的最终口的是增值，增值应该是建立在不断扩大和增加的商品生产基础之上。同一种品质的商品，产品设计的创意水平和表现技法的差异会造成商品价值和附加值的巨大差别。

（2）产品设计是引导消费、形成时尚的重要因素。只有我们的设训—创意紧紧围绕为市场服务，营造环境和氛围，才可以让设训—贯穿市场的始终，成为市场不可分离的一部分。

（3）产品设计是生产技术进步的重要因素。产品设计参与了技术发明和发展的全过程，它本身就是一门复合型的技术，只有不断提高产品设计的技术含量，才能创造出更多的财富。

（4）产品设计实现经济属性的关键步骤是生产过程。产品设计的价值一直体现在生产过程当中，与整个工业的延续生产相始终。

产品设计必须把消费需求、市场作为动力，唯有如此，产品设计才能促进企业产品的销售，才能为企业创造出超出商品本身价值更多的附加值。

3.4 科技因素与产品开发

3.4.1 科技

3.4.1.1 概念

科学技术包含着科学和技术两个概念，它们虽属于不同的范畴，但两者之间相互渗透，相辅相成，有着密不可分的联系。科学与技术之间，既有区别又有联系。科学是技术的理论指导，技术是以科学的理论为基础，结合生产实际进行开发研究，得出的新方法、新材料、新工艺、新品种、新产品等。技术是科学的实际运用，是科学和生产的中介，没有技术，科学对生产就没有实际意义。技术对科学也有巨大的反作用，在技术开发过程中所出现的新的现象和提出新问题，可以扩展科学研究的领域。

3.4.1.2 科学技术是生产力

近代科学技术的进步，有力地促进了资本主义的机器工业和社会化大生产的发展，马克思明确提出了"科学技术是生产力"的观点。科学技术就其生产和发展过程而言，是一种社会活动，是由生产决定的；就其内容属性而言，科学技术是一种生产实践经验和社会意识的结晶；就其实际的功能而言，科学技术是以知识形态为特征的"一般社会生产力"和"直接生产力"。

放眼古今中外，人类社会的每一项进步，都伴随着科学技术的进步。尤其是现代科技的突飞猛进，机械、电子、计算机、通信、网络等技术的应用，为社会生产力发展和人类的文明开辟了更为广阔的空间，有力地推动了经济和社会的发展。

3.4.1.3 科学技术是人类文明的标志

科学技术的进步已经为人类创造了巨大的物质财富和精神财富，为人类提供了电话、电脑、各种生活电器、工具、设备、汽车、高铁、飞机等。科学技术的进步和普及，为人类提供了广播、电视、电影、录像、网络等传播思想文化的新手段，使精神文明建设有了新的载体。同时，它对于丰富人们的精神生活，更新人们的思想观念，破除迷信等具有重要意义。

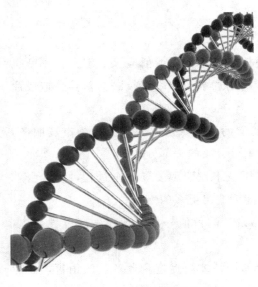

图 3.10　DNA 双螺旋结构

3.4.1.4 当代科技革命

以信息技术为中心的当代科技革命在全球蓬勃兴起，自 20 世纪 90 年代以来，信息技术向数字化、高速化、网络化、集成化和智能化迅速发展。标志着人类从工业社会向信息社会的历史性跨越。

现代生命科学技术，在 20 世纪得到了空前的发展，特别是 DNA 双螺旋结构（图 3.10）的发现和人类基因组计划的实施，更使得生命科学技术成为 21 世纪高新科技的主流。

空间科学是当代科学技术中发展最快的尖端技术之一。近半个世纪以来，随着航天技术的发展和各种应用卫星的广泛应用，人类开创了卫星通信、卫星广播、卫星气象、卫星导航、卫星勘测和空间科学、军事应用等前所未有的新领域。空间技术是一个国家科学技术发展水平的重要标志，开发和应用空间技术已经成为世界各国现代化建设的重要手段。

20 世纪中叶以后，科学技术迅猛发展。首先是人工合成高分子材料问世，并得到广泛应用。其次是陶瓷材料的发展，使陶瓷材料产生了一个飞跃，出现了从传统陶瓷向先进陶瓷的转变，许多新型功能陶瓷形成了产业，满足了电力、电子技术和航天技术的发展和需要。

现代材料科学技术的发展，促进了金属、非金属无机材料和高分子材料之间的密切联系，从而出现了一个新的材料领域——复合材料。复合材料以一种材料为基体，另一种或几种材料为增强体，可获得比单一材料更优越的性能。复合材料作为高性能的结构材料和功能材料，不仅用于航空航天领域，而且在现代民用工业、能源技术和信息技术方面不断扩大应用。

飞机、船舶、三坐标精密测量设备、工业设备等都是现代高科技技术的高度集成，如图 3.11～图 3.14 所示。

图 3.11　飞机

图 3.12　船舶

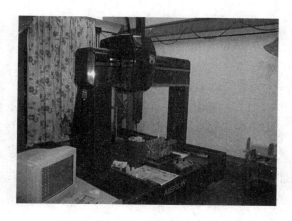

图 3.13　三坐标精密测量设备

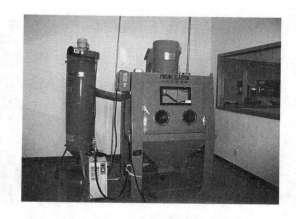

图 3.14　工业设备

例如，大规模集成电路高科技加工技术的发展，使电子产品的核心技术体积越来越小，早期的移动电话"大哥大"被小巧的手机取代，如图 3.15 所示。

3.4.2　科技对产品设计的影响

3.4.2.1　科技发展促进社会经济结构的调整

每一种新技术的发现、推广都会给有些企业带来新的市场机会，导致新行业的出现。同时，也会给某些行业、企业造成威胁，使这些行业、企业受到冲击甚至被淘汰。例如，电脑的运用代替了传统的打字机，复印机的发明排挤了复写纸，数码相机的出现将夺走胶卷的大部分市场等。

图 3.15　"大哥大"和手机

3.4.2.2 科技发展促使消费者购买行为的改变

随着多媒体和网络技术的发展，出现了"电视购物""网上购物"等新型购买方式。人们还可以在家中通过"网络系统"订购火车票、飞机票、戏票和球票。工商企业也可以利用这种系统进行广告宣传和推销商品。也可以通过网络技术高效率进行产品开发调研活动。随着新技术革命的进展，"在家便捷购买、享受服务"的方式还会继续发展。

3.4.2.3 科技发展影响企业产品开发组合策略的创新

科技发展使新产品不断涌现，产品寿命周期明显缩短，要求企业必须关注新产品的开发，加速产品的更新换代。科技发展运用降低了产品成本，使产品价格下降，并能快速掌握价格信息，要求企业及时做好价格调整工作。科技发展促进流通方式的现代化，要求企业采用顾客自我服务和各种直销方式。科技发展促进了广告媒体的多样化、信息传播的快速化、市场范围的广阔性、促销方式的灵活性。为此，要求企业不断分析科技新发展，变化产品开发组合策略，适应市场产品开发的新变化。

3.4.2.4 科技发展促进企业产品开发管理的现代化

科技发展为企业产品开发管理现代化提供了必要的装备，如电脑、传真机、电子扫描装置、光纤通信等设备的广泛运用，对改善企业产品开发管理，实现现代化起了重要的作用。同时，科技发展对企业产品开发管理人员也提出了更高要求，促使其更新观念，掌握现代化管理理论和方法，不断提高产品开发管理水平。

3.4.3 设计观层面上科技对设计的影响

3.4.3.1 科学技术的发展促进了设计

《天工开物》一书中谈到："金木受攻而物象曲成。世无利器，即般、锤安所施其巧哉？"

大体是讲如果没有制造工具的技术，即使是精工巧匠也不能施其才艺，也就是科学技术的发展促进了设计，为设计提供了有力的物质技术基础。在历史悠久的中国古代文化中，关于设计与科学技术的结合不胜枚举，有了制陶技术的产生，才能出现形式各样的彩陶，才会使陶瓷工艺品在中国工艺美术史上写下辉煌的篇章；有了冶炼技术的发明，人们才会浇铸出空前绝后的司母戊鼎。技术的产生才能保障出现形式各样的产品。

3.4.3.2 科学技术的发展导致设计行业的诞生

文艺复兴之后的科技革命将最初的手工业作坊发展到机器大生产，这不仅是一场生产技术上的革命，也是一次深刻的社会革命。科技革命致使社会发展进入工业化时代，这直接导致设计与制造分离，产生了设计行业。

3.4.3.3 科学技术及其思想方法使产品设计更科学、更先进

设计是借助想象，在意识的作用下，依赖于现实的工具和材料，凭借当时技术条件所做的创造性活动。各种新的设计形式出现与特定时代的社会文化、科技与物质发展状况密切相关，几乎是伴随这种大的技术发明而产生的。可以说，现代设计的实质就是科技与艺术的结晶。其次，科学的思想方法渗透到设计活动过程当中，对设计的科学性和先进性也提供了基础性的保障。

3.4.3.4 科学技术为设计转化为新商品提供了技术平台

现代科学的迅猛发展扩大了设计表现的手段，科学技术的进步拓宽了设计的界限，使产生设计的灵感发生了日新月异的变化，使设计用以传达自己的媒介得到了不断更新。正如手机、平板、电脑、电视等这些我们现在生活中不可缺少的产品设计，若是没有现代科学技术的进步与发展，是没有办法

展现在我们的面前的。

例如，流线型风格起源于空气动力学试验。设计的发展是以科学技术为基础的，并受科学技术发展的影响。科学技术的发展为设计表现提供了崭新的手段，科学技术促进了设计的进步。"流线型运动"作为一种源于科学研究的设计风格产生了广泛而持久的影响。流线型风格起源于空气动力学试验，因而在汽车、火车、飞机、轮船等交通工具上运用流线型设计，是在一定的科学基础上创造出了一种独特的美学意义。在工业设计中，它以一种速度和新时代的设计理念引领了一个时代，不仅流传于高科技的交通工具区域，还渗透到了家具产品中，影响了烤面包机、电冰箱等的外观设计。

"现代主义运动"也是由于对机械的认可，从而产生了以理性、客观、简洁为表达方式的设计。

综上所述，科学技术的进步刺激了设计在发展上的创新，设计凭借科技手段不断的创造出更新的理念。

3.4.4　产品层面上科技对产品设计的影响

从产品生命周期看出，科技是产品的心脏或胚胎。科技对产品的开发极其重要。有了科技就有了新产品，有了先进的产品，又为科技发展提供了物质保障。在科学技术中，信息技术、工程技术、材料科学等，对产品设计的影响最为重要。

信息技术的发展，计算机辅助 CAD，使产品设计进入一个崭新的发展时期，给产品设计的内容、方式与手段带来革命性的变化。信息技术的发展，使产品设计的风格产生很大的变化。如信息技术中的微处理技术的飞速发展，使产品的功能部分向微型化发展。这样，设计师可以在较大的空间尺度变化范围内使产品形态设计多样化。

材料科学的发展，也在很大程度上影响着产品设计。典型的例子是塑料的发明与广泛使用。加工技术的发展也影响着产品设计。例如早年的许多家庭用品、办公用品、收音机、打字机、电冰箱、电视机等产品，由于加工技术的原因，其形体往往比较庞大，且平面型较多。金属冲压成型技术的发展，可以获得大面积的、流畅的曲面，这给产品的形态设计向曲线曲面发展提供了技术保证。

生产方式的改变也深深地影响着工业设计。传统的机械化生产方式，是在一个固定不变的模子中成批地生产同样的产品，保证了质量，提高了生产率，并可降低成本，这是机械化生产的优点。但同时也有缺点，当市场需求快速改变时，生产系统却无法及时、有效地进行调整，造成生产滞后于市场变化的局面。

现在，一种灵活制造系统——3D 打印快速成型技术（图 3.16），在电脑的指挥下，可以通过自动控制和调节随时改变机器的工作程序，

图 3.16　3D 打印成型

从而快速改变产品的款式、品种。根据不同的需要生产不同款式的产品。原来那种大批量、标准化的刚性生产方式变成了小批量、多样化、灵活的柔性生产方式。同样一套制造系统可以灵活地生产各种产品，这大大缩短从设计到生产的过程，使产品设计的成果及时变成为社会需求的商品，满足社会的多样化需求。

高科技产品开发呈现棘轮效应。棘轮效应，又称制轮作用，是指人的消费习惯形成之后有不可逆

性，即易于向上调整，而难于向下调整。尤其是在短期内消费是不可逆的，其习惯效应较大。这种习惯效应，使消费取决于相对收入，即相对于自己过去的高峰收入。消费者易于随收入的提高增加消费，但不易于收入降低而减少消费，以致产生有正截距的短期消费函数。这种特点被称为棘轮效应。

知识更新速度的加快和市场竞争的加剧，使得速度成为企业赢得竞争优势的追求目标。高科技产品的产品周期不再像传统产品一样按照研发期、引入期、成长期、成熟期、衰退期、过渡期的规律发展，而是呈现棘轮一样的效应。产品在引入期便迅速成长，经过成熟期后不经过衰退期便进入新一轮循环。而且这种循环的总趋势是不断上升的。

3.4.5 高科技产品的开发形式

从理论上说，对科技型企业而言，高科技产品的来源不外乎 3 种形式：自我开发、联合开发与引进。

（1）自我开发形式。这是由企业依靠自己的力量从事全部开发工作：从技术开发到工艺开发甚至从基础研究开始致产品打入市场的全过程。一般的，如果开发对象不是太复杂，企业又具有较多的本专业人才时，最好采用这种形式。它不仅便于统一指挥与协调，而且有利于技术的保密与垄断，便于进度的控制，以便及时地将科研成果较快的商品化而投入市场，同时，易于较长时间的保持技术优势。也有利于控制产品的更新换代进度。掌握市场的主动权。

（2）联合开发形式。这是科技型企业之间，企业与高等院校、科研机构协作进行技术和产品开发的一种方式，它便于在一定范围内共享高科技知识和高科技人才。当科技型企业在某一技术方向上的力量相对薄弱，无法满足开发工作需要时常采用此办法。有时，即使本企业的力量能将开发项目完全攻下来，也不妨和技术力量更雄厚的单位进行协作开发，此时往往能学到一些东西，锻炼自己的队伍，取人之长，补己之短，促进新构思的冒头与完善，使得开发工作向更深层次展开。

（3）引进开发形式。这是企业由外界（外围、外地区、外单位）引进已成熟或基本成熟、已成功或即将成功的技术、专利的一种形式。利用这种形式不仅常常可以节省人力、物力、财力，而且可以争取时间，提高企业技术开发的效率和档次，较快地将新产品推入市场。这种开发形式不仅适用于企业初创时期，对于已具规模的企业，在缺乏技术储备时，引进他人的成果往往是捷径之一。

3.4.6 科技与产品开发的关系

当今世界各国综合国力的竞争实质上是科学技术的竞争，世界经济的竞争主要表现在物化于商品中的科学技术的竞争。科技与产品开发实际上是共处一个统一体，双方相互影响，对立统一是它们的本质特征。

（1）产品开发和科学技术是相互依存的关系。一方面，如果产品开发脱离了科学技术，就会脱离实用、脱离生活，最初所设想的设计就不会实现。比如达·芬奇所设计的直升机，限于当时的科技发展水平就未能实现。另一方面，如果科学技术没有设计的参与，那么科学也会失去同社会生活的结合点，不能转化为社会物质与精神财富。

（2）产品开发和科学技术是相互促进的关系。科学已经发展成为具有创造性的知识理论体系，是社会向前发展的重要动力因素，对社会发展产生了全方位的影响，即科学发展不仅猛烈地改变着人类社会的技术特征，也对人类的经济、社会、文化、思维等各个方面产生了深远的影响。在这种背景下，产品开发作为人类文化的一部分，它的发展必然也受到现代科学的影响。产品开发的发展也促使着科学技术不断地向前发展。

3.4.7 开发高科技产品的意义

发展高科技，建立高科技产业，关键是开发高科技产品。这是因为，高科技本身并不是现实生产力，只有当其与生产紧密结合，得到开发应用时，才能产生巨大的经济效益和社会效益。开发高科技产品的意义如下。

（1）只有大力开发高科技产品，才能突破资源约束，实现低耗高效的内涵发展。

（2）只有大力开发高科技产品，才能加速产业结构调整，提高生产技术水平。

（3）高科技产品产生的附加值更高。

（4）只有大力开发高科技产品，才能促进外向开拓，增强国际竞争能力。

（5）只有大力开发高科技产品，才能保证国家的安全。

3.5 文化因素与产品开发

3.5.1 文化

文化是人类活动历史的积淀，是人们长期创造形成的知识、经验、故事等产物。同时又是一种历史现象，是社会历史的积淀物。文化是一个群体（可以是国家、也可以是民族、企业、家庭）在一定时期内形成的思想、理念、行为、风俗、习惯、代表人物，及由这个群体整体意识所辐射出来的一切活动。学校是学习文化、传播文化的组织。传统意义上所说的，一个人有或者没有文化，是指他所受到的教育程度。后者是狭义的解释，前者是广义的解释。

广义的文化，着眼于人类与一般动物，人类社会与自然界的本质区别，着眼于人类卓立于自然的独特的生存方式。它包括 4 个层次。

（1）物态文化层，由物化的知识力量构成，是人的物质生产活动及其产品的总和，是可感知的、具有物质实体的文化事物。

（2）制度文化层，由人类在社会实践中建立的各种社会规范构成。包括社会经济制度、婚姻制度、家族制度、政治法律制度、家族、民族、国家、经济、政治、宗教社团、教育、科技、艺术组织等。

（3）行为文化层，以民风民俗形态出现，见之于日常起居动作之中，具有鲜明的民族、地域特色。

（4）心态文化层，由人类社会实践和意识活动中经过长期孕育而形成的价值观念、审美情趣、思维方式等构成，是文化的核心部分。

3.5.2 文化环境分析

文化环境是指在一种社会形态下已经形成价值观念、宗教信仰、风俗习惯、道德规范等的总和。

任何企业都处于一定的社会文化环境中，企业营销活动必然受到所在社会文化环境的影响和制约。为此，企业应了解和分析社会文化环境，针对不同的文化环境制定不同的经营策略，组织不同的营销活动。企业经营对社会文化环境的研究一般从以下几个方面入手。

3.5.2.1 教育状况分析

受教育程度的高低，影响到消费者对商品功能、款式、包装和服务要求的差异性。通常文化教育水平高的国家或地区的消费者要求商品包装典雅华贵、对附加功能也有一定的要求。因此企业开展的产品开发、产品定价和促销等活动都要考虑到消费者所受教育程度的高低，采取不同的策略。

3.5.2.2 宗教信仰分析

宗教是构成社会文化的重要因素，宗教对人们消费需求和购买行为的影响很大。不同的宗教有自己独特的对节日礼仪、商品使用的要求和禁忌。某些宗教组织甚至在教徒购买决策中有决定性的影响。为此，企业可以把影响大的宗教组织作为自己的重要公共关系对象，在经营活动中也要注意到不同的宗教信仰，以避免由于矛盾和冲突给企业经营活动带来的损失。

3.5.2.3 价值观念分析

价值观念是指人们对社会生活中各种事物的态度和看法。不同文化背景下，人们的价值观念往往有着很大的差异，消费者对商品的色彩、标识、式样以及促销方式都有自己褒贬不同的意见和态度。企业经营必须根据消费者不同的价值观念设计产品，提供服务。

3.5.2.4 消费习俗分析

消费习俗是指人们在长期经济与社会活动中所形成的一种消费方式与习惯。不同的消费习俗，具有不同的商品要求。研究消费习俗，不但有利于组织好消费用品的生产与销售，而且有利于正确、主动地引导健康的消费。了解目标市场消费者的禁忌、习惯、避讳等是企业进行市场营销的重要前提。

3.5.3 文化与产品设计

文化促进了人类社会的发展，促进了人类物质文明的建设，也促进了人类创造工具的动力和使用工具的范围。因此，也推动了产品设计的发展。文化的发展使人类能根据它的有利条件来改变环境，以及改变自己的行为方式来适应改变了的环境条件，文化使人类的适应过程加快了许多。

文化本身成为人类环境中的一种力量，它无论是范围上、影响上都变得和环境一样重要，而且自己也处于动态进化过程中。

设计是对文化的创作。在游牧—定居—小城镇—城市—国家—全球化经济这一发展历史中，产品文化：服装、房屋、家具、交通工具、电器、商品、技术等贯穿其中。意大利设计师米歇尔·德·卢奇说："设计师和建筑师好比是讲故事的人。一个设计就像是一个故事，设计的物也就是产品，就是对故事所叙述的矛盾情节用最直接的，最象征的形式加以形象化。设计本身好比是一种交流，它传输着时代的动力和对自由表达的渴望。"

图 3.17 是以中国成语"洗耳恭听"所创作的校园文化雕塑（韩国）。图 3.18 是西安大唐芙蓉园采用了唐朝建筑的局部结构"斗拱"所创作的标示牌。图 3.19 是西安大唐芙蓉园采用了唐朝建筑的局部结构所创作的垃圾桶。

设计是文化的一种重要的载体。设计作品在生活中与人息息相关。在历史进程中，只有那些真正带有文化元素的设计作品被保留了下来。设计正在以各种形式在历史中转换，它在文化过去式的影响下扮演着生活用品的角色，被创造、改

图 3.17 洗耳恭听

良；在文化现在式中扮演着充斥现代生活的所有领域，带有时代感的角色；在文化将来式中，产品设计将会怎样体现出文化的影响？又会以什么样的形态出现呢？可以肯定的是，现在和将来的产品设计作品将不再只是体现单一的功能，它们将被赋予文化元素。

图 3.18　大唐芙蓉园标示牌

图 3.19　大唐芙蓉园垃圾桶

3.5.3.1　产品文化

产品文化是指以产品为载体，反映企业追求的各种文化要素的总和，是产品价值、使用价值和文化附加值的统一，又是一类消费者群体在某段时期内对某种产品所蕴涵特有个性的定位。

产品文化主要包括三层内容：一是指人们对产品的理解和产品的整体形象；二是与产品文化直接相关的产品质量与质量意识；三是指产品设计中的文化因素。

对产品的开发，不仅要从经济的角度、科技的角度来考虑，更要从文化的角度，准确地估价文化的差别，包括亚文化。产品与人的衣、食、住、行、用密切相关，文化之对于产品，真可谓无所不在，服装、服饰文化、饮食文化（食文化、茶文化、酒文化、啤酒文化……）、建筑文化、家居文化、汽车文化、休闲文化、竞技文化以及各种用品的文化……产品与道德、伦理、社会、民族、时代、艺术等的复杂联系，构成了产品丰富的文化内涵，增加产品的文化含量，是产品提高附加值，取得成功的重要方面。

现代设计要求设计师将文化注入设计创新之中以取得创新的成功，在产品的设计创新中，文化包含 4 个要素：文化功能、文化心理、文化精神、文化情调。在设计创新中应充分考虑产品的文化功能和使用者的文化心理，由两者共同体现出来的文化精神，能赋予产品一定的文化情调。这样一来，产品的设计创新就不仅是一种商业行为，也不仅仅是实用功能的满足或是审美情趣的体现，而是一种文化的创造。

3.5.3.2　企业文化

企业文化是在长期经营过程中逐步生成和发育起来的，是日益稳定的独特的企业价值观、企业精神，以及以此为核心而生成的企业行为规范、企业管理规章制度、经营道德准则、企业职工生活信念、企业风俗习惯和企业传统，是在此基础上生成的企业经营意识、经营指导思想及经营战略等。

企业文化是企业之魂。企业的悠久历史所创造的文化是企业的宝贵财富。

对于传统文化要继承、发展，对于现代社会大众文化要研究、创新，对于企业文化要挖掘和创造。

1996 年欧盟委员会通过了一个旨在推广创新文化的第一个欧洲创新计划，计划有 3 个主要目标：

形成一个真正的创新文化；创造一个有利于创新的管理法律和金融环境；促进知识生产上知识扩散和使用部门之间的联系。

欧盟把促进创新文化的发展列为第一个创新行动计划的第一个优先领域，并提出在 5 个方面采取相应措施：①改进教育与培训；②鼓励人员流动；③提高全社会的创新意识；④改进企业管理，大力支持面向创新的管理培训；⑤促进政府行政管理部门和公共部门的创新。

文化对企业的促进机制可表现为如下 3 个方面。

（1）文化可以使企业获得长久的生存机制，缺乏文化基因，缺乏营养，缺少文化底蕴，虽然可以在短期内很有市场，但形象建立不起来，就可能没有前景，失去未来。

（2）文化可以使企业的形象具有一定文化品位的特色。当我们用文化创造企业形象、产品形象和服务形象时，能够确立企业的优势，使自己立于不败之地。

（3）文化可以增强对企业形象的认同，便于公众接受。行为科学告诉我们：人们倾向于接受与自己的认知体系相似的新事物。人都有一个文化性心态，它很容易认同于和他的文化性相近的有文化色彩的企业。

3.5.4 文化对设计的影响

3.5.4.1 民族传统文化对设计的影响

民族传统文化是指一个民族中能代代相传的东西，这种代代相传的东西表现在创造物中，形成了共同的风格和心态。民族传统、民族审美观念与审美心理等文化背景的反映。

德意志民族具有长于思辨、思考、理性化的民族特征，在引进工艺美术思想之后，立即与理性化和秩序化联系起来，产生了生产的标准化，从而促进了工业设计的逻辑化、理性化与体系化风格的产生，为人类工业设计贡献了许多重要理论成果。

美国是一个由世界各地移民形成的国家，短暂的立国历史使它们既没有什么民族文化传统可供继承，也无需背负历史包袱。各民族共存的竞争又使它具有较大的包容性，在市场竞争机制的制约下，美国的工业设计一开始就呈现出强烈的商业色彩。美国的世界工业设计大师罗维就曾在回答记者的问题时，直率地表明："对我来说，最美丽的曲线是销售上涨的曲线""每当人们谈论设计的诚挚性时，我更加关心我的汤勺"。

3.5.4.2 我国传统文化对设计的影响

我国是有丰富文化传统的文明古国，我国的文化集儒、道、佛之大成，对周围国家和地区的思想观念影响极大，形成了东亚文化圈。中国的文化注重人与人的关系，崇尚"仁义""礼乐"，注重家庭伦理，提倡调和持中。中庸之道即是我国传统文化体现出的宇宙和谐规则。

我国传统文化包括：文学、艺术、宗教、武术、中医、饮食文化、民族风俗、建筑风格、服饰、各门学科（其中包括中医）等。

我国的艺术具有重装饰、善表意的审美特性，中国画是东方绘画的艺术主流。形神兼备，以形写神，诗、书、画的有机结合构成画面完美的艺术意境。

天人合一，形神兼养是我国古代设计思想的精华。天人合一即是人和自然的和谐，人是从大自然中生产出来的，强调从整体出发去进行设计。所谓天时、地气、材美、工巧，合四为良就是这种设计观和工艺观的体现。

3.5.4.3　艺术对设计的影响

对设计影响较大的，主要是造型艺术。造型艺术涉及的"形"与"色"的创造，与工业设计涉及的物的"形"与"色"的创造，有着密切的关系，两者就在"形"与"色"等造型要素上产生了交叉点，因而前者对后者产生很大的作用。

1. 绘画对设计的影响

绘画是艺术领域美术门类中的"平面上的一种幻觉"。它与美术门类中的雕塑、工艺美术等，都属于造型艺术。绘画对工业设计的影响，表现为绘画这一种造型艺术为工业设计提供了最基本的表达设计意图的手段，使设计师的设计构想从观念形态转变为可视形态成为可能。

从设计构想初期的设计草图，到设计方案基本确立的设计预想图（预想效果图），都与绘画中的速写、素描、透视、静物画有着不可分割的关系。实际上，设计领域中的草图、结构图与设计预想图等表达手段是首先由绘画这一造型艺术提供的，虽然设计中的这些表达手段已经与传统绘画的概念有一定的差异，有的并已发展成程式化、规范化的方式（如效果图表达），但对形的刻画、空间感的表达、色彩与肌理的处理等基本理论，还是由绘画提供的。

2. 雕塑对设计的影响

雕塑是在三维空间中以立体形式再现生活，用物质性的实物来塑造形象。雕塑表达的对象基本为人物、动物及植物，主要是人物与动物。雕塑通过人物与动物在某一个时刻的某一行为特征，使观赏者看到它的过去与未来。

时代的发展与文明的不断进步，雕塑也在向着抽象化发展。特别是像罗马尼亚布朗库西（Brancusi Constantin，1876—1957）、英国的亨利·摩尔（Henry Spencer Moure，1898—1986）、德国-法国的阿尔普（Arp·Jean，1887—1966）等众多现代雕塑大师的作品，淡化传统雕塑的主题内容，注重作品的"内在形式"，及对雕塑空间观念和环境观念的延伸，不仅改变了传统雕塑的概念，而且也深深地影响了工业设计。

现代工业产品的形态，基本上都是抽象的形态。这既是现代生产工艺的要求，也是现代工业产品抽象的物质功能的必然选择。因为工业产品的物质功能难以以现有的具象形式表达出来。在这里，工业设计所面临的产品物质功能与外在形式的巧妙结合问题，和现代雕塑注重"内在形式"的要求不谋而合，因而，现代雕塑的理论与表达手法，不能不对工业设计产生影响。

3. 建筑对设计的影响

建筑历来被看作建筑艺术，因为它的体积布局、比例关系、空间安排、结构形式所构成的建筑形态与色彩，造成一种意境，给人以联想，具有一般艺术品的特征。但是由于它的实用性、物质性和特殊的表现手段，不可能像绘画、雕塑这样再现生活，因此，建筑实际上与绘画、雕塑等造型艺术有着本质的区别，它并非原本意义上的造型艺术，是广义的造型艺术的一种。

世界现代设计史表明，工业设计，特别是产品设计的发展，深受建筑艺术的影响。建筑思想、建筑理论、建筑风格的每一次发展，都与产品设计史紧紧地联系在一起的。这一现象，在工业革命后直至今日，尤为明显与突出。

历史上，产品设计对于建筑设计的依赖是合乎逻辑的，在现代主义的设计方法中，设计一座建筑与设计一个电话机没有什么区别。因此，产品设计的风格更多地以建筑设计风格为榜样，建筑设计风格的发展及时地影响着产品设计的风格。

在希腊首都雅典卫城坐落的古城堡中心，石灰岩的山冈上，耸峙着一座巍峨的长方形建筑物，这就是在世界艺术宝库中著名的帕特侬神庙（图 3.20）。这座神庙历经 2000 多年的沧桑之变，如今庙顶已坍塌，雕像荡然无存，浮雕剥蚀严重，但从巍然屹立的柱廊中，还可以看出神庙当年的风姿。

图 3.21 所示是世界顶级豪华轿车劳斯莱斯，其中的中网格栅造型是受古希腊帕特农神庙建筑造型影响而设计的。

图 3.20　帕特侬神庙　　　　　　　　　图 3.21　世界顶级豪华轿车劳斯莱斯

4．审美观念对设计的影响

工业设计不能将产品的形式美设计作为自己的唯一目标，以免追求形式美而造成形式与内容的脱离。但是，形式美的设计在工业设计中，仍然是一个重要的组成部分。因此，研究审美观念对形式美创造的作用，是十分必要的。审美观念直接指导着人们的审美实践活动，制约着人们对美的创造，规定着人们审美的方向（图 3.22）。

图 3.22　中国顶级豪华轿车

审美观念有具体化、情感化与个性化特征，因此审美观念表现出强烈的主观情感色彩。但是，由于审美观念与社会、政治、道德、经济及哲学等有着密切的联系，因而就成为某一社会群体所共同遵循的审美要求。

群体审美要求的存在，美的创造者与评判者就能在较大范围与规模内进行美的创造，这就在实际上促成社会中某一群体、某地区与某民族特定美学风格的形成。

审美观念具有共性，也存在着个性。由于时代、民族、个性、年龄、环境及职业等差异的存在，导致了个体审美判断上的差异。这就要求设计者在设计过程中，慎重地处理设计者与消费者在审美观念上的差异问题：设计者过于超前的审美观念，可能会导致惊世骇俗（杨砾、徐立，1987）或为人不屑一顾的作品；完全迁就消费者，将导致设计的失却与放弃提升民族审美情操的责任。工业设计的责任之一，就是在这二者之间找到一个合适的平衡点，既能反映某一群体的审美观念，又不放弃设计师的社会责任。

3.5.5　文化对设计的作用

文化是一个大环境，它制约着设计，给设计的影响是无形的，设计师不可能超越具体的文化环境（科技、经济、艺术、社会等）进行设计。同时，设计的产品又可以创造和影响人类的生活文化。

文化在产品和企业两个层面，深刻地影响着设计创新的结果和进程。

我国设计界应当在继承传统的基础上，吸收当今时代的设计文明，在建设社会主义现代化的工业文明中，创造出具有中国特色的设计文化。

人创造了文化，文化也创造了人。设计作为人类生存与发展过程中的创造性活动，本质上也是人类的一种文化活动。因此，研究设计与文化的关系，严格地说，研究设计的文化性质、文化特征、文化构成与文化要素等，将在本质上揭示出人类设计活动的动机、目的与原则。

研究设计文化性质的另一个重要作用，在于使我们能从文化视点的高度观察设计及分析设计，从而使我们全面地认识设计、理解设计。这一点，对于研究工业设计及应用工业设计的人们是十分重要的。事实上，由于设计涉及领域的广泛，以及与自然科学、社会科学及人文科学的广泛交叉，使得不同角度的观察者与研究者把设计当作许多学科的分支，以致对设计做出了不甚准确的理解。这种并非恶意的曲解，其严重性不仅肢解了工业设计学科，而且更主要的是砍削了工业设计的文化本质与系统设计思想，使工业设计失去深刻的思想性与文化性。

从世界范围看，20 世纪 30 年代的设计导向是艺术，通过幻想，激发消费；70 年代的设计导向是技术，通过高新技术，创造新的生活条件；80 年代的设计导向是市场，通过市场营销，企业获得了成功；从 90 年代开始，文化进入了设计导向，艺术与科学技术的结合加上行为科学的引入，使得成功的产品都溶入热情和感召力，这是一个充满设计和创造力的新时代。

3.5.6 发展中国独特的设计文化

在当今的时代，技术信息的传播是非常快的，一些物质文明的成果很快就成为人类共同的财富。以科技为主导的工业产品，在相同的技术条件下（这是可能的），它们之间的区别就在于设计。发达国家的工业产品都有自己的特点，它们所蕴含的民族精神、性格，反映出本国的文化传统。日本产品的"轻、薄、小、巧"的风格，其灵巧、清雅、精致、自然的气质，融东方文化和高科技于一体，是日本文化的产物。德国产品的高级感，来自其民族的科学、严谨、精密、认真、高雅的精神，是其技术文化的反映。意大利产品风格多样，体现出了技术与文化的协调，生活与艺术的结合，这是植根于文艺复兴的艺术传统，反映了意大利民族热情奔放的性格。北欧各国由于具有功能主义的传统，加之战后建设福利国家的要求，其产品浸透着温雅、柔和、明朗、质朴和清新自然的文化气息。

中庸之道是中国文化的精髓，作为一种方法论，它已经深深渗透到了与中国文化有关的每一个元素和成分之中，成为构成普遍的文化心理和社会心理的核心要素之一。每个置身于中国文化视野中的社会成员，无论你愿不愿意，承不承认，你都无法摆脱那与生俱来的中庸的思维模式和价值观。因此，正确地认识中庸之道，并加以合理的应用，既是一种智慧，也是一种无可回避的文化责任。在产品造型上，中庸价值观表现为刚柔相济的造型风格，刚柔相济是中国传统的审美文化（图3.23）。

图 3.23　刚柔相济的造型风格

设计创新往往可以影响人们生活中的文化。甚至导致一个新生活文化形态的形成。它对社会影响的大小，全赖于该设计是否合乎人们的传统、习俗或思维方式。符合时代文化特点的产品设计在广泛地进入人们的生活之后，对人们产生巨大的影响，改变着人们的生活形态。一般来说，一件产品应符合特定的文化特性，满足某种功能需求，表现出与时代精神和科技进步的协调关系，然后才能进入人们的生活。反之，不可设想忽略文化因素而取得设计创新的完胜。

　　设计文化对人的生活如此，对于一个企业来说也是如此。实际上，产品文化和企业文化有密切的联系。一个企业的主导产品应当有比较丰厚的品牌文化，否则企业在竞争中不可能取得优势，而品牌文化应当包括有形的物质文化（产品文化、服务文化、质量文化、营销文化、广告文化）和无形的精神文化（企业文化、商标文化、大众消费文化、公共文化等）。

图 3.24　海尔文化——真诚到永远
（www. nipic. com）

　　海尔文化是从 1984 年发展历程中产生和逐渐形成的文化体系（图 3.24）。海尔文化以观念创新为先导，以战略创新为保障，以市场创新为目标，伴随着海尔从无到有，从小到大，从大到强，从中国走向世界，同时海尔文化本身也在不断创新、发展。员工的普遍认同、主动参与是海尔文化的最大特色。当前，海尔的目标是创中国的世界名牌，为民族争光。这个目标使海尔的发展与海尔员工个人的价值追求完美地结合在一起，每一位海尔员工将在实现海尔世界名牌大目标的过程中，充分实现个人的价值与追求。海尔文化不但得到国内专家的舆论的高度评价，还被美国哈佛大学等世界著名学府列入 MBA 案例库。

　　下面是海尔文化的一些具体表述。

　　（1）海尔精神：敬业报国、追求卓越。

　　（2）生存理念：永远永远如履薄冰。

　　（3）质量理念：优秀的产品是优秀的人干出来的，高标准、精细活、零缺陷。

　　（4）品牌理念：如果在国内做得很好，不进入国际市场，那么优势也是暂时的。

　　（5）市场竞争理念：不打价格战。

　　（6）竞争理念：只要比竞争对手高一筹，半筹也行，就能掌握主动权。

　　（7）技术创新理念：创造新市场、创造新生活，市场的难题就是我们创造新的课题。

　　企业文化总是建立在特定的民族文化基础上。国情不同、传统文化不同、企业文化也不一样。企业文化建设必须从国情出发，对民族传统文化进行挖掘、筛分、利用、培育有民族特色的价值观和伦理精神，才能建设出具有民族特色的企业文化。海尔企业文化的民族性，表现在针对民族文化心理，有针对性地改造儒家文化价值观，把仁学价值观转化为敬业报国的企业精神、战战兢兢的生存理念、精细活的质量理念、打价值战的市场竞争、创造新生活的技术创新理念等具体产品文化管理制度。

　　产品文化、企业文化、跨国公司还有跨区域文化，这一切都说明在以科技、文化、服务全面提升企业竞争力的过程中，设计文化的不可替代的作用。

3.6　社会因素与产品开发

3.6.1　社会生活

3.6.1.1　社会

　　社会是一个复杂系统，一般而言，人类个体的全部形成人类社会。社会在现代意义上是指为了共同利益、价值观和目标的人的联盟。社会是共同生活的人们通过各种各样社会关系联合起来的集合。其中形成社会最主要的社会关系包括家庭关系、共同文化以及传统习俗。微观上，社会强调同伴的意味，并且延伸到为了共同利益而形成的自愿联盟。宏观上，社会就是由长期合作的社会成员通过发展组织关系形成的团体，并形成了机构、国家等组织形式。

3.6.1.2 社会功能

（1）整合。社会将无数单个的人组织起来，形成一股合力，调整矛盾、冲突与对立，并将其控制在一定范围内，维持统一的局面。所谓整合主要包括文化整合、规范整合、意见整合和功能整合。

（2）交流。社会创造了语言、文字、符号等人类交往的工具，为人类交往提供了必要的场所，从而保持和发展人们的相互关系。

（3）导向。社会有一整套行为规范，用以维持正常的社会秩序，调整人们之间的关系，规定和指导人们的思想、行为的方向。导向可以是有形的，如通过法律等强制手段或舆论等非强制手段进行；也可以是无形的，如通过习惯等潜移默化地进行。

（4）继承和发展。人的生命短暂，人类一代代更替频繁，而社会则是长存的。人类创造的物质和精神文化通过社会而积累和发展。

3.6.1.3 社会环境

社会环境指的是文化、社会阶层和相关群体等方面的因素。如教育程度、生活方式、风俗习惯、信仰、行为规范、经济水平、价值观念、消费特征等方面，它们在更大的范围内制约着产品设计。

3.6.1.4 社会生活

广义的社会生活中与经济生活、政治生活、精神生活相对应的社会生活，就是指社会日常生活。内容主要表现为个人、家庭及其他社会群体在物质和精神方面的消费性活动，包括吃、穿、住、用、行、文娱、体育、社交、学习、恋爱、婚姻、风俗习惯、典礼仪式等广泛领域。社会生活是影响产品开发的主要因素。

3.6.1.5 社会基本要素

社会生活以一定的社会关系为纽带，由社会的经济、政治、文化、心理、环境诸因素综合作用，形成一系列极为复杂的、多层次的社会现象。构成社会生活的基本要素有如下。

（1）自然环境。包括地理位置、地貌、气候、土壤、水、动植物及各种自然资源等。自然环境是人类社会得以生存和发展的先决条件。

（2）人口。人口是综合多种社会关系的社会实体，具有性别和年龄及自然构成，多种社会构成和社会关系、经济构成和经济关系。人口的出生、死亡、婚配，处于家庭关系、民族关系、经济关系、政治关系及社会关系之中，一切社会活动、社会关系、社会现象和社会问题都同人口发展过程相关。人口是人类社会发展的根据和目的。

（3）劳动。通过劳动创造物质财富和文化财富，满足人类自身的需要，是人类区别于动物的根本标志和人类社会生活的基础。

（4）沟通方式。以语言、文字和其他符号系统为媒介，彼此交流感情，建立联系和相互了解，是人类社会交往和共同活动得以形成的重要因素。

（5）组织。通过各种类型的社会组织而形成的群体性，是人类社会生活的基本存在方式。社会生活的这些基本要素和构成成分，依据一定的社会规范和制度形成有规律的社会过程。

3.6.1.6　社会生活分类

社会生活可从不同研究目的出发进行多种分类。从人类文明史角度，可分为蒙昧时代的社会生活、野蛮时代的社会生活和文明时代的社会生活；从社会形态角度，可分为原始社会、奴隶社会、封建社会、资本主义社会和社会主义社会5种社会生活；从社会进步程度可分为传统的社会生活和现代的社会生活，或封闭式社会生活和开放式社会生活；从年龄和性别角度可分为老年社会生活、中年社会生活、青年社会生活和妇女社会生活；从社区角度可分为城市社会生活、农村社会生活等。从人的成长角度可分为家庭生活、学校生活、社会生活等。

3.6.2　社会生活研究

3.6.2.1　社会生活研究是产品开发设计创新的源泉

设计创新是一种多元创新的机制，既有需求拉动，又有科技推动。从设计创新看，需求拉动是主要的，而需求又来源于生活。

社会生活的需求是多方面的，也是多层次的。既有使用功能上的不同要求，又有欣赏功能、炫耀功能等诸多方面的差异性。社会生活的全部对产品的认识是带有规模效应的认识。这是个体或某个团体无法与之相比的。因此对生活（包括工作、学习和休闲）的研究是设计创新的最大源泉。

根据资料记载，在美国，牵引式铲车的创新主体从表面看有94%是来自制造商，而用户创新只及6%，但是用户提示了一种产品的需求及解决问题的思路，制造商是在用户创新的层次上，去完善用户创新以后，才使自己成为这一产品大批量的制造商。这一事实恰好说明创新来自生活研究的道理。

美国有一个报告中提出：一个国家的竞争力应当表现在提供好的产品，好的服务，同时又能提高本国人民生活水平的能力。

现在在世界各地的设计机构中成立了各种名目的生活研究机构，从事生活研究。认为在不断变化的生活中，会产生新的价值需求，会提出生活的新提案。设计师的职责就是要研究社会生活。挖掘来源于生活环境的新需求、新思路、新点子、新创意。

3.6.2.2　社会生活研究的内容

（1）探索生活方式新观念。从人的生活中去了解各种消费群体（包括不同职业，不同文化层次，不同地域的年轻人、老年人、儿童、妇女等）的需求，去探索新的生活方式和价值观。从消费者、使用者用品的观点去研究物品的功能和价值。

（2）从社会生态学研究获取灵感。人们由于对生活方式缺少设计，造成了能源和材料的大量浪费和环境污染。过度城市化也带来了一系列问题，城市高度的能源消费和由此产生的垃圾，严重地影响居民的健康等。与此同时出现的人为过时的商业性设计观念，也给社会带来了极大的浪费。现代工业的发展，把人类生存的环境几乎推到了难以维持人类生存的境地。显然，从社会总效益出发，各国设计界都要认真地考虑社会设计的问题。针对产品设计中普遍出现的设计过度和装饰过度现象，特别是过度包装，设计师在设计中应引进社会学和生态学的概念，以便对具体设计作宏观指导。因此，走可持续发展道路，以全人类的共同前途为出发点的生态化设计自然就成为现代工业社会的必然选择。

（3）探索合理的社会消费结构。适度消费，是适合我国国情的。我国目前正处于市场经济发展的初级阶段，需要大量建设资金。必须长期坚持艰苦奋斗，勤俭建国，勤俭办一切事业的方针，不能追求过高的消费。目前，出现了超越社会经济发展允许的正常增长速度而形成消费过热，已经给社会建设带来严重后果。

（4）应当研究生活形态学，进行生活设计、预测目标市场，开发各种商品。恩格斯说过"人类生产在一定的阶段上会达到这样的高度：能够不仅生产生活必需品，而且生产奢侈品即使最初只是为少数人生产。"为少数人生产的生活奢侈品，实际上就是消费的超前引导，随着生产的提高，有些可能逐渐普及为实用的生活必需品，这时又要再设计出新的生活奢侈品……恩格斯的精彩论述，指出了社会消费的辩证发展，而人类的文明史，就是循着这样的轨道前进着。从这个意义来讲，设计引导着人类的未来。

（5）闲暇方式设计。为生存所必需的时间是劳动时间，用于享受和自身发展的时间是闲暇时间，即所谓 8 小时之外。据统计，我国闲暇时间用于家务劳动、吃饭、睡觉等方面比欧美等国高，应当进行设计以改善这种不合理的闲暇时间结构。如开展家庭自动化的设计和自己动手设计，应在提高享受和自身发展两个方面入手对闲暇文化进行设计，以达到建立适应现代生产力发展和社会进步要求的文明、健康、科学的生活方式。

（6）研究使用者的使用情境。对使用者使用情况的研究是设计创新的基本方法。

（7）对生活多方位研究。要用社会学的方法和生态学的方法去研究人的生活方式和生活形态。不仅仅研究工作生活，还有闲暇生活、消费生活、家庭生活、少儿生活、

图 3.25　残障人用卫生洁具

青年生活、成年人生活、老年人生活、残障人生活（图 3.25）、农村生活、城市生活（图 3.26）等。还要用心理学的方法去研究发展心理学、社会心理学、商业心理学以及心理美学等。

图 3.26　公共入口通道

（8）生活研究的进一步深入，必须和人机工程学结合。当前人机工程学的研究偏重在工业，在人和机器、仪表、仪器之间的界面研究，对家庭生活和休闲时态中的人机工程学研究很少。因此，人机工程学要研究和社会学、伦理学等有关的问题，要研究家庭工效学、教育工效学、娱乐工效学、老年工效学……只研究人—机—环境还不够，还要研究人与人之间的关系（社会关系）。

例如对老年人的生活研究，不但包括有老年人心理、老年人生活、老年人消费、养老模式、养老保障体系、传统的伦理观念以及法律、法制化的建设……还应当有老年人用品的研究、老年人居住空间的研究、养老福利设施的研究等。显然这些问题的解决只有依靠设计创新才能完成。

例如，公用换鞋柜产品、公用座椅、公用售货机、公用电话机、公用环境产品、公用饮水机、公用自行车停车棚、公用休闲产品、公用就餐产品、公用就餐自助烹饪产品等（图3.27～图3.36）。

图 3.27　公用换鞋柜

图 3.28　公用座椅

图 3.29　公用售货机

图 3.30　公用电话机

图 3.31　公用环境产品

图 3.32　公用饮水机

图 3.33　公用自行车停车棚

图 3.34　公用休闲产品

图 3.35　公用就餐产品

图 3.36　公用就餐自助烹饪产品

3.6.3　社会心理对设计的影响

　　产品设计的目的是提升人的生存质量。因此，产品设计的前提，必须了解消费者心理的需求，通过这些心理需求的调查与预测，归纳出产品设计的约束条件。由此可见，设计的市场性是一个很重要的特征。

　　有人担心，过分迁就市场，可能导致消费者的贪婪心理，使产品设计失去自己的创造精神，正确的设计、哲学思想而造成畸形发展，这是有些道理的。但是，过分相信设计自身的魅力，以此刺激和培育消费者同样也是片面的。日本索尼公司开发随身听的成功，就是注重消费者的需求进行设计的成功案例。

　　社会心理是一种普遍的社会现象。以满足人的多元化需求的产品开发，应该通过调查研究，了解和掌握社会心理的动向及其变化原因，为产品设计的准确定位提供心理依据。

　　社会心理能够客观地反映出社会生活变化的基本倾向和可能出现的发展趋势，我们称此为社会心理的预告作用。研究社会心理，归纳出社会消费的趋势、社会消费的特点、了解社会生活方式变化趋势和变化程度，对于产品开发来说是极为重要的。

　　社会心理现象的变化趋势是可以干预的，特别是针对某一具体产品的社会态度，可通过精细的策划使之发生改变，这就是广告赖以存在的理论基础。

3.6.4 社会政治法律环境对设计的影响

3.6.4.1 社会政治法律环境

法律政治环境是影响企业营销的重要宏观环境因素，包括政治环境和法律环境。政治环境引导着企业营销活动的方向，法律环境则为企业规定经营活动的行为准则。政治与法律相互联系，共同对企业的产品开发活动产生影响和发挥作用。

（1）政治环境分析。政治环境是指企业市场经营活动的外部政治形势。一个国家的政局稳定与否，会给企业经营活动带来重大的影响。如果政局稳定，人民安居乐业，就会给企业经营造成良好的环境。相反，政局不稳，社会矛盾尖锐，秩序混乱，就会影响经济发展和市场的稳定。企业在市场经营中，特别是在对外贸易活动中，一定要考虑东道国政局变动和社会稳定情况可能造成的影响。

政治环境对企业经营活动的影响主要表现为国家政府所制定的方针政策，如人口政策、能源政策、物价政策、财政政策、货币政策等，都会对企业经营活动带来影响。例如，国家通过降低利率来刺激消费的增长；通过征收个人收入所得税调节消费者收入的差异，从而影响人们的购买；通过增加产品税，对香烟、酒等商品的增税来抑制人们的消费需求。

在国际贸易中，不同的国家也会制定一些相应的政策来干预外国企业在本国的经营活动。主要措施有：进口限制、税收政策、价格管制、外汇管制、国有化政策。

（2）法律环境分析。法律环境是指国家或地方政府所颁布的各项法规、法令和条例等，它是企业经营活动的准则，企业只有依法进行各种经营活动，才能受到国家法律的有效保护。近年来，为适应经济体制改革和对外开放的需要，我国陆续制定和颁布了一系列法律法规，例如《中华人民共和国产品质量法》《中华人民共和国经济合同法》《中华人民共和国涉外经济合同法》《中华人民共和国商标法》《中华人民共和国专利法》《中华人民共和国广告法》《中华人民共和国食品卫生法》《中华人民共和国环境保护法》《中华人民共和国反不正当竞争法》《中华人民共和国消费者权益保护法》《中华人民共和国进出口商品检验条例》等。企业的经营管理者必须熟知有关的法律条文，才能保证企业经营的合法性，运用法律武器来保护企业与消费者的合法权益。

对从事国际经营活动的企业来说，不仅要遵守本国的法律制度，还要了解和遵守国外的法律制度和有关的国际法规、惯例和准则。只有了解掌握了这些国家的有关贸易政策，才能制定有效的经营对策，在国际经营中争取主动。

3.6.4.2 社会政治伦理对设计的影响

政治结构、社会制度与伦理道德，都在不同程度上影响着设计。

（1）政治结构与社会制度，对人们社会生活的各个方面都会表现出特定的干预力量，从而让自身的特点凝聚在群体的心理中，并通过人们多方面多层次的社会实践表现出来。这种作用的长期重复，使得民族心理在具体的政治结构和社会制度下发生变化，至于出于直接的政治需求而影响设计的发展，在历史上并不鲜见。

（2）此外，"有计划的废止制""一次性产品设计""人为寿命设计"等产生于发达国家的现代设计方法与思想，成为这些国家创造物质财富的重要手法之一。但是，这些财富都是建筑在对自然资源的不合理应用及对环境造成的巨大污染之上的，就连这些国家的有识之士都将此谴责为"血腥的创造"。因此，理智的现代人类应该本着现代的伦理思想，对这些创造利润的"有效"手法进行公正的审视与严肃的批判。

3.7 生态因素与产品开发

3.7.1 生态环境问题

3.7.1.1 生态

生态一词源于古希腊字，意思是指家或者我们的环境。简单地说，生态就是指一切生物的生存状态，以及它们之间和它与环境之间环环相扣的关系。

1869 年，德国生物学家 E. 海克尔（Ernst Haeckel）最早提出生态学的概念，它是研究动植物及其环境间、动物与植物之间及其对生态系统的影响的一门学科。如今，生态学已经渗透到各个领域，"生态"一词涉及的范畴也越来越广。

3.7.1.2 生态系统

生态系统指在一定空间范围内，植物、动物、真菌、微生物群落与其非生命环境，通过能量流动和物质循环而形成的相互作用、相互依存的动态复合体。生态系统的范围可大可小，相互交错，最大的生态系统是生物圈；最为复杂的生态系统是热带雨林生态系统，人类主要生活在以城市和农田为主的人工生态系统中。生态系统是开放系统，为了维系自身的稳定，生态系统需要不断输入能量，否则就有崩溃的危险；许多基础物质在生态系统中不断循环，其中碳循环与全球温室效应密切相关，生态系统是生态学领域的一个主要结构和功能单位，属于生态学研究的最高层次。

3.7.1.3 生态环境

生态是指生物之间和生物与周围环境之间的相互联系、相互作用。环境概念泛指地理环境，是围绕人类自然现象的总体，可分为自然环境、经济环境和社会文化环境。

生态环境就是指与人类密切相关的，影响人类生活和生产活动的各种自然（包括人工干预下形成的第二自然）力量（物质和能量）或作用的总和。包括水资源、土地资源、生物资源以及气候资源数量与质量等，是关系到社会和经济持续发展的复合生态系统。

生态环境问题是工具理性的现代技术在消极方面的体现，资本与现代技术是导致环境问题的两个基本因素。一方面资本的无限扩张性与自然资源的有限性构成矛盾；另一方面，现代技术的反自然特性与生态系统的自然性构成矛盾，现代技术的反自然特性主要表现在两个方面：①现代技术创造了自然界不存在的物质；②人造物进入自然界，使自然界无法循环再生，自然界的自我平衡能力被打破。

200 多年前工业文明的出现，使社会生产力有了新的飞跃，人类利用自然的能力的飞速提高。这时，人类对自然的态度也发生了根本改变，由"利用"魔术似的变为"征服"，"人是自然的主宰"的思想占据了统治地位。在这种思想支配下，对自然的征服和统治变成了对自然的掠夺和破坏，对自然资源无节制的大规模消耗带来污染物的大量排放，最终造成自然资源迅速枯竭和生态环境日趋恶化，能源危机、环境污染、水资源短缺、气候变暖、荒漠化、动植物物种大量灭绝等灾难性恶果直接威胁到人类的生存与发展，人与自然的和谐也面临着有史以来最严峻的挑战。

3.7.2 生态环境保护

由于工业社会所产生的资源开发与环境保护等方面的问题日益突出，环境的破坏已威胁了人类社会与生物圈的生存与发展，人们不得不严重关注人类自身与自然生态环境的协调问题，反省人与自然的关系。

3.7.2.1 国外对生态环境的保护

1765 年，瓦特对纽科门的蒸汽机做了改进，使其燃料费用降低约 75%。人类逐渐进入工业化时代。最早倡导人与自然和谐共处的是新英格兰作家，亨利·戴维·梭罗（Henry David Thoreau）在其 1849 年出版的著作《瓦尔登湖》中，梭罗对当时正在美国兴起的资本主义经济兴起和田园牧歌式生活的远去表示痛心。

1962 年，美国海洋生物学家蕾切尔·卡逊（Rachel Carson），发表震惊世界的生态学著作《寂静的春天》，提出了农药 DDT 造成的生态公害与环境保护问题，唤起了公众对环保事业的关注。

1972 年，瑞典斯德哥尔摩召开了"人类环境大会"，并于 5 月 5 日签订了《斯德哥尔摩人类环境宣言》，这是保护环境的一个划时代的历史文献，是世界上第一个维护和改善环境的纲领性文件，宣言中，各签署国达成了 7 条基本保护环境的共识。

1992 年 6 月 3—4 日，"联合国环境与发展大会"在巴西里约热内卢举行。183 个国家的代表团和联合国及其下属机构 70 个国际组织的代表出席了会议，其中，102 位国家元首或政府首脑亲自与会。这次会议中，5 年前挪威前首相格罗·布莱姆·布伦特兰夫人（Gro Harlem Brundtland）提出的"可持续发展战略"得到了与会国的普遍赞同。会议通过了《里约环境与发展宣言》（rio declaration）又称《地球宪章》（earth charter），这是一个有关环境与发展方面国家和国际行动的指导性文件。全文纲领 27 条确定了可持续发展的观点，第一次在承认发展中国家拥有发展权力的同时，制定了环境与发展相结合的方针，标志着实现人与自然和谐发展成为全球共识。

3.7.2.2 我国对生态环境的保护

中国生态环境保护的基本原则：坚持生态环境保护与生态环境建设并举。在加大生态环境建设力度的同时，必须坚持保护优先、预防为主、防治结合，彻底扭转一些地区边建设边破坏的被动局面。

（1）党的十七大报告提出建设生态文明并做出具体部署，体现了我们党和政府对新世纪新阶段我国发展呈现的一系列阶段性特征的科学判断和对人类社会发展规律的深刻把握。

在思想上，应正确认识环境保护与经济发展的关系。在政策上，应从国家发展战略层面解决环境问题。在措施上，应实行最严格的环境保护制度。在行动上，应动员全社会力量共同参与保护环境。

（2）坚持污染防治与生态环境保护并重。

（3）坚持把节能减排放在更加突出、更加重要的位置，不断加大工作力度。

（4）不失时机地积极引导有利于能源资源节约的消费方式，动员全社会的力量努力营造有利于形成节约能源资源和保护生态环境的消费模式。

（5）建立适合现阶段生态环境建设的自然保护区管理体制。

（6）正确对待自然生态资源，实行绿色经济。

（7）提倡绿色消费，节约物质资源。

3.7.3 促进保护生态环境的产品设计

理想的绿色消费商品应当是在生产中不造成污染，产品废弃时可以回收，且取材有利于综合利用资源。

3.7.3.1 设计绿色消费商品

现在国际市场上已开始出售印有"eco - mark"的"生态标志"的商品。

设计师在设计中应考虑到产品的造型易于加工生产，节约能源减少材料消耗；提高产品的使用寿命；增强产品的维修性能，供应充足的配件；选用无毒、易分解不危害环境的材料；在包装设计上要摈弃不必要的装饰和过分包装；使用再生材料及生物降解材料。

例如，目前市场上销售的洗衣机，在使用过程中会消耗大量的水资源和有污染的洗涤液废水。一种不用水和洗衣粉的洗衣机现在在市场上逐渐开始出现。图 3.37 洗衣机，是迷你型食盐吸附洗衣机概念设计，主要是通过人手推的动力从而使洗衣机滚动起来，达到清洗的效果。用于清洗很轻薄的 T恤、裙子、毯子、毛绒玩具等，跟传统洗衣机的区别是不消耗水和有污染的洗涤液，打破了传统洗衣机用水和用洗衣粉清洗衣服的方式。图 3.38 是环保洗衣机，采用尖端科技运用电离空气技术洗涤衣物，不再需要水和洗涤剂。

图 3.37　洗衣机（兰州理工大学　卫泳）

图 3.38　电离洗衣机（兰州理工大学　姜於）

3.7.3.2　设计可回收的环保产品

一件产品在生命周期中的最后过程是废弃或破坏。在这个过程中可以分为能回收和不能回收（资源消耗）的两部分。

如果一种产品，在完成使用的任务后，继续保留它已为环境所不允许，那么设计时就应当考虑易于拆除和销毁（焚烧、压碎、熔化、切割等）。材料、元件和子系统若能回收，则应易于拆卸或能分成两种材料。

对于资源消耗的量，应尽量减少，并减少其对环境的污染。如在玩具设计中采用发条和重力原理可减少干电池的公害。

应开展废弃物再资源化的设计。例如利用樱花木、栎木、榉木等下脚料，做成英文字母的拼图。每种木头的香味、颜色、手感都不同，儿童在玩乐中可以记住 A、B、C……还可以知道节约。

我国收购废弃物的做法，在国际上有很高的声誉和影响。废弃物综合利用在世界范围内也日益受到重视。一向注重包装的商品，为了保护自然资源，也有返璞归真的迹向。

3.7.3.3　设计可重复利用的产品

重复利用这种方法既能控制污染，又可保存资源。它能使本来已成废品的东西重新变为有用。重复利用的水平和程度由各种经济因素决定。比如当矿藏资源减少且土地占有费用增高时，重复利用就可能增加，并成为最终的解决办法。其他影响重复利用的经济因素还包括赋税信用、消费者的态度、污染控制费用、收集费用及运输问题等。用于重复利用的设计包括以下几方面。

（1）通过修理重复利用。产品可整个再次利用或作为功能部件再次利用。汽车零件可作为再制零件重复利用。积木式组件和按扣装配概念使得产品易于拆卸。可把汽车零件，如座位或暖气片等的固定件标准化，这样它们就能适应不同型号的汽车。在关键部位使用插入件有助于修理和更新，在电动机的电刷和轴承中以及在发动机的连杆轴承中均可看到这种例子。

（2）利用功能转换重复使用。许多产品可通过功能转换重复利用。当它们完成预定功能后，可以移作其他用途。

（3）易于解体的设计——分类能增加废料的实用性。废纸可作为发电厂的燃料，或作为原料再用来造纸，冲压金属的下脚料可回炉重新熔炼，木材加工中的碎屑可制成再造材料，热塑零件的浇口和浇道通常被磨碎后掺入没用过的材料中，旧船能变成钢筋用于钢筋混凝土。从旧汽车电池中回收铅和在冲洗照片废液中回收银。

使零件易于分离的努力往往始于产品的设计者。把汽车里的铜线都集中在电缆内，可易于拆卸；此外按扣装配和积木式组件同样有助于拆装。

如图 3.39 所示的公共卫生环境设施，是人类对卫生环境的美化活动。图 3.40 是就地取材，营造生态环境的公用设施设计。图 3.41 是降噪保护声音环境的公用设施设计。

图 3.39　公共卫生环境设施

图 3.40　就地取材的公用设施

图 3.41　降噪保护声音环境的公用设施

使用重复利用的材料，必须容许有杂质。要想使某一塑料零件完全透明，就要用 100% 未使用过的材料来制造。自于其颜色的退化不易被察觉，黑色塑料零件能容纳更多的再生材料。真空镀膜或喷涂自主零件可用任何颜色的再生材料制作。某些杂质比其他杂质更有害。例如，铜的杂质使铜脆，而铝对钢却不那么有害，所以我们用铝代替铜作汽车里的电线和散热器，以期在将来重炼钢中能避免铜的杂质。

3.7.3.4 考虑生产中的生态设计

工业废弃物对环境污染是十分严重的，据报道，美国工业废弃物以每年 4.5％的速度增长，国民生产总值增长 1 倍，环境污染则增长 20 倍。出路是在工业生产中用生态工艺代替传统工艺。所谓生态工艺，即无废料生产工艺，以闭路循环形式在生产过程中实现资源的充分和合理利用，使生产过程保持生态学意义上的洁净。在设计时除重视工艺外，还应重视材料的选择，使产品在回收时能再生利用或能纳入生物循环系统以减少公害。例如，若能解决塑料的再生利用，塑料将成为理想的设计材料。在设计时应考虑选用能用人工种植养育的木、竹、动物皮、毛等。这样在大规模植树造林的基础上，就将生产活动纳入自然界合理的物质循环系统之中。

3.7.3.5 合理设计人们的生活环境

改善人们的居住条件，为人民创造清洁、优美的生活环境，美化生活，更是提高环境质量的积极因素。现代企业和设计师应提高设计观念中的环境意识，在产品的设计、生产、使用、废弃的全过程中控制环境行为，掌握生态设计的理论和方法，提高人类生存环境的质量，造福于人类及其后代。

3.7.3.6 在设计中遵守有关的环境保护的法规

环境问题已发展为全球性危机，其中主要有大气中的二氧化碳浓度增加，臭氧层可能破坏及酸雨等。我国已经在 1999 年 7 月冻结了氟氯烃产量，并且公布了新修订的《中国逐步淘汰消耗臭氧层物质的国家方案》，将淘汰的时间表提前。这个修正案已在 1999 年 11 月 15 日开始实施。现在设计减少 CFC 用量，并贴有绿色标签的电冰箱已在我国市场上大量涌现，到 1999 年替代物的使用量占全部制冷剂、发泡剂的使用量的 54％以上，无 CFC 的吸收式煤气空调机的生产也大幅度增长。

随着机动车保有量的增加，机动车排放污染物对环境的影响日趋严重，给城市和区域空气质量带来巨大压力。为了抑制这些有害气体的产生，促使汽车生产厂家改进产品以降低这些有害气体的产生源头，欧洲和美国都制定了相关的汽车排放标准。我国从 1983 年开始，经过 20 年，在借鉴欧盟标准的基础上，根据我国城乡差别的实际情况，陆续颁发了几批尾气排放标准和实施法规。现在设计减少污染物排放的机动车已经成为全民共识。电动车的出现，一方面是节能；另一方面就是环保"零排放"。

"环境影响评价"是美国 1969 年提出的，其意义是预测一个项目对未来环境的影响。这个概念可以引进产品规划中，即在产品评价的指标体系中增加相应的"环境功能"的项目。

第 4 章

Chapter 4

产品设计调研

由于设计活动是一种从无到有的创造过程，无论是对管理决策层的目标规划阶段，还是设计主体的概念化与视觉化的设计思维活动过程，首要的活动是信息输入过程，也就是要先进行设计调研活动。

4.1　产品信息调查

4.1.1　产品信息

信息是信息论中的一个术语，常常把消息中有意义的内容称为信息。所以，对产品设计有意义的内容就是产品信息。图 4.1 所示为户外炉具产品信息。户外炉具，烧油的主要在高寒条件下用，烧气的主要在比较温暖的条件下用。最重要是火力足够大，热效率足够高。用一个 2.5L 容量的铝锅，做开一锅水尽量在 20min 内完成，价位希望在 150 元之内。

图 4.1　户外炉具

4.1.2　产品信息调查的目的及层次

产品设计调研是对产品设计的有关信息诸如资料、技术情报、新专利技术、新功能、消费者新的消费趋势、竞争对手的产品基准、功能结构参数以及产品造型的款型等进行调研、识别、选择、分解、检测并进行整理、报告和说明。这是产品系统设计新方案孕育的首要过程。

产品设计调研有 3 个目的及层面。

（1）为了制定设计战略规划，在战略层面（顶层）制定企业发展战略蓝图展开的调查，又称为战略规划调查。

（2）为了制定开发计划和下达设计任务书，在设计管理层（中层）展开的调查，又称为战役布局调查。

（3）为了开展设计工作，探寻设计目标，形成概念，技术结构选型、形态艺术创意，明确功能基准、细分用户定位，完成设计任务，在设计团队层（底层）开展的调查，又称为战术方案调查。

4.1.3 产品信息调查的原则

任何一件现实产品的设计都不是设计师凭空臆造出来的，因为每一件设计都会涉及需求、经济、文化、审美、技术、材料等一系列的问题。不同的设计不仅所涉及问题的领域不同，而且深入程度也各不相同。因此，怎样科学、有效地去掌握信息、资料，是设计师所必须认真对待的。设计信息资料收集需遵循以下的原则。

（1）目的性。必须事先明确目的，围绕目的去搜集。这样可以提高工作效率。

（2）完整性。这样才可能防止分析问题的片面性，从而才有可能进行正确的分析判断。

（3）准确性。不准确的情报常常导致错误的决策，有可能导致设计工作的失败。

（4）适时性。适时性也就是要求在需要情报的时候就能够及时地提供情报。

（5）计划性。为了保证情报搜集做到有目的、完整、准确、适时，就必须加强情报搜集的计划性。通过编制计划，更进一步明确搜集的目的，搜集的内容、范围，适当的时间和可靠的情报来源，从而提高搜集情报工作的质量。

（6）条理性。对搜集到的各种产品信息，最后要将这些产品信息整理成系统有序，便于使用、分析的手册。

4.1.4 产品信息调研分析的内容

调研分析是一种有目的、有步骤的对产品认识与分析的过程。设计资料整理及分类，在产品设计中是十分重要的一环。要想得到理想的设计构想，必须有足够的设计资料。正如电脑的工作需要输入一样，如果资料不全，或没有经过必要的分类整理，将会对设计造成障碍。

在设计之前，首先应将问题分析清楚后，再根据分析的结果，按一定方向收集一切有关的资料。收集资料必须要明确目标，否则将造成不必要的浪费，同时也难以真正把所需资料收集全面。概括起来，设计资料包括设计环境、技术状况、消费者、市场、企业生产制造等多方面的内容。

1. 产品用户市场需求情报调查

产品用户市场需求情报调查即产品的调查（规格、特点、寿命、周期、包装等）；消费者对现有商品的满意程度及信任程度；商品的普及率；消费者的购买能力、购买动机、购买习惯、分布情况等。

用户使用产品的目的、使用环境和使用条件。

用户对产品功能、性能的要求。

用户对产品可靠性、安全性、操作性的要求。

用户对产品外观方面的要求，如造型、体积、色彩等。

用户对产品价格、交货期限、配件供应、技术服务、售后服务等方面的要求。

2. 对企业及商品的销售调查

对企业的调查：企业经营是企业最基本、最主要的活动，是企业赖以生存和发展的第一职能。对企业的调查主要是经营情况的调查，包括产品分析、销售与市场调查、投资调查、资金分析、生产情况调查、成本分析、利润分析、技术进步情况、企业文化、企业形象及公共关系情况等。根据产品开发的需要可选项调查，并将调查结果制成图表。分析企业的销售额、变化趋势及原因；企业的市场占有率的变化；产品产销数量的变化趋势，目前同类产品产销情况及市场需要量预测。市场价格的变化趋势，需求与价格的关系；企业的定价目标、中间商的加价情况、影响价格的因素、消费心理等，以制定合理的价格策略。

3. 对竞争者的调查

即要了解竞争企业的数量和规模；竞争企业的产品现状及其变化，目前有哪些竞争厂家和产品，其产量、质量、价格、售后服务、成本、利润情况。竞争对手各管理层（董事会、经营单位、母公司与子公司等）的结构、经营宗旨与长远目标；竞争对手对自己和其他企业的评价；它的现行战略（低成本战略、高质量战略、优质服务战略、多角化经营战略）；对手的优势和弱点（产品质量和成本，市场占有率，对市场的应变能力和财务实力，设计开发能力，领导层的团结和企业的凝聚力，采用新技术、新工艺、开发新产品的动向等）。

4. 国际市场的调查

应收集国际市场的有关商情资料、进出口和劳务的统计资料、主要贸易对象的国情、产品需求与外汇管制、进口限制、商品检验、市场发展趋势，国家和地方经济中，同类企业和同类产品的发展规划、重新布点和调整情况等。本企业的市场占有率情况。

5. 科技情报调查

要掌握本企业和国内外同类产品的研制设计历史和演变技术动向，了解技术集中和分布的情况，特别是技术上空白的情况。了解本企业和国内外同类产品的有关技术资料，如图纸、说明书、技术标准、质量调查。了解国内外同类企业有关新产品、新结构、新工艺、新材料、标准化和三废处理方面的技术资料。各种专利资料及价格等，以便集中人员和资金进行研究。有不少发明创造和专利，当用到生产中时还要进行技术开发，这也是经营者在产品开发时要重视的。

6. 生态环境调查

环境问题日益成为设计师瞩目的一个问题，目前正在日益兴起绿色消费革命，市场上已经出售大量印有生态标志"eco - mark"的商品，这些商品不会在生产、使用以至废弃的过程中对生态环境造成污染。环保功能正日益成为产品评价的重要指标，因此，要注意开发这方面的先进产品。

7. 生产情报调查

（1）目前生产同类产品的厂家所使用的工艺方法、设备、原材料、检验方法、包装、运输方式及实际产量。

（2）本企业的生产能力、工艺装备、工艺方法、检验方法、检验标准、废品率、厂内运输方式、包装方式等。

（3）企业的设计研制能力、设计周期、研制条件、试验手段等。

（4）原材料及外协件、外购件种类、数量、质量、价格、材料利用率等。

（5）供应与协作单位的布局水平、成本、利润、价格等。

（6）厂外运输方面的情况。

8. 费用经济情报生产情况调查

（1）目前不同厂家生产同类产品的各种消耗定额、利润、价格等情报。

（2）本企业的产品、部件、零件的定额成本，工时定额，材料消耗定额，各种费用定额，材料、配件、半成品成本以及厂内计划价格。

（3）本企业历来的各种有关成本费用的数据。

（4）产品的寿命周期费用资料，如产品使用过程中的能源、维修、人工费用等。

9. 方针政策调查

（1）政府有关环境保护、政策、法规、条例、规定。能源使用方面的政策，废弃物治理方面的政策。

（2）政府有关劳保、安全生产方面的政策。

（3）政府有关国际贸易方面的条规。

4.1.5 产品信息的搜集方法

1. 询问法

以询问的方式去搜集产品信息。询问的方式一般有：面谈、电话询问、书面询问、网上询问。将要调查的内容告诉被调查者，并请他认真回答，从而获得满足自己需要的产品信息。

2. 查阅法

通过查阅各种书籍、刊物、专利、样本、目录、广告、报纸、录音、论文、网络等，来寻找与调查内容有联系的相关产品信息。

3. 观察法

通过派遣调查人员到现场直接观察搜集产品信息。这要求调查人员十分熟悉各种情况，并要求他们具备较敏锐的洞察力和观察问题、分析问题的能力。运用这种方法可以搜集到一些第一手资料。进行时可采用录音、拍照等工具协助搜集。

4. 购买法

花一定的钱去购买元件、样品、模型、样机、产品、科研资料、设计图纸、专利等，以获取有关的产品信息。

5. 互换法

用自己占有的资料、样品等和别的企业交换自己所需的产品信息。

6. 试销试用法

将生产出的样品采取试销试用的方式来获取有关产品信息的方法。利用这种方法，必须同时将调查表发给试销试用单位和个人，请他们把使用情况和意见随时填写在调查表上，按规定期限寄回来。

4.1.6 产品信息搜集计划

为保证产品信息搜集工作能够顺利地进行，必须编制产品信息搜集计划。编制产品信息搜集计划一般要考虑下面几个问题。

（1）确定产品信息搜集的内容范围。

（2）确定产品信息搜集的来源。

（3）确定产品信息提供时间。

（4）确定产品信息搜集的方法。

（5）确定产品信息搜集人。

在设计实务中，设计调查的内容是由设计项目所决定的，根据设计的内容，制定出与之相适应的调查内容。

4.1.7 调查对象的选择

1. 全面调查

这是一种一次性的普查。

2. 典型调查

这是以某些典型单位或个人为对象进行的调查，以求达到推断一般。

3. 抽样调查

这是从应调查的对象中，抽取一部分有代表性的对象进行调查，以推断整体性质，根据抽样方法不同可分为3类。

（1）随机抽样。按随机原则抽取样本。又可分为简单随机抽样、分层随机抽样和分群随机抽样3种。

1）简单随机抽样。这是随机抽样中的最简单的一种。抽样者不做任何选样，而用纯粹偶然的办法抽取样本。这种方法适于所有个体相关不大的总体。

2）分层随机抽样。这是先把要调查的总体按特征进行分类，然后在各类中用简单随机抽样的方法抽取样本。这种方法可增强样本的代表性，避免简单随机抽样可能集中在某一层次的缺点。

3）分群随机抽样。这是先把被调查总体分成若干群体，这些群体在特征上是相似的，然后再从各群体中用分层抽样或随机抽取样本进行分析。分群抽样适于调查总体十分庞大，分布比较广泛均匀时，这时可以节约人力、物力和节省时间。

（2）等距抽样。将调查总体中各个体按一定标志排列，然后按相等的距离或间隔抽样。

（3）非随机抽样。根据调查人员的分析、判断和需要进行抽样。又可分为任意抽样、判断抽样和配额抽样3种。

1）任意抽样。这是调查人员随意抽样的方法。当总体特性比较相近时，可以采用这种方法，但此法可信程度较低。

2）判断抽样。这是根据调查人员对调查对象的分析和判断，选取有代表性的样本调查。当调查者对调查总体熟悉时，对特殊需要的调查可有较好的效果。

3）配额抽样。这是按照规定的控制特性和分配的调查数额选取调查对象。所抽取的不同特性的样本数应与其在总体中所占的比例相一致。

4.1.8 调查的3个步骤

1. 确定调查的目标

这是调查的准备阶段，应根据已有产品信息进行初步分析，拟定调查课题和调查提纲。在准备阶段也可能需要进行非正式调查。这时调查人员应根据初步分析，找有关人员（管理、技术、营销、用户）座谈，听取他们对初步分析所提出的调查课题和提纲的意见，使拟定调查的问题能找准，能突出重点，避免调查中的盲目性。

2. 实地调查

（1）确定产品信息来源和调查对象。

（2）选择适当的调查技术和方法，确定询问项目和设计问卷。

（3）若为抽样调查，应合理确定抽样类型、样本数目、个体对象，以便提高调查精度。

（4）组织调查人员，必要时可进行培训。

（5）制定调查计划。

3. 产品信息的整理、分析与研究

将调查收集到的产品信息，应进行分类、整理。有的产品信息还要进行数理统计分析。误差理论表明：随机误差（即无规律、偶然出现的，有正负、大小的可能）呈正态分布。它呈现出以下规律性。

（1）正误差与负误差出现数相等。

（2）小误差出现的数目占绝大多数。

（3）大误差出现较少。

4.1.9 提出调查结果的分析报告

调查的目的在于通过对国际、国内竞争对手及产品市场做出相关的综合分析，以确定目标产品的设计定位。在获取有关的产品信息以后，就要按课题需要，选择适当的系统分类方法，将信息分类整理出来。工业设计中，最适用的是表格和图像等视觉化处理的方法。这将有利于表达一些语言难以说明的因素，同时又能使参与设计的有关人员有效地理解和记忆有关信息。

设计调查分析报告要重点将竞争者产品的现状、优缺点及动向；产品发展的沿革；企业过去产品的特征，现在的风格；同类产品的市场价格和成本；可供利用的生产设备；材料供应与限制等在报告中论述清楚。

调查报告要有充分的事实，对数据应进行科学的分析，切忌道听途说和一知半解。分析报告应达到以下 4 点要求。

（1）要针对调查计划及提纲的问题回答。

（2）统计数字要完整、准确。

（3）文字简明，要有直观的图表。

（4）要有明确的解决问题的方案和意见。

调查分析报告包括以下内容。

1. 国内本产品市场、现状及发展状况竞争分析、调研

（1）产品市场分布调研。

（2）产品价格定位调研。

（3）产品使用状况调研。

（4）用户的一般及特殊需求分析。

（5）用户建议及反映信息收集统计。

2. 竞争对手及其产品综合分析

（1）国内竞争对手产品分析比较。

1）使用状况及功能优势分析比较。

2）外形及材料工艺优势分析比较。

（2）国外竞争对手产品分析比较。

1）购买对象及其动机与要求分析比较。

2）外形及材料工艺优势分析比较。

3）色彩及视觉处理分析比较。

4）国际有关产品发展趋势及预测分析。

3．产品人机学使用状态数据分析采集与测绘调研

（1）工作人员操作状态及程序分析。

（2）使用状态及心理反应和要求分析。

（3）测绘及人机学数据模型统计。

4．材料、工艺结构调研分析

（1）涉及外观的表面处理工艺调研。

（2）涉及外观制造材料与工艺技术调研。

（3）涉及外观的结构及其有关方式调研。

5．国际、行业标准和国际标准调研论证

（1）调研和收集上述标准规范。

（2）建立本产品相应的标准规范。

6．调研手段

（1）问卷发放及统计分析。

（2）数据综合及电脑统计分析。

（3）异地调研。

（4）测绘、拍照及产品信息综合。

（5）调研报告书及有关结论分析。

7．调查问卷及样本选择

（略）

4.2 专利文献和检索

4.2.1 专利文献概述

1．专利文献

专利文献是包含已经申请或被确认为发现、发明、实用新型和工业品外观设计的研究、设计、开发和试验成果的有关资料，以及保护发明人、专利所有人及工业品外观设计和实用新型注册证书持有人权利的有关资料的已出版或未出版的文件（或其摘要）的总称。专利文献所涉及的对象是提出专利申请或批准为专利的发明创造；专利文献不仅仅是关于申请或批准为专利的发明创造技术内容的资料，也是关于申请或批准为专利的发明创造权利持有相关内容的资料；专利文献所包含的资料有些是公开出版的，有些则仅为存档或仅供复制使用的。

综上所述，专利文献主要是指实行专利制度的国家及国际专利组织在受理、审批、注册专利过程中产生的官方文件及其出版物的总称。专利文献一般包括：专利申请说明书（著录项目、说明书、权

利要求书、摘要）；专利说明书；专利证明书；申请及批准的有关文件；各种检索工具书（专利公报、专利分类表、分类表索引、专利年度索引、英国德温特 Derwent 公司专利出版物等）。

2. 专利说明书

专利说明书属于一种专利文件，是指含有扉页、权利要求书、说明书等组成部分的用以描述发明创造内容和限定专利保护范围的一种官方文件或其出版物。

专利说明书中的扉页是揭示每件专利的基本信息的文件部分。扉页揭示的基本专利信息包括：专利申请的时间、申请的号码、申请人或专利权人、发明人、发明创造名称、发明创造简要介绍及主图（机械图、电路图、化学结构式等——如果有的话）、发明所属技术领域分类号、公布或授权的时间、文献号、出版专利文件的国家机构等。

权利要求书是专利文件中限定专利保护范围的文件部分。权利要求书中至少有一项独立权利要求，还可以有从属权利要求。

说明书是清楚完整地描述发明创造的技术内容的文件部分，附图则用于对说明书文字部分的补充。各国对说明书中发明描述的规定大体相同，以中国专利说明书为例，说明书部分包括：技术领域、背景技术、发明内容、附图说明等。

有些机构出版的专利说明书还附有检索报告。检索报告是专利审查员通过对专利申请所涉及的发明创造进行现有技术检索，找到可进行专利性对比的文件，向专利申请人及公众展示检索结果的一种文件。附有检索报告的专利文件均为申请公布说明书，即未经审查尚未授予专利权的专利文件。检索报告以表格式报告书的形式出版。

3. 专利种类

（1）发明专利。专利法所称的发明分为产品发明（如机器、仪器、设备和用具等）和方法发明（制造方法）两大类。产品发明（包括物质发明）是人们通过研究开发出来的关于各种新产品、新材料、新物质等的技术方案。专利法上的产品，可以是一个独立、完整的产品，也可以是一个设备或仪器中的零部件。其主要内容包括：制造品，如机器、设备以及各种用品材料，如化学物质、组合物等具有新用途的产品。方法发明是指人们为制造产品或解决某个技术课题而研究开发出来的操作方法，制造方法以及工艺流程等技术方案。方法可以是由一系列步骤构成的一个完整过程，也可以是一个步骤，它主要包括：制造方法，即制造特定产品的方法；以及其他方法，如测量方法、分析方法、通信方法等；产品的新用途。对于某些技术领域的发明，如疾病的诊断和治疗方法、原子核变换方法取得的物质等都不授予专利权。计算机软件的发明，则要视其是否属于单纯的计算机软件或能够与硬件相结合的专用软件，并加以区别对待，后者是可以申请专利保护的。至于涉及微生物的发明也是可以申请发明专利的。但要按期提交微生物保藏证明。

（2）实用新型专利。实用新型专利又称小发明或小专利，是专利权的客体，是专利法保护的对象，是指依法应授予专利权的实用新型。我国《专利法》保护的实用新型通常是指对产品的形状、构造或者其结合所提出的适于实用的新的技术方案。实用新型与发明的不同之处在于：第一，实用新型只限于具有一定形状的产品，不能是一种方法，也不能是没有固定形状的产品；第二，对实用新型的创造性要求不太高，而实用性较强。该技术方案在技术水平上低于发明专利。

（3）外观设计专利。外观设计专利是指：对产品的形状、图案或其结合以及色彩与形状、图案的结合所做出的富有美感并适于工业应用的新设计。外观设计是指工业品的外观设计，也就是工业品的式样。工业产品外观形状是指对产品造型的设计，也就是指产品外部的点、线、面的移动、变化、组合而呈现的外表轮廓，即对产品的结构、外形等同时进行设计、制造的结果；工业产品外观图案是指由任何线条、文字、符号、色块的排列或组合而在产品的表面构成的图形。产品的外观图案应当是固定、可见的，而不应是时有时无的或者需要在特定的条件下才能看见；工业产品的色彩是指用于产品上的颜色或者颜色的组合，制造该产品所用材料的本色不是外观设计的色彩。产品的色彩不能独立构成外观设计，除非产品色彩变化的本身已形成一种图案。构成外观设计的要素有3种，即外观设计专利产品的形状、图案和色彩。在三要素中，形状、图案是基础，色彩是附着在形状、图案之上的，脱离形状和图案的色彩不能单独成为中国现行专利法中外观设计专利保护的设计方案。从这个意义上讲，色彩保护具有从属性。

各国专利法都有明确的规定，对发明专利权的保护期限自申请日起计算一般在10～20年不等；对于实用新型和外观设计专利权的期限，大部分国家规定为5～10年，中国现行专利法规定的发明专利、实用新型专利以及外观设计专利的保护期限自申请日起分别为20年、10年、10年。

4.2.2　专利文献的作用

1. 传播发明创造，促进技术进步

专利文献承载发明创造内容：专利文献信息是专利制度的产物，专利制度规定专利申请人在申请专利时须提交描述发明创造技术内容和限定专利保护范围的文件。专利机构则以保护为条件将该文件公之于众。记录发明创造的专利文献由此产生。每年全世界公布的专利文献约为150万件，累计至今6300多万件，排除同族专利，记载的发明创造约1600万项。

专利文献与其他文献相比在传播发明创造方面作用突出：95％的发明创造被记录在专利文献之中，80％的发明创造仅在专利文献中记载。

因特网使专利文献信息传播更方便：世界主要国家都在因特网上公告专利文献，由于网络已进入千家万户，坐在家中即可上网查询，使得公众可以在第一时间获得最新授予专利权的发明创造信息。

因此发明创造通过专利文献得以传播，人们由此可以获得最新技术信息，扩大利用新技术的几率，进而起到促进全社会技术进步的作用。

2. 警示竞争对手，保护知识产权

人们申请专利的目的是寻求对其发明创造的保护。绝大多数专利申请人是基于以下认识申请专利的：专利制度承认人们的智力劳动成果，承诺保护专利权人的专利权，因此他们可以在专利制度这张大伞的保护下，通过实施其受专利保护的发明成果获得最大化商业利益。

然而，专利权人最担心的是竞争对手侵犯其专利权。所以专利权人寄希望于通过专利文献信息公布，向竞争对手传达一种警示信息。专利文献不仅向人们提供了发明创造技术内容，同时也向竞争对手展示了专利保护范围。甚至许多专利权人在其专利产品上注上专利标记，让使用该产品的人可以轻而易举地找到该专利的说明书，了解其专利保护的内容，从而达到保护知识产权的目的。

3. 借鉴权利信息，避免侵权纠纷

任何竞争对手都要尊重他人的知识产权，杜绝恶意侵权行为，避免无意侵权过失，以形成良好的市场竞争氛围。专利文献可以起到这方面的借鉴作用。

专利文献中含有每一件专利的保护范围信息（权利要求书）、专利地域效力信息（申请的国家、地区）、专利时间效力信息（申请日期、公布日期）。

专利文献信息恰似一面镜子，只要随时照一照（检索专利的法律信息），就可以实现自我约束，避免纠纷发生。

4. 提供技术参考, 启迪创新思路

企业是创新的主体, 专利是创新的成果。在建设创新型国家过程中, 企业不能盲目跟进, 要借鉴前人的智慧, 站在巨人的肩膀上, 进行再创造。专利文献可以起到这方面的借鉴作用。

专利文献中含有每一件申请专利的发明创造的具体技术解决方案 (说明书)。在专利文献中记载了从航天、生物等高科技到人类生活日用品各方面的发明创造。

研究本领域专利文献中记载的发明创造, 对于企业创新具有非常重要的作用: 不仅可使企业避免重复研究, 节约研究时间 (缩短 60％科研周期) 和经费 (节约 40％的科研经费), 同时还可启迪企业研究人员的创新思路, 提高创新的起点, 实现创新目标。

4.2.3 专利文献分类索引

专利文献包括专利申请说明书 (著录项目、说明书、权利要求书、摘要); 专利说明书; 专利证明书; 申请及批准的有关文件。

按专利分类检索, 一般要使用以下的工具书。

(1)《专利分类表》, 包括某个国家的专利分类表和国际通用的专利分类表 (如国际专利分类表)。

(2)《分类表索引》, 这是按主题词 (关键词) 的词头字母顺序排列的索引, 可粗略大致定出一级、二级类号, 再从《专利年度索引》分类部分和《专利公报》的分类索引部分查出专利号, 即可提取说明书。

(3) 按专利权人检索, 首先只要准确地掌握专利权人的人名、公司及厂家名, 然后根据德温特公司出版的《公司代码表》《专利年度索引》的专利权人索引或《专利公报》的专利权人索引部分等工具书即可查出。

下面简要地介绍《国际专利分类表》(IPC) 的分类结构。

1. 部 (Section)

IPC 分类表分 8 个部, 用 A～H 8 个大写字母表示。

A 部　生活必需品 (Human Necessities)

B 部　操作、运输 (Operations, Transporting)

C 部　化学和冶金 (Chemistry and Metallurgy)

D 部　纺织与造纸 (Textiles and Paper)

E 部　永久性构筑物 (Fixed Construction)

F 部　机械工程、照明、加热、武器、爆破 (Mechanical Engineering, Lighting, Heating, Weapons, Blasting)

G 部　物理学 (Physics)

H 部　电学 (Electricity)

2. 分部 (Sub – Section)

分部不作为分类的一个级, 它的作用是将一个部中包含不同的技术主题用标题分开, 分部只刊主标题而五分类号。例如 A 部生活必需品包含 4 个分部: 农业、食品与烟草、个人和家庭用品、健康与娱乐。

3. 大类（Class）

大类标志由大类名称与大类号组成，其中类号又是由部的符号加上两位阿拉伯数字组成。如 A 部的"食品与烟草"分部下设 4 个大类：A21（成包烘烤、面制品）；A22（屠宰、肉类加工、家禽和鱼类加工）；A23（未列入其他类目的食品及其加工）；A24（烟草、雪茄、纸烟、烟具）。

4. 小类（Sub－Class）

小类是大类下的细分。小类标志由小类名称和类号组成。小类号由部类号、两位数字的大类号及小写字母组成。例如 A21B 为面包烘烤、烘烤用的机器和设备。

5. 主组（Main－Group）

主组是小类下的进一步细分。主组标志由小类号×××/○○组成，其中×××为 1 到 3 位数字。例如 A21BI/○○是面包烘烤炉。

6. 分组（Sub－Group）

分组是主组的展开类目。分组标志是将主组标志中的"/○○"变为两位（有时是 3～4 位）数字。例如 A21BI/02 是按加热装置特点分类的烘烤面包炉。各分组的文字标题前印有个数不同的圆点，表示分组的等级，圆点越多表示分组的等级越低，最多可细分到七级。

例如 B64C25/30，其含义解释如下。

B 部：操作，运输。

大类：1364 航空，飞机，宇宙飞船。

小类：B64C 飞机，直升机。

主组：B64C25/00 降落传动装置。

一点分组：25/02. 起落架。

二点分组：25/08.. 非固定的，如在飞机起升时投弃的。

三点分组：25/10... 可伸缩、可折叠式。

四点分组：25/18.... 操作机构。

五点分组：25/26..... 有开关的控制或锁定装置。

六点分组：25/30...... 紧急开动。

所以分类号 B64C25/30 的含意是：用于飞机或直升机起落架上的非固定的、可伸缩的、可折叠的、紧急开关用的控制或锁定装置。完整的 IPC 分类号为 ht·Cl·B64C25/30，lht·Cl 为第 n 版国际专利分类的缩写。

4.2.4 专利检索

4.2.4.1 专利信息检索

专利信息的主要载体形式是专利文献，专利文献覆盖面宽并快速反应科技发展状态。专利信息检索是根据一项数据特征，从大量的专利文献或专利数据库中挑选符合某一特定要求的文献或信息的过程。

专利文献是集法律、科技、经济于一体的文献。专利文献中的专利公报可以反映出各国专利申请或专利权的法律状态，专利文献中的权利要求书是国家授予专利权人对其专利在一定期限内享有独占权的法律文件。从专利文献中可以得出技术开发的热点、动态、产业发展方向和市场发展动向，可以分析出专利权人对市场的企图。这些信息是政府和企事业单位制定科技、产业和外贸政策及策略的决策依据。

专利文献中的说明书及附图可得到有关发明创造的具体情况，是一种标准化的科技信息资源，可以为我国科技人员学习、借鉴各国的先进技术提供重要的参考。据世界知识产权组织统计，若能运用好专利文献，则可节省 40％的科研经费，同时可节省 60％的科研开发时间。

如果在科技立项之前没有进行广泛的国际专利检索，确立一条高起点的技术创新路线，其结果肯定是低水平重复，或者国外已经在中国申请或获得专利权的技术，因没有新颖性这一条就不可能穿上知识产权的法律外衣，那么产业化更无从谈起。

专利检索对界定发明创造技术特征的作用，通过专利检索可以得到与发明创造最接近的现有技术的信息，可以确定现有技术与发明创造共有的技术特征（独立权利要求的前序部分），发明创造特有的技术特征（需要专利保护），对于权利要求书的撰写、专利申请、审批授权至关重要。

4.2.4.2 专利性检索

为了判断一项发明创造是否具备新颖性、创造性而进行的检索，属于技术主题检索，即通过对发明创造的技术主题进行对比文献的查找来完成的。根据检索要达到的目的，专利性检索可分为新颖性检索和创造性检索以及防止侵权检索。

（1）新颖性检索。专利申请人、专利审查员、专利代理人及有关人员在申请专利、审批专利及申报国家各类奖项等活动之前，为判断该发明创造是否具有新颖性，对各种公开出版物上刊登的有关现有技术进行的检索。该类检索的目的是为判断新颖性提供依据。

（2）创造性检索。专利申请人、专利审查员、专利代理人及有关人员在申请专利、审批专利及申报国家各类奖项等活动之前，为确定申请专利的发明创造是否具备创造性，对各种公开出版物进行的检索。

（3）防止侵权检索。为避免发生专利纠纷而主动对某一新技术、新产品进行的专利检索，其目的是要找出可能受到其侵害的专利。

4.2.4.3 常用专利检索网站

中国国家知识产权局数据库 http：//www. sipo. gov. cn/sipo/zljs/default. htm

美国专利商标局网站专利数据库 http：//www. uspto. gov/patft/index. html

欧洲专利局 esp@cenet 网络数据库 http：//ep. espacenet. com

日本特许厅网站专利数据库 http：//www. ipdl. ncipi. go. jp/homepg ＿ e. ipdl

DELPHION 知识产权信息网数据库 http：//www. delphion. com/

加拿大知识产权局网站数据库 http：//opic. gc. ca/

世界知识产权组织网站数据库 http：//www. wipo. int/

德温特世界专利索引数据库（DII）http：//isi01. isiknowledge. com/portal. cgi/（受代理限制）

4.2.4.4 专利检索方法步骤

（1）模糊字符"％"的使用，适用所有检索字段。

例1：已知发明人为深圳某实业有限公司，用"深圳％实业有限公司"或"深圳％实业％公司"检索。

例2：已知专利名称中包含"汽车"和"化油器"，且"汽车"在"化油器"之前，用"汽车％化油器"检索。

（2）布尔逻辑检索（Boolean）。对于常见的三种布尔逻辑算符 AND，OR，NOT。

例1：检索包含 snowman 和 kit 的专利文献 snowman AND kit。

例2：检索有关网球拍的所有专利文献 tennis AND（racquet OR racket）在搜索引擎中，该功能则表现不同。首先是受支持的程度不同，"完全支持"全部三种运算的搜索引擎有 InfoSeek、AltaVista 和 Excite 等；在其"高级检索"模式中"完全支持"，而在"简单检索"模式中"部分支持"的有 HotBot，Lycos 等。其次是提供运算的方式不同：大部分搜索引擎采用常规的命令驱动方式，即用布尔算符（AND，OR，NOT）或直接用符号进行逻辑运算，如 AltaVista、Excite；有的用"十"和"一"号替代"AND/NOT"进行运算；也有部分引擎使用菜单驱动方式，用菜单选项来替代布尔算符或符号进行逻辑运算，如 HotBot，Lycos 中均提供了两个菜单"All the words"和"And of the words"分别代表 AND 和 OR 运算，天网的"精确匹配""模糊匹配"原理与此相似。

（3）词组检索（phrase）。词组检索是将一个词组（通常用双引号""括起）当作一个独立运算单元进行严格匹配，以提高检索的精度和准确度，它也是一般数据库检索中常用的方法。例如，检索出申请人为通用汽车公司的所有专利文献：AN/"General Motors"。词组检索实际上体现了临近位置运算（Near 运算）的功能，即它不仅规定了检索式中各个具体的检索词及其相互间的逻辑关系，而且规定了检索词之间的临近位置关系。几乎所有的搜索引擎都支持词组检索，并且都采用双引号来代表词组，如"信息教育"。但在 Infoseek 中，除了用双引号外，还使用了短横线"–"来代表词组，如 digital – library – definition，区别在于以"–"表示的词组不区分大小写。

（4）截词检索（truncation）。截词检索是预防漏检提高查全率的一种常用的检索技术方法。截词是指在检索词的合适位置进行截断，然后使用截词符进行处理，这样既可节省输入的字符数目，又可达到较高的查全率。尤其在西文检索系统中，使用截词符处理自由词，对提高查全率的效果非常显著。但在一般的数据库检索中，截词法常有左截、右截、中间截断和中间屏蔽 4 种形式。而在搜索引擎中，目前多只提供右截法。而且搜索引擎中的截词符通常采用星号＊。例如，educat＊。相当于 education＋educational＋educator。截词检索能够帮助提高检索的查全率。

（5）字段检索（fields）。字段检索和限制检索常常结合使用，字段检索就是限制检索的一种，因为限制检索往往是对字段的限制。在搜索引擎中，字段检索多表现为限制前缀符的形式。如属于主题字段限制的有：Title、Subject、Keywords、Summary 等。属于非主题字段限制的有：Image、Text 等。作为一种网络检索工具，搜索引擎提供了许多带有典型网络检索特征的字段限制类型，如主机名（host）、域名（domain）、链接（link）、URL（site）、新闻组（newsgroup）和 E – mail 限制等。这些字段限制功能限定了检索词在数据库记录中出现的区域。由于检索词出现的区域对检索结果的相关性有一定的影响，因此，字段限制检索可以用来控制检索结果的相关性，以提高检索效果。在著名的搜索引擎中，目前能提供较丰富的限制检索功能的有 AltaVista、Lycos 和 Hotbot 等。

国内专利检索中国国家知识产权局的专利数据库；国外综合性的专利检索应首选德温特世界专利索引数据库（DII），因为深度标引和自动遵守德温特"标题词规范"保证了查全率；美国、欧洲、日本等的专利全文库作为辅助检索。用自由词检索时要考虑同义词的不同形式和多用截词检索。

4.3 基于顾客需求的产品功能识别

产品功能是由组成产品的零部件及技术结构和采用的工艺所决定的，它反映了产品的本质属性。产品功能系统的设计是结构设计的前提和纲领。产品设计就是探索符合产品功能要求的结构形式。

获得未知的结构形式，要从已知开始。产品设计的已知条件就是产品的功能。根据"功能决定形式"的产品造型原理，首先要从研究产品的功能目标开始。

"功能决定形式"的产品造型原理：一项新产品的设计步骤总是在一个创新"意念"的主导下，确定出产品的总功能。然后通过总功能的层层分解，确定子功能。

"功能决定形式"的产品造型原理操作步骤如下。

（1）从一阶子功能出发，根据"用什么办法实现"，形成下位手段功能，构成二阶子功能。

（2）由此继续往下，以二阶子功能为目的功能，寻找下位手段功能，构成三阶子功能。

设计到三阶子功能时，大多数主要技术方案已基本显露，整个功能分解系统构成若干功能元的有序组合系统，成为产品完整的方案构思。

（3）同时，结合对各组成部分功能的定义，有关结构方面的构想也随之逐步形成。

（4）最后，通过功能评价，形成最佳方案。最后，评价与选择也随之进入考虑范畴。

4.3.1 探索顾客需要的功能目标

美国学者犹里齐（Ulrich，K. T.）在《产品设计与开发》（第二版，杨德林主译）一书中提出 6 条探索顾客需要的目标，其要点如下。

（1）保证产品集中在顾客需要上。

（2）识别明显的需要和潜在的需要。

（3）提供一个判别产品规格说明的事实基础。

（4）创建一个开发流程所需活动的原始记录。

（5）确保没有遗漏重要的顾客需要。

（6）在开发团队成员中发展对顾客需要的共同理解。

4.3.2 识别顾客需要的流程

在产品项目开始之前，企业需要识别出特殊的市场机会，列举出可能的项目目标和限制条件，可以按照下列流程获取顾客的需求信息。

（1）从顾客处收集原始数据。

（2）依照顾客需要释解原始数据。

（3）将需要组织成一个需要的等级。

（4）建立需要的相关重要度。

（5）对结果和流程做出反应，形成产品规划的目标任务书。

这些信息常常被总结成任务陈述（有时也叫做总纲或设计简述）。任务陈述对任务的方向做了界定，但常常并不界定精确的目的或前进的特殊方向。

4.3.3 需求信息探索的基本方法

（1）访谈单个客户。一个或多个开发团队的成员与一个顾客讨论顾客需要。访谈通常在顾客处进行，一般持续 1～2 个小时。

（2）集中群体开会讨论。一个协调者组织由 8～12 个顾客组成的群体进行 2 小时讨论。讨论的过程通常被录制下来。一般来说，要付给参加者适度的费用。包括房间的租赁费、参加费、录制费和饮料费。

（3）观察使用中的产品。观察顾客使用现有产品或使用一件新产品试图完成任务，都可以揭示有关顾客需要的重要细节。

书面调查不能提供有关产品环境的足够信息，它们在揭示无法预测的需要上是无效的。

我们把访谈作为数据收集方法的首选。1～2个集中群体可以作为访谈的补充，因为它能够使高层领导观察到顾客群，或是一种在一个较大团队成员中共享（通过录像带）相同顾客经历的机制。

4.3.4　选择顾客

1. 访谈普通顾客

普通访谈一般需要30人次。顾客需要的90％在访谈30人次后可揭示出来。访谈可以按次序进行，当增加的访谈不能揭示出新的需要时，该流程就可以结束了。

10人以上的团队通常全员投入，从大量顾客中收集数据。例如，如果团队被分成5对，每对进行6次访谈，则团队共进行30次访谈。

2. 访谈领先用户

如果和领先用户访谈，就可以更有效地识别需要。这些顾客对于数据的收集十分有用，主要有两个原因。

（1）他们能够清楚地阐述所产生的需要，因为他们不得不与已有产品的不充分作斗争；

（2）他们可能已经发明出满足自己需要的办法。

通过将数据收集的一部分集中于领先用户，团队可以识别出市场大多数人的潜在需要。尽管这些需要对于领先用户来说是清晰的。开发产品以满足潜在顾客的需要可促使企业预测趋势。

3. 访谈最终用户

当几个不同的人群都能够视为"顾客"时，选择哪一类顾客作为访谈的对象是一件复杂的事情。对于许多产品来说，一个人（买者）做出购买决策而另一个人（最终用户）才是实际的产品使用者。在所有情况下，从产品的最终用户那里收集数据是一种好途径，而在某些情况下其他类型的顾客和利益相关者也是很重要的，也要从他们那里收集数据。而且，如果产品要打入多个细分市场，为了理解各个不同的需要，从每一个细分市场中收集产品信息是很重要的。

4.3.5　访谈顾客的建议

访谈顾客基本的方式是对顾客提供的信息持接受态度并避免对抗。

说一些引导性的话，如：你在何时及为何使用这种产品？你喜欢现有产品的什么地方？你不喜欢现有产品的什么地方？购买产品时，你考虑哪些问题？你将对产品做哪些改进？

下面一些要点有助于与顾客的有效交流。

（1）顺其自然。如果顾客要提供令人感兴趣的信息，不要担心它们与访谈指导不一致。我们的目标是收集有关顾客需要的兴趣方面的重要数据，而非在分配的时间内完成访谈指导。

（2）使用视觉刺激和激励。收集现有产品和竞争者的产品，甚至那些与待开发产品仅有少许联系的产品，并将它们带到访谈中。在一部分访谈结束时，访谈者甚至可以表达一些初步的产品观念，可以得到顾客对不同方式的早期反应。

（3）超越对有关产品技术的事先假设。顾客经常就他们所期望的能够满足他们需要的产品概念做出假设。在这种情况下，访谈者在讨论有关产品最终如何设计或制造的假设时，应避免偏激。当顾客提起特殊的技术或产品特征时，访谈者应该思索顾客认为这些特征将满足的那些基础需要。

（4）让顾客阐述产品和与产品相联系的典型任务。如果访谈在顾客使用产品时进行，阐述通常比较方便，并一定能揭示出新的信息。

（5）对于惊奇和潜在需要的表达要警觉。如果顾客提到了令人吃惊的事，要用连续的问题追问惊奇的原因。通常，一个意想不到的问题会揭示出潜在需要——一些没有被满足或没有被清楚阐述和表达的顾客需要的重要组成部分。

（6）注意非语言传信。本章描述的流程旨在开发更好的有形产品。但是，语言通常不是和与有形世界相联系的需要进行沟通的最好途径。对于含有人文因素需要，如舒适、想象或样式的产品，这一点尤其重要。开发团队必须始终注意顾客提供的非语言信息。他们的面部表情是什么？他们怎样得到竞争者的产品？

4.3.6 访谈及需求信息记录方法

归档整理与顾客交流的访谈记录通常用到 4 种方法。

（1）磁带记录。对访谈进行磁带记录非常容易，但将磁带转换成文件却是一件十分耗时的事，并且雇别人做这件事也需要一笔开支，而且磁带记录也有会使某些顾客产生恐惧感的弊端。

（2）笔记。笔记是记录访谈的最一般方式。指定某个人作为主要的记录员可以使其他人集中于有效的提问。记录者应努力抓住每一个顾客陈述的每一句话。如果在访谈后立即对这些记录进行整理，它们就可以产生一个与实际非常接近的访谈描述。这也有助于访谈者之间共享观点。

（3）录像带记录。录像带经常应用于记录集中群体的会谈。它也用于记录对产品使用环境中的顾客和使用现有产品的顾客的观察；录像带可让团队成员"赶上进度"，也可作为原始产品信息提供给高层领导；录像带反映出顾客行动的多个视角，这通常有助于对潜在顾客需要的识别。录像带方式对捕捉最终用户环境的许多方面也是很有用的。

（4）拍照。制作静止胶片或相片可以提供录像带记录所没有的许多好处。拍照的主要优点是易于展示、优秀的视觉质量和可以利用的设备。主要的不足在于相对缺乏记录动态信息的能力。

把需要表达成产品的属性。在大多数情况下，用户的需要必须以产品属性表达出来。但是，并非所有的需要都能作为产品的属性而清楚地表达出来。有关对产品的需要陈述保证了与产品属性的一致性。把顾客的一种需要表达成产品的一个属性，有助于确定产品的功能和规格说明。

避免使用必须和应该。必须和应该暗含着需要的重要性。我们建议将每种需要的重要性评价推迟，而非在这里就随便对需要进行相关重要性的评价。

顾客需要表是目标市场上所有被访谈顾客所表述需要的子集。有些需要可能是互相矛盾的，有些需要可能在技术上是不可实现的。在以后的开发步骤中，技术和经济的可行性将融入正在建立的产品规格说明流程中。

4.3.7 建立需求信息的权重指标

该步骤的结果就是需要子集的数字化权重。完成这一任务有两条基本途径。

（1）基于团队成员与顾客接触经历所产生的共识。

（2）基于进一步的顾客调查的重要性评价。

两条途径的权衡是成本在速度与准确性之间的比较：团队在一次会议上就可做出需要相对重要性的文字评价，而顾客调查至少需要两周时间，更现实地调查需要一到两个月。一般地说，我们认为顾客调查是非常重要的，因此为完成调查所花费的时间是值得的。其他的开发任务，如概念生成和竞争产品分析，可以在相对重要性调查完成之前开始。

这里，团队应当与顾客群发展和睦关系。可以对同样的顾客进行调查，以确定需要的相对重要性。调查可以通过面谈、电话或信件进行，只有很少的顾客会对让他们评估各种需要的重要性的调查做出反应，因此团队一般仅针对需要的一个子集开展调查。

在顾客调查中，实际需要数的限制一般在20～30之间。但这个限制并不是严格的，因为许多需要要么明显重要，要么易于操作。因此，团队可以通过询问顾客那些在产品设计中可能出现的不同技术权衡或成本特征来限制调查的范围。

每种需要的调查可依不同的方式对其特征归类：通过标准差或通过每一范畴反映的数量。因此，可以用反映指定需要陈述的权重来总结重要性数据。

4.4　产品基准选择

4.4.1　产品基准

1. 产品基准的概念

基准选择是产品竞争定位的必然。

基准就是研究这样一些现有产品，它们的功能与正在开发的产品或开发小组重视的子问题的功能相似；基准能够揭示已用于解决某一特殊问题的现有概念，揭示竞争加剧与削弱方面的信息；在这个问题上，开发小组可能已经熟悉了竞争性产品和最相关的产品。

例如，生物撞击实验机的新产品开发中，对于撞击实验机来说，最相关的产品基准包括力学摆锤实验机、建筑打桩机、弹簧枪之类的仪器、设备。

基准给出一个标准或者一个参考点及一个范围，它可以用来判断产品的质量、价值或者性能。有了基准，我们就可以准确判断同类产品中的最佳产品以及它是由什么制成的。但一般做法是选择同行业公认最领先的产品作为产品基准。所以，将基准定义为：产品基准是通过对比最强的竞争者或者公认的行业领先者来衡量产品、服务和实践的持续的过程。

由于行业领先者在不断发生变化，所以产品基准的设定过程也要持续进行并不断调整。有些公司定位于高端产品，所以产品基准选择公认的行业领先者。但多数企业并不是行业领先者，那这些企业的产品基准是什么呢？仍然是行业领先者。只不过是相对于地区、国家或产品市场消费水准而言的。因为，产品基准是个标准或参考点。标准或参考点随着社会的发展是在不断发展变化的。另外，人们的认识也有一定的局限性，信息的交流、信息的掌握以及自身对技术的控制能力都会影响对产品基准的选择。

2. 设定产品基准的意义

知己知彼。大约公元前500年，中国军事家孙子曾经说过："知己知彼，百战不殆。"如同当时的作战一样，这句话在现代产品开发中也是真理。许多开发组对其产品的功能、发展革新、使用其他特点的潜在原因以及新特点如何实现等都非常了解。他们认为自己了解产品的弱点，了解重新设计产品时应该做些什么，了解如何改进其生产线。但是，除非这种了解是基于与之竞争的其他产品的相应特点，并且客户已经在使用这些竞争产品，否则这种了解就是非常不充分的。开发组不仅必须了解自己的产品，而且更应该了解其他竞争对手是如何推出类似产品的。如果工程师认为他们对自己产品的了解仅仅是基于自我检查，他们就看不到存在替代的很大可能性。公司必须了解其对手最新引入的技术的重要性，并像市场先导者一样泰然自若地做出反应。

有助于对产品加深了解。设定产品基准是一种很重要的产品开发行为，可以满足上述目标。同时，基准还是确立工程说明的重要步骤，也是对竞争的首要反应。

设定基准作为产品开发过程中的一种行为，同时也叠盖了许多其他行为。它生成大量的数据有助于对产品加深了解，并预见产品在未来的发展。从这个角度来看，基准是普遍深入到整个产品发展过程中的。同样，工程说明也是普遍深入到整个产品发展过程中的。工程说明必须根据客户需求加以确立，经过量化，并应用到产品理念中，还要根据特定产品的外形和几何形状等详细信息进行精炼，并不断检验，从而成为产品发展史上的里程碑。

了解竞争的发展趋势和方向。要理解竞争，开发组必须拆卸具有竞争力的产品，并对之进行分析。千万不能将这种分析只看作为了支持某个新开发项目的一时行为，而应是持续的、定期执行的行为。这是为了了解技术发展的趋势和方向而进行的。每一当前的拆卸行为都应该将竞争的新模式与以前模式的拆卸行为进行比较。通过这么做就可以完全了解竞争的发展和方向。

将相应信息结合进产品开发过程中。这些信息在产品发展过程的各个阶段都显得极为关键。

（1）设计过程的开始，即识别客户需求。有助于了解同类产品满足客户的其他一些需求。

（2）改进观念。脱离原有的唯本产品最优的观念，开始一个新的阶段。

（3）具体化产品阶段。吸收同类最佳产品的外观或那些吸引人的设计特征。

（4）确立产品说明书（包括成本）阶段。确保产品的预定指标可以超过所有的竞争对象。

（5）详细执行设计阶段。确保使用同类最佳的组件并选择最佳供应商。

3. 产品基准案例

为方便理解产品基准的概念，就考察生活中的产品基准案例，如雪佛兰 Spark（图 4.2）和奇瑞 QQ（图 4.3）。

图 4.2 雪佛兰 Spark

图 4.3 奇瑞 QQ

上汽通用五菱雪佛兰于 2003 年年底推出的 Spark 车型实际上就是大宇曼蒂兹（MATIZ）的中国版。曼蒂兹（MATIZ）是乔治亚罗亲自操刀，1998 年 4 月开始在韩国销售，当年就打破了韩国单车销售纪录。2002 年通用汽车正式收购了韩国大宇汽车，曼蒂兹自然收归在通用旗下。雪佛兰 Spark 的车身尺寸、发动机等参数都跟曼蒂兹保持一致，只是在车顶上加装了一个行李架。

比 Spark 早几个月上市的奇瑞 QQ 就是以曼蒂兹为竞争对手问世的，为此，通用汽车还与奇瑞汽车打起了官司，但最后也只能不了了之。

同来源于大宇曼蒂兹的 Spark，从外形上来看，奇瑞 QQ 与 Spark 比较相像。圆形的前大灯像水汪汪的大眼睛，如出一辙的小 MPV 侧身线条，并且都有 0.8L 和 1.1L 两种排量。不可否认，奇瑞 QQ 的很多设计元素都来源于大宇曼蒂兹。

仔细比较，两者还是存在差异的。

（1）Spark 的长宽高分别为 3495mm、1495mm、1485mm，轴距为 2340mm。而奇瑞 QQ 的轴距为 2348mm。经比较发现，QQ 要比 Spark 大一圈。两车的前脸也有些细微的差异，Spark 采用了封闭式的水箱盖，而奇瑞 QQ 的水箱盖留出了弯月形的格栅，就像一张微笑着的小嘴巴。

（2）Spark 初期配置好于奇瑞 QQ，最低款 QQ 上市初期内部配置只有儿童安全锁、前排安全带和高位刹车灯。相对应的，Spark 的售价也比 QQ 高出两万余元。2003 年 5 月上市的奇瑞 QQ1.1L 售价仅为 4.98 万元，同年 12 月上市的通用五菱 Spark 排量为 0.8L，有手动挡和自动挡两款，分别售价6.18 万元和 7.28 万元。2004 年奇瑞又针对 Spark 推出了 QQ 的 0.8L 车型，最低款售价 3.98 万元。

两者上市后，一场激烈的竞争难以避免。最直观的表现就是价格的一步步走低，上汽通用五菱2005 年推出的 06 款 Spark 厂家指导价下调为 4.58 万～6.28 万元。奇瑞 06 款 QQ 的厂家指导价也仅剩 2.98 万～5.28 万元。

如今，QQ 的配置越来越丰富，加装了 ABS、MP3 音响等设备，功能越来越齐全。QQ 后来有很多改款车型，与上汽通用五菱 Spark 的"血缘关系"则显得越来越远，二者"分道扬镳"是必然的选择（图 4.4 和图 4.5）。但产品基准的作用显露无遗。

图 4.4 奇瑞 2013 版 QQ

4.4.2 产品基准设定流程

产品基准设定主要完成下述任务：根据设计任务描述，研究相关案例，分析产品的功能和技术结构，了解竞争对手的产品，功能列表，研究产品生产成本，分析产品市场潮流趋势，设定产品基准层次，检测参数，明确产品性能规格，制定性能规格参数。

一般可以通过以下几个步骤：将设计要点列成清单、将具有竞争力的或相关的产品列成清单、进行产品基准信息调查活动、拆卸多种同类产品、根据功能确立产品基准。

图 4.5 上汽通用五菱乐驰

1. 将设计要点列成清单

这个产品开发的设计要点清单必须根据相应的基准（竞争对手的同类型产品）生成，并在设计过程中不断修订和更新。有效的产品开发应该将重点放在基准的设立上，从而节省时间和资源。

设计要点清单主要包括产品功能、性能参数、成本、价格、尺度等产品研发的目标要求。

2. 将具有竞争力的或相关的产品列成清单

考虑到产品开发中的设计要点和产品功能，接下来我们必须审查产品的销路问题。销路问题验证了设计要点和产品功能。对于客户产品，销售渠道就是零售商店。我们必须列出同类产品的主要竞争者及其不同的产品模型。此外，还应该列出包含在他们的文件夹中的所有相关产品的同竞争对手在某个普通平台下的一系列产品，我们就应该详细列出，因为这些信息能够体现竞争对手所着重占有的市场部分及对其他市场部分所采取的折中措施。在这个普通平台下，竞争对手对每种产品的某些方面使用相同组件，而对满足特定要求的产品使用不同组件。

这一步应该仅仅是对竞争对手的识别，一般是根据公司名字和产品名称来进行。有了不同产品、不同卖主和不同供应商的完整信息，经过审查，就可以采用清单的形式将其显示出来。在显示中应该对最重要的特殊竞争对手做上着重标记，以便于开发小组的全面理解。

例如，2005 年设计的整体厨房调查：摆脱油腻——球形一体化厨房。

厨房里所需的一切都在这个"球"里（图 4.6）。这个看上去就像是一件艺术品的大球实际上就是个一体化厨房。它干净、明亮，看上去一切都那么井井有条。它内含各种现代化的厨房设备，包括半圆形操作台、一张可以隐藏起来的推拉桌板、3 个电加热的红外灶台、一组独立的铝合金储藏柜、一组内有烤炉和冰箱的组合橱柜、3 个红葡萄酒冷藏罐、一个水池，以及 4 把用铝合金和皮革制成的折叠靠背椅。这个能干的家伙的名字叫做"球"，是由意大利 Drag‐design 公司设计的，它最大的特点是将烹调和就餐所需的一切都藏在了一起，空间紧凑、便于清理，而且相当漂亮，即使大大方方地摆放在客厅中央也毫不过分。你可以用它来煮土豆、切菜、烤蛋糕、冰镇饮料、坐下来吃饭聊天，当然也能洗手、洗盘子。用餐后，把兼作抽油烟机的半球形罩子放下来，与下面合为一体，这样就彻底没人能猜得出它是什么了。

并以此为基准，设计出了可以摆放在客厅的一体化厨房（图 4.7）。

图 4.6 "球"形厨房

图 4.7 一体化厨房（林海设计）

3. 进行产品基准信息调查活动

在公司之外进行一次信息调查活动。这一步是极其重要的。

要为一个硬件产品的价格确定一个基准，设计组应该尽可能搜集关于此产品的最大量的信息，任何描述该产品的印刷类文章，描述产品的特点、材料、公司和生产地点或问题的信息，描述客户市场接受情况或份额的信息，以及其他任何补充性信息都是有用的。

开展一次信息调查的最先和最好的选择是公司资料室或图书馆。由于计算机数据库和互联网激增，一个好的公司图书馆是很重要的，可以对从哪个网站可以找到所需产品信息提供专家意见。全球范围内关于所有业务运作的可获取的信息量是非常大的。在开始任何设计之前，设计组必须了解产品特性的市场需求及该做什么来满足这些需求。

一个设计组应该搜集关于如下主题的信息：该类产品和相关产品；它们所执行的功能；目标市场部分。

应该形成所有与此 3 种类别相关的关键字，并用在信息调查中。

信息源有很多种，而差别可能很大。大多数商人都很喜欢谈论市场和不具备竞争力的商业单位。虽然大部分商人不会主动提供自己公司的战略性信息，但许多人会乐于谈论关于他们的竞争对手的信息。

如果需求者表现出购买的意向，供货商通常会尽可能地谈论其客户的情况。得到这些信息的秘诀是，打探信息时总是保持开朗、诚实和道德。一旦人们了解到一个产品正在开发或重新开发一个新的产品，他们自然会想到对其下新订单，并且会在法律允许的范围内尽其所能来帮助开发组。大多数人会乐于分享信息，所以诚实、友好的态度将会有助于团队顺利地工作。

关键信息包括销售、商品成本、费用、收入、支出的细目分类以及产品运作信息。其中，商品成本和支出的细目分类有助于确定单位生产成本。运作信息则有助于确定该商品的生产地点以及生产过程。

4. 拆卸多种同类产品

进行信息检索之后，可获取在市场中获得成功的产品清单和用于拆卸产品的设计问题清单。下一步就是完成拆卸产品的工作，这是设立基准行动的核心步骤。

从这一步可产生每种产品的材料清单、功能模型、分解图和功能与组件间的功能—形状映射。每个功能的性能水平应该经过测量。对每一种拆卸的产品都要进行这些测量。

要拆卸的不同产品，它们都应是市场中的佼佼者，不需要为每个有竞争力的产品都设定基准，只针对在某些方面居于领先地位的产品即可。此外，还要绘制基准产品的详细图、分解图、装配图和零件图。

在产品设计的视觉化未完成之前，要确定相近的产品，特别是竞争对手的产品，进行详细剖析、检测，以便进一步明确产品设计目标。

5. 产品基准信息整理

对具有兼容性的产品确立了基准之后，开发组需要一个切实的分析结果。

一种方法是根据产品的外形总结出对应关系。例如，对多个吸油烟机，我们可能会根据集烟罩、材料或者风机的所有不同样式为每个产品列出一个清单，然后根据清单进行比较。

这种方法存在的问题是，一个产品的任何组件都不能跟另一个产品的相同或相近组件在功能上对应起来：一个吸油烟机机前面板可能同时也包含开关，而在另一个产品中却没有此项功用。一个产品中的附件可能需要另外的"对应物"。

为了克服这个问题，我们就不能根据产品的相应组件来确定基准，而是要采用功能等价法。在一个新产品的开发过程中，我们应该建立新的产品功能模型。然后，对模型的每一个功能，都在其他产品的功能模型图中找到相同的功能。对于某项功能（相同功能），在相应的解决方案中找出它的各种物理形式（技术结构），并在每个方案下列出其性能测量值，以后可用于比较。典型地，所列出的每一种方案都是来自每个产品的组件的集合。

列出实现每个功能的各种解决方案之后，就可以运用比较法分析了。因为功能是产品存在的依据和本质。对于每一项功能，具有最好性能的方案可以称为"同类最佳"方案。同样，最便宜的方案可以称为"同类最便宜"方案。对于一个新的开发组来说，这两方面（性能与价格）是很重要的。这些基准的设定限制几乎可以在所有产品功能的层次聚集中完成。从中我们可以针对整个市场比较各种产品。

4.5　产品结构分解

在产品设计的视觉化未完成之前，产品系统设计需要对产品的整体进行分析，特别是产品所处行业的比较分析。要确定相近的产品、特别是竞争对手的产品，进行详细剖析、检测，以便进一步明确产品设计的目标。

产品开发首先要在行业领域的层面上对比选择，根据产品开发战略，选择产品基准，并对产品基准解剖，确定自身的产品开发可对比的明确目标，为产品技术平台开发与准备打好基础。

4.5.1　产品结构分解意义

产品基准设置的最有效途径是进行产品分解。

执行产品分解的一个首要问题是要明确我们的动机何在。也就是说，我们要达到什么目标？新产品开发的意义是什么？通过产品分解我们能够发现什么？拆卸一个机械设备的过程往往显得新鲜有趣，但是，如果最终没有收集到有关的重要数据，那么这一过程将毫无意义。产品分解的主要意义有下列6 项。

1. 获得产品基准的基本信息

为了深入理解当前的产品而运用产品分解及相关方法，我们可以获得产品基准的基本信息。即使是对于此项产品的历史一无所知并且完全独立的设计团队，这种方法也同样奏效。

2. 了解到产品核心功能的实现方式

产品分解的另一项主要目标可以形容为"刨根问底"。通过不断深入地分解一件产品，我们最终将了解到产品核心功能的实现方式，而分解过程越是全面、细致和具体，所获得的能够产生新概念的基础信息也就越多。

3. 对同类竞争性产品进行检测分析

最重要的目标，是对同类竞争性产品进行检测分析。为了保持产品的竞争力，设计团队必须将自己的研发概念和同类竞争性产品做出比较，以找到其他产品获得成功的原因。

因此，通常的做法是，在企业里必须设置这样一个部门或机构，对竞争对手的产品采取产品分解策略，估计其成本、探寻发展趋势、进行需求预测，并将这些工作与其他的设计团队相配合。而最终，借助这些工作将能够发现竞争对手产品中的"精华成分"，揭示出形成其创意思路的规律，并能够发掘出这项产品的潜在价值。

4. 了解竞争性产品的成本

通常，产品分解在企业中的执行行为完全是出于对抗竞争性产品的需要。通过这种方式，可以和直接了解产品所用的核心技术、结构以及工作原理，也可以了解竞争性产品的成本。

如果在竞争性产品中发现了手工绕线电源，上面密集地组装了许多元件、绕线和连接件，则由此可以断定该产品必定是在一个低劳动力成本的国家进行组装并经过运输到达的。

相反，如果发现竞争性产品使用的是昂贵的多功能集成零部件，这些零部件又是为自动化生产设备而设计的，则由此可以得到竞争性产品是在某个高劳动力成本的国家生产的这一结论。

由此，竞争对手的某些产品的研发和生产策略就一目了然了。

5. 简化理解产品运行原理

产品分解过程与"竞争性产品检测分析"概念是紧密联系的，而后者就是在市场领域内将自己的产品与竞争对手的产品相比较的过程和行为。同时，也体现了所谓的"简化理解产品运行原理"的理念，这种简化理解的范围甚至应当包括各家公司自己生产的产品。

我们所讨论的重点是一般"竞争性产品检测分析"过程中的各个分解步骤，这些步骤包括：对某些主要设计问题展开讨论、考察评估某个现有产品从市场流通到投入使用的过程以物理的方式对产品进行分解，进行必要的实验和测试，最后对以上结果展开分析。

6. 为产品的发展寻找到新的策略

在许多大的公司内部都配有这样一些专门的员工，他们的主要工作就是对竞争对手的产品进行所谓的逆向工程研究。如果他们没有违背法律，这将是一种完全合法的和符合商业伦理的行为。

购买竞争者的产品，拆卸和分解，进行成本评估，根据先后出现的多款产品来分析发展趋势，预测市场需求，与其他设计团队合作来判断对手的竞争能力。而这些团队的工作将通过分解并分析产品，来评估其可组装性、对环境的影响程度、可回收性、可维护性等。在新的法律、规章制度以及市场需求等因素不断加剧产品更新速度的情况下，企业必须要为产品的发展寻找到新的策略。

这里需要加以强调说明的是，竞争性产品检测分析的方法适合于产品发展过程的不同阶段。而且，如果在用户需求分析和功能分解的步骤之前，采取竞争性产品检测分析，可能会更加适合。

换句话说，在产品开发之初，团队成员可能会主观地坚持原有的想法，但这时，通过数据校验将是一种更有说服力的方式。

4.5.2 产品分解过程

基于功能的产品分解过程绝不仅仅是拆分某个产品并研究其组合方式，我们必须对这个产品系统展开分析，并将这些分析的结果转换为信息，用做新设计的一部分。

产品分解的步骤包括：功能列举、分解预备、营销策略评估、零件数据获取，最后生成同代产品报告。

1. 列举设计条目

首先，必须清楚的是，对于目前所进行的项目，设计团队将要面临的问题和机遇是什么。如果是一个新的产品开发项目，则我们所面对的设计条目可能是全新的。因此，这时任何关于消费市场、竞争对手、竞争性产品特性等方面的信息都是有价值的。这些条目将成为影响产品性能的重要指标，因此必须加以详细研究，一般说来，它们都与消费者的需求相关。

如果我们所面对的项目是一个现有产品的改良设计，那就需要了解一些关于先前设计团队的情况，包括以下问题。

（1）他们曾经面临一些什么样的困难？

（2）他们所解决的认为最有成就感的设计难题是什么？

（3）他们所感兴趣的相关技术是什么？

为了使设计条目更好地展开，我们可以同时开展"消费者需求研究"和"产品功能预测"。消费者需求分析和级别排序将使设计条目的内容更加全面充分。

同样，产品功能预测的作用可以帮助我们在追求"功能实现手段"之前，能够首先明确"功能本身是什么"，这样将有利于新的概念和设计条目的形成。我们进行竞争性产品检测分析的目的是什么？为了产品目标的实现如何进行功能的设定和规划？

对于这些问题，我们可以在进行产品分解之前，尽最大可能地消除原则性的偏差，并在清晰的目标指导下进行产品分解。如果设计者没有参与先前阶段建立功能结构的工作，则有可能会比较狭隘和短浅，目光只停留于现在的产品形式中而无法越出自身的框架。因此，从根本上说，概念化地建立产品功能结构工作的作用实则是一种发掘设计条目的有效手段。

最后，我们需要在收尾阶段记录的一类设计条目是关于装配过程中的相关部件的基本信息。这些条目将成为后期分析中的性能评估标准。

例如，我们需要根据选用材料的类型和质量来确定某个零件的成本。一般说来，这些基本的要素包括：单位产品包含的零件数；尺寸测量值；材料厚度的最大、最小和平均值；重量；材料品种；颜色及表面处理；制造过程，包括制造分析中的足量信息；几何性、空间性、参数容差；基本功能；单位零件或组件的成本；某些其他方面。

2. 产品分解前期预备

在明确设计条目之后，我们需要确定出用来完成产品分解任务所需的全部，这些工具主要是那些用于测量过程的感应设备和试验器具。比如这一过程是否需要照相机？是否需要录像带（用来记录产品操作）？还有万用表、硬度测试仪、光学感应器、流量计、测力计、圆规、闪光灯、测量工具……通常，我们要将这些信息做成一份书面或电子文档式的报告。

3. 对流通和安装环节的检验

在产品研发的决策过程中，产品及零件如何实现从下线到包装、运输、市场销售的过程是需要我们着重考虑的一项环节和内容。对这项内容的检验也是产品分解过程中不可分割的一部分。我们应该细致了解关于产品包装方面的信息。但通常，这方面的检验工作往往要耗费大量成本。另外，我们也应当了解产品安装过程的操作程序，这主要是基于对成本、实现效果和可靠性等方面的考虑。

4. 对装配件进行拆解、测量和数据分析

对于逆向工程而言，产品分解是一种很普遍而又自然的方式，但为了最后的实现效果，产品分解必须同测试和实验的步骤相协调进行。具体说来，首先，我们在分解过程之前，要对产品装配件进行整体的拍摄记录和测量，而后的工作包括如下。

（1）对装配件进行拆分。

（2）在分解状态下进行拍摄记录或制作出关于产品实物模型的装配图，即产品剖析图。

（3）对各零部件进行测量并制成数据表格。

在第一遍执行这一步骤的过程中，我们应当尽量避免出现"破坏性试验"，从而造成对零件的损坏。由于零件在加工过程中可能附带有嵌入铸件、铆钉、焊接点、塑料声波焊接点、焊料、复合件（比如发动机上的绕组或者机械钟表内的线圈弹簧）等，所以必须细致谨慎，以保证产品仍能运转正常。而在随后的实验性操作中，我们可以在需要破坏性试验的地方进行进一步的分解。

5. 制作材料表格

在拆解过程中，设计团队应当完成一份详述产品细节的书面材料。它具有良好的参考价值。与此同时，我们也应当完成相应的装配拍摄和分解后的 CAD 制图工作。在这个材料表格中，每一列中的数据对于随后的分析都必不可少，这其中包括成本和性能。

4.6 产品检测报告

4.6.1 产品设计中对测量的需要

在产品设计里的测量有几种形式，主要是详细说明和竞争性产品检测分析。产品详细说明提供对产品所必须完成功能的精确和定量的描述。每一个详细说明都由一个代表测量类型的"规格"和一个以数字或范围形式表示的"目标价值"的组成。

产品目标价值是设计师必须实现的性能水准。目标价值的确定通常是通过检查产品的用途。

大部分的设计方法最初都集中在获得产品消息的不同方面上，而将最终数据转换为一套可测的详细说明。这些规格为产品更新改进提供了一个清晰的目标，或者通过确定在产品竞争性标准检测方面的工艺状态，发展目标价值形式，并以此改进产品。

测量在设计中的重要性可以通过在设计方法中普遍强调将客户需要和产品功能进行量化的必要性来说明。有人提到在价值工程中实现产品功能决定时曾说道："为了提供更多利益，只要有可能，功能就可以使用一个具有可测性参数的动词和名词对其命名。"近年来，研究人员一直重视将客户需要并入产品设计中，这就突出了用一个更系统化的方法来选择适当的、可量化的产品详细说明的重要意义。

现在测量技术有了极大的发展，并且成为一个广泛的研究领域。大量的分析被应用于测量理论和技术的研究中；然而，我们必须聚焦在为产品分解的测量技术的应用上，因为最终的目标是发展一套产品指标和测量装置。

4.6.2 实验检测方法

1. 测量什么以及如何测量

要规划试验，就必须同时考虑到测量什么以及如何测量。

（1）我想要什么？

（2）我为什么要测量这个？

（3）这个测量法果真解决我所有的问题吗？

（4）这个测量法告诉我什么？

在发展一种测量方法的过程中，我们必须注意到"我们的目标"。这看起来似乎是无关紧要的，但事实往往是，我们可能在一些毫不相干的信息上耗费了大量无用功。因此，如前所述，寻求一种有效确定产品的关键测量数据的方法和途径十分重要。

关于确定如何进行测量的，这一问题可以被进一步设定成：测量法是否解决所有的问题？除了确保测量能提供相关信息之外，确保资源不被浪费在无用信息也同样重要。因此，采取某种方式取得对测量法的合理规定，以便使测量结果能够回答有关产品的必要问题并避免不必要的测量工具是十分重要的。

2. 测量标准

能够取得关于测量装置标准的信息途径和来源很多，为进行高质量的试验，必须研究每一项标准，并将它们运用到选择过程中。普及性、范围和精确性在产品分解应用中极为重要。如果要制作一个可以测量多种产品的工具箱（一套测量工具），我们就需要其装置既有大范围的精确度又能接入多种被测变量。

3. 测量方法

产品分解的测量方法需要 4 个步骤，从选择产品的范围开始，到为工具箱实际选择测量工具为止，在开始这个程序之前，使用者应当分析产品必需的功能系列，及其竞争者和系列产品的功能。

第一步是选择能应用确定测量法的产品范围。

第二步包含确定需要进行测量的子功能。

第三步理解所选择的子功能并确定每个子功能的测量方法。这一步骤中包括如何收集组织数据，为下一步做准备。

最后的步骤包含从工作表的工具目录里选择测量工具，设计一个专用的工具或可选择的测量技术。

4. 测量的分类

（1）直接测量：无需对被测量与其他实测量进行一定函数关系的辅助计算而直接得到被测量值的测量。

（2）间接测量：通过直接测量与被测参数有已知函数关系的其他量而得到该被测参数量值的测量。

（3）接触测量：仪器的测量头与工件的被测表面直接接触，并有机械作用的测力存在。

（4）不接触测量：仪器的测量头与工件的被测表面之间没有机械的测力存在（如光学投影仪和气动量仪测量等）。

（5）组合测量：如果被测量有多个，虽然被测量（未知量）与某种中间量存在一定函数关系，但由于函数式有多个未知量，对中间量的一次测量是不可能求得被测量的值。这时可以通过改变测量条件来获得某些可测量的不同组合，然后测出这些组合的数值，解联立方程求出未知的被测量。

（6）比较测量：比较法是指被测量与已知的同类度量器在比较器上进行比较，从而求得被测量的一种方法。这种方法用于高准确度的测量。

5. 测量注意事项

（1）正确读出刻度尺的零刻度、最小刻度、测量范围。

（2）把刻度尺的刻度尽可能与被测物体接近，不能歪斜。

（3）读数时，视线应垂直于被测物体与刻度尺。

（4）除读出最小刻度以上各位数字外，还应估读最小刻度下一位的数字。

（5）记录的测量数据，包括准确值、估计值以及单位（没有单位的数值是毫无意义的）。

（6）对于精密测量，要注意：①考虑测量温度及湿度对测量结果的影响，量具和被测工件应尽可能放在同一环境温度中，1m 以下不少于 1.5h，1～3m 的为 3h，超过 3m 时应在 4h 以上；②减小视力引起的误差；③测量周围环境要求无震动、无磁场无粉尘等。

4.6.3 产品检测步骤

1. 选择一个产品范围

在分解过程中进行测量的第一步是确定产品范围。选择产品范围时的两个重要问题要注意。

（1）在范围之内的产品的相似性和范围的大小。

（2）产品相似性可以通过选择一组有共同功能特征的产品实现。

此外，我们可以根据产品实现的功能得到一个产品层级关系来给不同产品分类。因为这些产品有类似的解决方法，所以产品层级的方式能为选择一个有相似测量需要的产品群组提供有效手段。

一个产品层级的实例是：如果按照通过产品原始输入流的方式分类产品，我们可以区分出如电热性材料实体这样的类别，最后就能得到所谓"炊具"这类产品。这类产品的特征是能将电能转换为热能，并传递热量到一种固体材料。这类的实例产品有熨斗、电锅或蒸锅等，它们都有相似的主要功能，因此，在这种方法中它们将有相似的测量要求。

2. 确定最重要的子功能

这个步骤的目的是为了获得测量的优先权。我们应首先考虑与顾客需求相对应的产品功能，这里每个功能可能对应多个顾客需求。各个顾客需求的重要性水平应当被用来加权各个功能。获得高加权值的功能将成为测量和实验的重点。

3. 确定必要的测量方法

为了使确定具体子功能的测量过程变得更加容易，我们可以建立一个关于产品功能公共测量方法的数据库。各个主要的子功能将被分别研究，以确定功能如何能够在所选的产品范围内或范围外被测量。由于在大多数的产品研究里，产品研究指标与顾客需求相关，这样文献和网络资源就能为此提供一个有价值的开端。

被用来测量各个功能的产品规格是需要记录的。记录测量的单位、测量值范围（目标、实际基准值等）、实际测量对象（如在传输中输入转动力矩对输出转动力矩）及每一相关尺度所需最小的精度是非常重要的。每一测量法所需的精度必须足以区分产品和任何基准或目标值，因此，最小精度是由在竞争性产品检测分析中（每一尺度的目标值）进行产品比较后来确定的。

4. 选择测量设备

在几何量测量中，按用途和特点可将它分为以下几种。

（1）实物量具。它是指在使用时以固定形态复现或提供给定量的一个或多个已知值的量具。如量块、直角尺、各种曲线样板及标准量规等。

（2）极限量规。它是指一种没有刻度的专用检验工具，用这种工具不能得出被检验工件的具体尺寸，但能确定被检验工件是否合格，如光滑极限量规、螺纹极限量规等。

（3）显示测量仪器。它是指显示值的测量仪器。其显示可以是模拟的（连续或非连续）或数字的，可以是多个量值同时显示，也可提供记录。如模拟电压表、数字频率计、千分尺等。

（4）测量系统。它是指组装起来进行特定测量的全套测量仪器和其他设备，测量系统可以包含实物量具。固定安装着的测量系统称为测量装备。

几何量测量仪器根据构造上的特点还可以分为以下几种。

（1）游标式测量仪器。如游标卡尺、游标高度尺及游标量角器等。

（2）微动螺旋副式测量仪器。如外径千分尺、内径千分尺及公法线千分尺等。

（3）机械式测量仪器。如百分表、千分表、杠杆比较仪及扭簧比较仪等。

（4）光学机械式测量仪器。如光学计、测长仪、投影仪、接触干涉仪、干涉显微镜、光切显微镜、工具显微镜及测长机等。

（5）气动式测量仪器。如流量计式、气压计式等。

（6）电学式测量仪器。如电接触式、电感式、电容式、磁栅式、电涡流式及感应同步器等。

（7）光电式测量仪器。如激光干涉仪、激光准直仪、激光丝杆动态测量及光栅式测量仪等。

准备一份收集数据和选择测量装置的工作表。

工作表的执行程序相当简单。一个单独的工作表主要用来记录各次的测量数据，这一过程分解为三步程序：输入数据、从目录收集数据和选择测量装置。

所获得的数据需要加入到工作表中，它包括所需要的范围和精度。

必须记录被测物理量的不同类型。这个信息能通过记录的原始数据的再次检测而获得，同时，还要讨论实际的测量内容。

目录中要有可应用的测量设备的项目。各台测量设备的所有数据都要被复制到工作表中：其中包括范围、精度、所能测量的物理量、安全性、质量等必须得到记录的量。如果要给出附加说明，可以将其记录在别的设计条目的内容空间里。

最后的步骤是根据工作表里的数据进行实际测量仪器的挑选。工作表为设计师提供了足量的关于选择测量工具方面的信息，其目的是帮助设计师快速研究组织的数据并做出决定。

选择一套测量工具，该工具可以满足一系列具体的标准，这个过程包含许多问题。在确定各个测量仪器和设备后，我们就要购买工具。此外，如果一台特殊的测量设备是不能用的、不存在或太昂贵，则必须设计一个新仪器或者必须使用一项间接的测量技术。另外，当测量装置无法获取或是过于昂贵时，我们就可能需要自己改进或设计测量设备。

4.6.4 产品分解报告

在产品基准拆卸、检测的后期，我们需要总结对产品进行的分解，将结果整理成一些关键性文件。这些文件具体包括如下。

（1）一份产品分解计划。

（2）一份预期的材料表单。

（3）各个产品分解图。

（4）一个产品的实际功能结构（模型）。

1. 产品分解计划

在产品分解的过程期间有两个文件必须要完成：产品分解计划（表 4.1）和产品材料表单（表4.2）。

产品分解计划说明了分解时间、执行人和分解的各个执行步骤。计划内容包括如下项目：步骤数、各步骤的任务、执行步骤需要的工具以及关于分解过程的引导性说明（与一个已定义的参考框架相关）。其中，分解工具和引导性说明有助于鉴定分解过程（或者装配过程，虽然分解与装配不是完全对应的反向过程）的难度。而总体计划可以用来评价整个产品的可装配性，它也能用来指导产品的重新装配（这样就"没有一个部分是多余的了"）。

表 4.1　　　　　　　　　　　　　　**产品分解实验数据**

产　品　分　解			
项目名称：			
检测人		拆卸日期	
分解相关信息			
拆卸计划			
步　骤	目　标		所 需 工 具
1			
2			
3			
测量			
与预测比较			
功能、参数、造型特征、部件模块			

　　为一个分解计划设置参考模板。模板的内容会根据实际的产品分解状况，做出相应的调整和补充。我们执行其中的步骤，随后记录下步骤的执行。这一过程将不断重复，直到产品被完全分解或必须进行破坏性的实验步骤（具有不可逆性），因为后者将终止继续装配的过程。

　　分解计划中也包括附加的信息。这类信息包括：对子系统和组件进行的所有测量方式，对组件的制造过程的观察，对组件所采用物理原理的观察等方面的信息，对产品造型特征的观察。这些数据、信息由于能够帮助理解产品，因此特别有助于之后的模型化工作和设计团队开展的预测工作进行比较。

　　2. 产品材料表单

　　除产品分解计划以外，我们还需要定制一个材料表单。

　　产品材料表单的一般形式如表 4.2 所示，它提供了一种记录产品的结构性、物理性、功能性信息的方法。这些信息包括为装配中各部件和组件所选择的标签、组件的数量、组件的细节描述、组件有关功能的输入/输出状况、组件的颜色、物理性数据（大小、材料属性等），以及各个组件的制造过程。这些数据将被用来对产品进行竞争性产品检测分析并用于进行对制造成本模型的设计。

表 4.2　　　　　　　　　　　　　　**产 品 材 料 表**

项目名称									
检测人						日　期			
			功能分析			成本分析			
序号	部件名称	数量	功能	输入	输出	制造	尺寸	重量	材料	其余
1									
2									
3									
⋮									

　　3. 个性化的产品分解图（结构爆炸图）

　　产品分解图，无论是绘图的形式还是照片采集的形式，都是一种代表产品在图像方面的重要文档。图 4.8 所示为一个产品分解图的实例。图 4.8 中有关于各个组件的透视图，而各个组件沿着装配轴的方向由产品的中心向外分散，所有组件都标注准确并且细节突出。

图 4.8　产品分解图（王现思设计）

一个产品的分解图可能用来帮助发展装配计划。它也能用来研究重要的组件、装配界面以及错综复杂的产品特征。

4. 实际产品功能结构概略布局图

一个产品功能结构简单说来是一个功能网络，产品通过它转换能量、物料和信号，最后形成所需的输出物。它并不是一件产品在黑箱工作条件下的假设性功能模型；相反，它代表的是一件产品的现存部件功能，这些功能关乎顾客需求。

例如，生物撞击试验机的功能分块层级结构（图 4.9）。功能模块划分之后，将转而进行初步的形式设计。其中首要的工作是建立产品功能结构概略布局图。这种采用线框形式的布局图，除了可以用来反映产品模块间的关系，往往也可以作为装配设计的"结构配置图"。

在建立产品体系结构的模块层级关系之后，应当用草图方案将这种关系尽可能直观地加以表述。在这一环节中，工业设计和工程设计的工作将初步接合在一起。外观的美学因素、人机工程学因素、结构的合理性等问题都是需要借助这种布局结构图考虑的因素。

应当注意尽可能保持图形的简洁性，在许多情况下，一个简单的线框图表就完全可以满足充分表述的要求。生物撞击试验机的结构线框图示例（图 4.10），此图基本依据了一个成型结构的生物撞击试验机的形式，其中所有的主体模块都得到了表述。

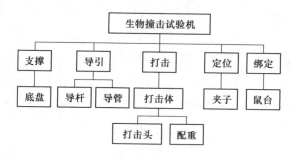

图 4.9　生物撞击试验机的功能分块层级结构

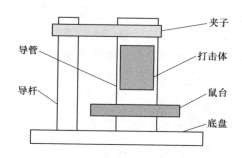

图 4.10　生物撞击试验机的结构线框图

产品功能结构概略布局图的设计原则如下。

（1）在建立概略布局图的过程中往往需要重复先前的步骤。比如，功能归类的步骤会在设计过程中多次重复。而且，功能子块之间的划分也会随着对产品功能分析的深入而做出相应调整。

（2）每一步骤中应当推出多种方案供参考选择。比如，不同角度的产品布局图可以更加清晰全面地反映产品的结构特征，从而排除无关的结构元素。

（3）布局图的绘制要加入对用户需求中的美学、人机工程学因素的考虑。此时工业设计的作用应当体现在布局图中，即赋予产品界面以良好的"用户感受"。

（4）这一阶段可以出现泡沫塑料模型、分析草图或其他形式的表达手段（比如粗模）。这可以将创意构思进一步明确化，从而有助于对模块的交互特性、尺寸等特征的分析和调整。

这个功能结构提供了一个关于产品的定性模型——我们可以从中了解到各条通路的状况。它也提供了一种完全产品分解的方法，可以用来改变一个产品的体系结构或者用来产生新的解决产品功能的概念方案。

发展一个实际的产品功能结构，可以用它来比较不同的功能观点或者用以预测各项功能的价值。它同样可以被添加、删减或者整合，以此来满足尚未开辟的顾客需求市场。

4.7 产品设计说明

无论如何，不管是否进行了基准设定，指出未来产品的功用性能和机遇，进行说明是必要的。因为新产品说明书是在基准设定过程之后产生。所以，根据客户和技术标准为竞争产品设定基准之后，开始应用这些信息设立新产品开发的目标。

产品设计说明书一般采用说明性文字、图片、图表等多样形式，以期达到最好的设计说明效果。现在单纯的文字性的设计说明书有时已经不能满足一些复杂的工业产品设计说明的需求了，开始出现一些通过三维动画补充简单的产品设计说明。

设计任务说明要形成明确的设计目标说明，拟采用的产品技术平台、期望的产品功能、新产品的性能及参数指标等。产品设计说明书的内容大体包括下列内容。设计的目的和意义；主要技术参数，包括功能参数和性能指标（产品功能、用途、性能、尺寸）；结构选型及原理，产品基准或竞争对手（与市场上的什么品牌的产品整体、功能接近）；设计主要内容和造型要求（产品整体、功能、结构、造型）；参数计算说明；创新及应用前景等。

4.7.1 建立说明书的过程

基准设定过程使我们发现市场中存在一些潜在的突破口，从而采取恰当行动利用这些机遇。现在，我们开始建立满足这些新需求的产品水准说明。

说明书是从需求调研中得到或抽取而出，建立说明书的过程大体包括如下内容。

（1）需求调研。

（2）基准设定。

（3）整体产品设计性能说明。

（4）设想阶段的目标。

（5）开发过程各个阶段目标。

（6）审核通过设计说明书。

上述建立说明书的过程如同其他设计信息一样，应该及早确定，并经常修订。

建立产品说明书有两种方法。

（1）源自使用检验表的视角。

（2）源自量化客户需求的解释的角度。

我们要阐明设计说明书之间的一个重要区别，即功能性性能需求相对于整体的产品约束。

新产品设计说明书要考虑整体产品说明、单个部件与装配的说明等。

新产品设计说明书有定性说明和定量说明，但一般都包含定量的说明，即产品设计应该达到何种满意程度的可度量标准。项目组有确定的可度量目标。

说明书中使用的尺寸量纲应恰当。

带有单位的量也称为工程需求。除单位之外，说明书还应指定目标值。目标值也标有尺寸单位，达到该值表示达到需要的性能。目标值可以是确定的值，也可以是一个范围，如 1、30～42、≥70、蓝色……。

在产品开发过程中的基准设定之后，新概念开发之前，应该认真考虑整体产品说明书。单个部件与装配的详细说明书可以留待以后完成，但是高水平的性能目标应该在此时确立。

在设想阶段的目标与具体阶段经过提炼的目标是不一样的。设想阶段的目标项目少，参数范围不太确定。经过提炼的目标项目相对完整，参数范围比较肯定。

对于客户的需要进行必要的整理和分类：分清有用功能、可选功能、无用功能及不可实现功能。对于用户来讲他可以说出他想要的很多功能，但这些功能间的关系有时是清晰的，有时就不清。所以，要从用户的需求中分清有用功能和无用功能和可选功能，进行分别区分处理。

在产品开发过程的每个阶段，对说明书都应该加以修订（测试或验证），而不只是在已经完成设计或制造产品的最终阶段。测试是测量产品系统（和子系统）性能的方式，应该提前陈述并得到认同。

审核设计说明书，从用户的角度来考虑是否合理，是否可以提高效率，是否可以达到目的，是否有完整的定性设计说明和定量设计说明。由最终用户来审核评价设计组所列的需求是否达到了用户要求。重复上述过程，最终通过审核完成设计说明书。

4.7.2 功能性需求与约束之间的相对性

在确定产品开发项目的工程需求时，设计组必须从客户及其他信息源那里收集足够的信息，从而得到明确的需求集。工程需求可以分为两类：功能需求和约束。

1. 功能需求

功能需求是对于设计的具体性能的说明，即设备应该如何运作。开始时的陈述应该用最宽松（最一般化）的条件。功能需求应该集中于描述性能，采用逻辑关系术语表述，并且在最初时应该采用"中性方案"术语。

在设计中给出功能的清晰定义是必要的。为了解决技术问题，需要用清晰的、可复用的方式描述每个可用的（或确定的）输入和每个期望的（或要求的）输出之间的关系。再由这些输入/输出之间的关系建立系统的功能。由此来看，功能就是系统应该完成的任务的抽象表示，是独立于任何特定解决方案（物理系统）的。我们用这些解决方案来获得期望的结果。我们一般用（可测量的）物理量及其数学关系来表示功能。功能的文字性（或口头）描述通常由动词和名词组成，如"增加压力""转移力矩""降低速度"等。功能需求应该用这些术语表示，其后跟适当的量化词以度量说明。

2. 约束

约束是一些外部因素，以某种方式限制了系统或子系统特性的选择。约束与系统的单项功能（或功能目标）没有直接关联，但是会影响系统的整个功能体系。约束一般是由设计者所不能控制的因素引起的。成本和开发日程是约束，尺寸大小、重量、材料性能和安全问题（如无毒、非可燃材料）等都是约束。与表面磨光和公差相关的说明也许应该看作约束，但不绝对。例如，对镜子来说，特殊的表面磨光就应该看作一项功能需求，而不是约束。

约束能够推动很多产品解决方案，尤其是对大规模系统。为此，应该给予约束足够的重视。除非约束实际存在，否则不能随意添加。由此，导出了如下方针。

只有在评估危险之后才能确定约束。

除了识别功能需求和约束之外，还可以根据功能分解策略指导生成说明书的过程。也就是说，当若干更详细的说明书同时相关联时，每份说明书也可看作是关联的。通过这种淹没方式，说明书会与特定的子系统和组件更直接地关联，从而可能更有用。

4.7.3　细目分类法生成说明书

客户需求不一定要归结为完整的设计任务图。客户需求指明了基础的设计方向，不过也有一些准则是客户没有察觉的，对设计任务同样很重要，如标准、道德规范和生产工艺等。因此，在客户需求的基础上补充工程要求加以完备是很重要的。补充客户需求的一种方法是考虑范围更大的"客户"群，包括利益相关者，如生产商、装配厂商、销售商及分销商等，把他们看作设计客户。此方法倾向于模糊化产品购买者的概念。

另一种选择是应用"说明书列表生成器"方法，即用分解方法来导航对于相关说明的搜索。这种方法聚焦于潜在的（客户有需求，但没有明确表示的）说明，包括安全、法规和环境因素等将每个说明指定为要求或期望，从而可与重要程度相关联。

（1）编辑说明书。整理功能需求和约束，将其清楚排序。

编辑说明书时，从功能要求开始，然后列出各项约束。还要记住，在预想阶段，绝对不要对说明书进行域的划分，也不要形成正式说明。例如，在初期对"齿轮转速"进行说明是不恰当的。而只有在概念开发之后，说明书中域的划分原则才能够确定。一旦选定了最优的概念，则原本与形式无关的说明就会扩展为相对于特定形式的说明。

（2）判断每个功能要求和约束是否为需求或期望。

（3）判断这些功能要求和约束在逻辑上是否一致，检查明显的冲突。要确定所有的客户需求（及其说明）都可以满足，并且在技术和经济方面都可行。如果满足既定的说明或者既定约束的系统不可能建立，则应立即通知客户。

（4）尽可能在各方面都实现量化。工作组可以根据定性说明开始设计，但最终重要的是，在说明书中采用量化方式陈述。

（5）确定在产品开发过程中对说明书进行最终测试和验证的详细方法，这些测试和验证包括工程分析；按比例缩放、正常尺寸、部分或完整原型测试；工程图纸的检查；失败模型的分析；针对用户进行的适度大小样本测试等。

（6）发布说明书以获得评论和修正意见。将说明书交给设计组的全体成员、客户、感兴趣的同事、领导及其他人看，征求到的意见是很有帮助的。

（7）对评论和修正意见进行评估、收集到意见后，分析其中的反对意见以及建议的修正方案。

处理这些反对意见，如果有必要，可以将那些修正方案合并到说明书中。十分关键的是说明书中的陈述应该非常清晰并且具有充分的合理性，如果说明的限制性太强，也许会导致错失更好的解决方案。如果说明的限制性不足，也许导致不能实现项目目标。

4.7.4 产品设计说明举例

4.7.4.1 生物撞击实验机设计任务书

1. 设计项目名称

生物撞击实验机。

2. 设计目的和意义

生物撞击实验机功能探索。在许多创伤事故的法律案件中，由于没有具体科学的数据判断受伤者的创伤程度，使案件争论不休；在医疗方面，如果有创伤程度的具体数据，可以快捷准确地对伤患者进行有效的治疗；体育竞技等许多方面也需要实验的结果，对它的研究将是一个有重要社会意义的创新设计研究。生物撞击实验机是进行生物医学创伤实验非常重要的实验仪器，它的研发设计，对医学领域中医用实验仪器的发展，对人类的生活有很重要的现实意义。

根据客户需要的调查，生物撞击实验机来自用特定装置打击小白鼠的装置完成。本项医用生物撞击实验机是以小白鼠为测试对象，获取小白鼠受到特定装置打击后，皮下组织受伤程度的相关数据，根据这些数据最终能应用到推测人体受到伤害程度的大小与所受的打击强度大小之间的关系，为专项研究工作提供具体数据。根据医学实验仪器本身的指标和实验所要达到的目的，概括出了要设计的实验仪器的基本功能。

本项研究需要解决生物撞击实验仪器的设计目标的具体内容和参数指标，生物撞击实验仪器的功能、结构、形态、比例、尺度、造型材料、使用的人机工程分析、色彩、材料表面装饰以及实验效果对实验装置的检验等问题，是一项综合程度很高的产品系统设计与创造项目。

3. 生物撞击实验机的使用功能及参数要求

（1）撞击的速度：可以调整，如老年人的出手速度，青年人的拳打速度，职业拳手的拳打速度，共 3 种速度，能方便切换。

（2）钟摆的高度：以控制打击强度（g，Pa 或 N 等）为标准，如 500g、1000g、1500g、2000g 等。并且能够准确读出打击强度的数值。

（3）撞击杆的长度：根据打击速度和打击强度而定。材质，直径可根据设计而定。打击杆与打击头连接既要稳固，又要更换方便。

（4）撞击头直径：能够方便更换五种规格，即 0.5cm、0.8cm、1.0cm、1.5cm、2.0cm。并可更换各种材质，如金属、橡胶、石材等。

（5）动物固定架：根据打击头的既定位置，设计为三维可移动固定架。通过上下、左右、旋转等移动可打击动物的任意部位。固定架的大小以大白鼠（18cm×7cm×5cm）大小为基础，可以调整为小到小白鼠（8cm×3cm×2cm），大到大白兔（28cm×12cm×10cm）均能被固定。

（6）装置的体积：根据动物固定架及撞击杆长度而定。

（7）注意事项：在试验过程中，只能完成一次性打击，严格防止打击头弹回后造成的二次打击。

（8）打击面与打击力垂直。

（9）动物固定架可以更换，根据不同动物。

（10）能直视观察到打击部位，并且打击头能稳定安全接触打击部位。

（11）尽量减少摩擦损耗。

（12）瞬间的力需用电子设备来显示。

4.7.4.2　修订生物撞击实验机的使用功能及参数要求

（1）设计目标。本项研究需要解决生物撞击实验仪器的设计目标的具体内容和参数指标，生物撞击实验仪器的功能、结构、形态、比例、尺度、造型材料、使用的人机工程分析、色彩、材料表面装饰以及实验效果对实验装置的检验等问题，是一项综合程度很高的产品系统设计与创造项目。

（2）基本功能要求：它要求完成垂直于小白鼠的一次性打击。

（3）子功能要求。设计的关键技术是打击速度可变；打击体的重量可不断变换；打击头的材质和大小也可以方便地更换，由此实现不同打击强度的主体实验装置。

（4）二阶子功能要求。就是要设计出固定小白鼠并可以完成三维打击的辅助性装置。虚拟实际情况下，各种材质的物体撞击人的身体，产生的不同的撞击效果，由这个功能得到更具体的创伤研究结果。

（5）生物撞击实验机的功能指标。生物撞击实验仪器只是一个概念，要想开发创新，必须首先解决设计的功能目标定位问题。经过调研和对实验装置功能的分析，得到了本次设计的功能目标参数。下面是生物撞击实验仪器提出的具体功能指标。

1）撞伤程度：以造成白鼠皮下出血到骨头断裂控制打击强度，打击强度以 100g，150g，200g 重物乘以 0～5mps 速度为标准。

2）撞击的速度：可以模拟老年人的出手速度，青年人的打拳速度和职业拳击手的出拳速度，且能方便切换撞击的速度。经实验研究，50g 重物以 5mps 的速度足以造成白鼠皮下出血到骨头断裂，初步确定撞击的速度为 0～5mps。

3）撞击头直径：能够方便更换三种规格，即 0.8cm、1.0cm、1.2cm。

4）撞击头可更换各种材质，如金属、橡胶、木材等。

5）动物固定架：根据打击头的既定位置，设计为三维可移动固定架。通过上下、左右、旋转等移动可打击动物的任意部位。固定架大小以大白鼠（18cm×7cm×5cm）大小为基础，可以调整大小。小到小白鼠（8cm×3cm×2cm），大到大白兔（28cm×12cm×10cm）。

6）打击面与打击头垂直。

7）根据不同动物，动物固定架可以更换。

8）观察打击部位方便，并且打击头能稳定安全以 10mm 深度快速接触打击部位。

通过选择客户、用户调研、访谈用户需要、归档整理与顾客的交流、选择重要指标，至此，完成了对产品功能识别的任务。所建立的生物撞击实验仪器的具体功能指标可以进行产品的结构、造型设计。

4.7.4.3　设计任务的共同要求

对于一般工业设计项目的任务书，还应包含下列要求。

（1）产品定位明确。在进行了充分的市场调研分析之后开展设计工作；分析产品的市场、用户、竞争对象，选择产品基准；明确产品用户定位、产品竞争定位、产品功能定位和产品款型定位。

（2）功能定义清楚。进一步明确和细化设计项目的功能，主要功能定义叙述清楚；设计方案的功能比较齐全、使用操作维护方便；规格参数详细：根据设计项目，讨论分析研究约束条件，结合现有技术的分析及人机工程分析，给出具体的设计规格参数；明确设计目标。

（3）结构科学合理。结构能很好地满足功能要求，符合力学要求；材料及装配工艺先进科学、符合市场流行趋势；有利于批量生产，成本适中。

（4）使用及交互符合人机工程学要求。使用安装拆卸方便；高效、舒适、安全、健康；信息界面设计新颖时尚，操作模块完备，使用的图标语意醒目明确。

（5）艺术造型要求。形态刻画细腻，结构合理、选材考究、做工精细、不落俗套，有艺术情趣；色彩表现时尚与和谐；比例尺度能够满足社会群体的使用需要。

设计方案能表现出工业设计的时代感特征，总体设计遵循实用、美观、经济、时尚、创新，符合环保、安全、健康等要求。

第 5 章
Chapter 5

产品设计定位

产品设计定位是研究企业用什么样的产品来满足消费者或消费市场的需求，即"设计和生产什么产品"来卖给目标消费者。

管理决策者和设计师对未来产品的预见—产品设计定位，对设计的成功与否关系重大。它是设计的开端，是设计的设计，把握着设计的方向和设计的深度，甚至于设计评判的标准。企业在所经营的范围内要明确为用户提供什么功能的产品、什么价位的产品，产品的市场占有量大小，产品的品种、规格范围，产品品质、档次的高低，谁是竞争对手，在用户心中树立什么样的企业形象和产品形象，这就是产品设计定位问题。如图 5.1 所示为产品设计定位。

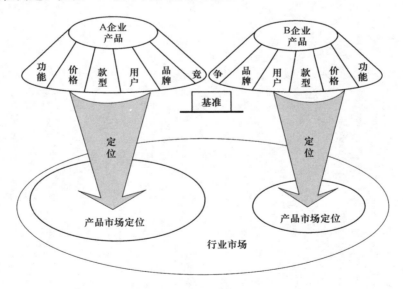

图 5.1　产品设计定位

5.1　产品市场调研分析

俗话说"男怕入错行，女怕嫁错郎"。行业定位是企业首先要解决的经营方向问题。产品设计定位首先要从市场空间、竞争环境、用户对象及自身产品体系的完整性等方面对产品开发做出具体的款型计划安排，如图 5.2 所示为产品定位。

产品市场调研的目的是研究商品的潜在市场，搞清楚在目标市场上，谁是用户，产品的目标市场空间有多大。

产品市场调研就是一种对用户市场状况的侦查活动。从理论上分析，应该先进行市场调研，然后才进行产品定位。

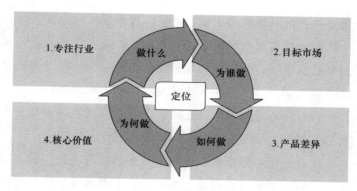

图 5.2　产品定位

产品市场调研分析是通过市场调查和供求预测，根据项目产品的市场环境、竞争力和竞争者，分析、判断项目投产后所生产的产品在限定时间内是否有市场，以及采取怎样的营销战略来实现销售目标所进行的经济分析。

5.1.1　市场调研分析

5.1.1.1　市场调研分析的主要任务和具体要求

（1）市场调研内容：商品分类销售实际；地区类别市场动态；新产品市场销售情况统计；消费者购买类型；销售费用等。

（2）供求预测分析：分析预测用户市场对项目产品的需求量；分析同类产品的市场供给量及竞争对手情况；初步确定生产规模；初步测算项目的经济效益。

（3）市场需求预测分析：现在市场需求量估计和预测未来市场容量及产品竞争能力。通常采用调查分析法、统计分析法和相关分析预测法。

（4）市场需求层次和各类地区市场需求量分析：根据各市场特点、人口分布、经济收入、消费习惯、行政区划、畅销品牌、生产性消费等，确定不同地区、不同消费者及用户的需要量以及运输和销售费用。一般可采用产销区划、市场区划、市场占有率及调查分析的方法进行。

（5）估计产品生命周期及可销售时间：预测市场需要的时间，使生产及分配等活动与市场需要量作最适当的配合。

通过市场调研分析可确定产品的未来需求量、品种及持续时间；产品销路及竞争能力；产品规格品种变化及更新；产品需求量的地区分布等。

5.1.1.2　市场调研对产品开发的作用

在工业发展与布局研究中，市场分析有助于确定地区工业部门或企业的发展水平和发展规模，及时调整产业结构；有助于调整产品结构，提高竞争能力；有助于在运输和生产成本最小的原则下，合理布置工业企业。

通过市场分析，可以更好地认识市场的商品供应和需求的比例关系，采取正确的经营战略，满足市场需要，提高企业经营活动的经济效益。

市场调研对产品开发的作用主要表现在 3 个方面。

（1）是企业正确制定产品定位的基础。企业的产品定位决策只有建立在扎实的市场分析的基础上，只有在对影响需求的外部因素和影响企业购、产、销的内部因素充分了解和掌握以后，才能减少失误，提高决策的科学性和正确性，从而将经营风险降到最低限度。

（2）是实施产品定位计划的保证。企业在实施产品定位计划的过程中，可以根据市场分析取得的最新信息资料，检验和判断企业的产品定位计划是否需要修改，如何修改以适应新出现的或企业事先未掌握的情况，从而保证产品定位计划的顺利实施。

（3）保障企业的决策正确。只有利用科学的方法去分析和研究市场，才能为企业的正确决策提供可靠的保障。

市场分析可以帮助企业解决重大的经营决策问题，比如说通过市场分析，企业可以知道自己在某个市场有无经营机会或是能否在另一个市场将已经获得的市场份额扩大。市场分析也可以帮助企业的销售经理对一些较小的问题做出决定，例如公司是否应该立即对价格进行适当的调整，以适应顾客在节日期间的消费行为；或是公司是否应该增加营业推广所发放的奖品，以加强促销工作的力度

5.1.1.3　市场调研分析的方法

市场分析的方法，一般可按统计分析法进行趋势和相关分析。

（1）系统分析法。市场是一个多要素、多层次组合的系统，既有营销要素的结合，又有营销过程的联系，还有营销环境的影响。运用系统分析的方法进行市场分析，可以使研究者从企业整体上考虑营业经营发展战略，用联系的、全面的和发展的观点来研究市场的各种现象，既看到供的方面，又看到求的方面，并预见到他们的发展趋势，从而做出正确的营销决策。

（2）比较分析法。比较分析法是把两个或两类事物的市场资料相比较，从而确定它们之间相同点和不同点的逻辑方法。对一个事物是不能孤立地认识的，只有把它与其他事物联系起来加以考察，通过比较分析，才能在众多的属性中找出其本质的属性。

（3）结构分析法。在市场分析中，通过市场调查资料，分析某现象的结构及其各组成部分的功能，进而认识这一现象本质的方法，称为结构分析法。

（4）演绎分析法。演绎分析法就是把市场整体分解为各个部分、方面、因素，形成分类资料，并通过对这些分类资料的研究分别把握特征和本质，然后将这些通过分类研究得到的认识联结起来，形成对市场整体认识的逻辑方法。

（5）案例分析法。所谓案例分析，就是以典型企业的营销成果作为例证，从中找出规律性的东西。市场分析的理论是从企业的营销实践中总结出来的一般规律，它来源于实践，又高于实践，用它指导企业的营销活动，能够取得更大的经济效果。

（6）定性与定量分析结合法。任何市场营销活动，都是质与量的统一。进行市场分析，必须进行定性分析，以确定问题的性质；也必须进行定量分析，以确定市场活动中各方面的数量关系，只有使两者有机结合起来，才能做到不仅问题的性质看得准，又能使市场经济活动数量化，从而更加具体和精确

（7）宏观与微观分析结合法。市场情况是国民经济的综合反映，要了解市场活动的全貌及其发展方向，不但要从企业的角度去考察，还需从宏观上了解整个国民经济的发展状况。这就要求必须把宏观分析和微观分析结合起来以保证市场分析的客观性、争取正确性。

（8）直接资料法。直接资料法是指直接运用已有的本企业销售统计资料与同行业销售统计资料进行比较或者直接运用行业地区市场的销售统计资料同整个社会地区市场销售统计资料进行比较。通过分析市场占有率的变化，寻找目标市场。

5.1.2　市场细分

5.1.2.1　市场细分的概念

市场细分的概念是美国市场学家温德尔·史密斯（Wendell R. Smith）于 1956 年提出来的。按照消费者欲望与需求把因规模过大导致企业难以服务的总体市场划分成若干具有共同特征的子市场，处于同一细分市场的消费群被称为目标消费群，相对于大众市场而言这些目标子市场的消费群就是分众了。市场细分是企业营销思想和营销战略的新发展，更是企业贯彻以消费者为中心的现代市场营销观念的必然产物。

市场细分包括以下步骤。

（1）选定产品市场范围。公司应明确自己在某行业中的产品市场范围，并以此作为制定产品市场开拓战略的依据。

（2）列举潜在顾客的需求。可从地理、人口、心理等方面列出影响产品市场需求和顾客购买行为的各项变数。

（3）分析潜在顾客的不同需求。公司应对不同的潜在顾客进行抽样调查，并对所列出的需求变数进行评价，了解顾客的共同需求。

（4）制定相应的产品开发策略。调查、分析、评估各细分市场，最终确定可进入的细分市场，并制定相应的产品开发策略。

5.1.2.2　市场细分的要求

细分市场至少应符合以下要求。

（1）细分后的市场必须是具体、明确的，不能似是而非或泛泛而谈，否则就失去了意义。

（2）细分后的市场必须是有潜力的市场，而且有进入的可能性，这样对企业才具有意义，如果市场潜力很小或者进入的成本太高，企业就没有必要考虑这样的市场。

5.1.2.3　市场细分的划分

市场细分主要从地理细分、人口细分、心理细分和行为细分等方面划分。

1. 地理细分

地理细分就是将市场分为不同的地理单位，地理标准可以选择国家，省、地区、县、市或居民区等。地理细分是企业经常采用的一种细分标准。一方面，由于不同地区的消费者有着不同的生活习惯、生活方式、宗教信仰、风俗习惯等偏好，因而需求也是不同的。现代企业尤其是规模庞大的跨国企业，在进行跨国或进行跨国或跨区域营销时，地理的差异对营销的成败更显得至关重要。同时，小规模的厂商为了集中资源占领市场，也往往对一片小的区域再进行细分。

2. 人口细分

人口细分是根据消费者的年龄、性别、家庭规模、家庭生命周期、收入、职业、受教育程度、宗教信仰、种族以及国籍等因素将市场分为若干群体。

由于消费者的需求结构与偏好，产品品牌的使用率与人口密切相关，同时人口因素比其他因素更易于量化，因此，人口细分是细分市场中使用最广泛的一种细分。

年龄、性别、收入是人口细分最常用的指标。消费者的需求购买量的大小随着年龄的增长而改变。青年人市场和中老年人市场有明显的不同，青年人花钱大方、追求时尚和新潮刺激；而中老年人的要求则相对于保守稳健，更追求实用、功效，讲究物美价廉。因此，企业在提供产品或服务，制定营销策略相对这两个市场应有不同的考虑。

根据收入可以把市场分为高收入层、白领阶层、工薪阶层、低收入群等。高收入阶层和白领阶层更关注商品的质量、品牌、服务以及产品附加值等因素，而低收入者则更关心价格和实用性。比如轿车企业，房地产公司针对不同的收入人群提供不同的产品和服务。

当然，许多企业在进行人口细分时，往往不仅仅依照一个因素，而是使用两个或两个以上因素的组合。

3. 心理细分

心理细分是根据消费者所处的社会阶层、生活方式及个性特征对市场加以细分，在同一地理细分市场中的人可能显示出迥然不同的心理特征。比如美国一家制药公司就以此将消费者分为现实主义者、相信权威者、持怀疑态度者、多愁善感者等4种类型。在进行心理细分时主要考虑的因素。

（1）社会阶层。由于不同的社会阶层所处的社会环境、成长背景不同，因而兴趣偏好不同，对产品或服务的需求也不尽相同。

（2）生活方式。人们消费的商品往往反映了他们的生活方式，因此，品牌经营者可以据此进行市场细分。

（3）个性。个性是一个人心理特征的集中反映，个性不同的消费者往往有不同的兴趣偏好。消费者在选择品牌时，会有理性上考虑产品的实用功能，同时在感性上评估不同品牌表现出的个性。当品牌个性和他们的自身评估相吻合时，他们就会选择该品牌，20世纪50年代，福特汽车公司在促销福特汽车时就强调个性的差异。

4. 行为细分

行为细分是根据消费者对品牌的了解、制度、使用情况及其反应对市场进行细分。这方面的细分因素主要有以下几项。

（1）时机：即是顾客想出需要，购买品牌或使用品牌的时机，如结婚、升学、节日等。

（2）购买频率：是经常购买还是偶尔购买。

（3）购买利益：价格便宜、方便实用、新潮时尚、炫耀等。

（4）使用者状况：曾使用过、未曾使用过、初次使用、潜在使用者。

（5）品牌了解：不了解、听说过、有兴趣、希望买、准备买等。

（6）态度：热情、肯定、漠不关心、否定、敌视。

5.1.3 目标市场定位

目标市场定位就是在市场细分的基础上对细分出来的市场进行评估以确定品牌应定位的目标市场。

目标市场，其实也是产品市场定位的一个方面。前面已述及，市场可依地理、人文、心理及购买者的行为等方面加以细分，划分的精细度可视需要和具体条件而定。把市场细分成若干个市场以后，再根据市场环境、企业的特点等确定所进入的子市场，即目标市场，这就是产品的目标市场定位。由于这个过程中，要判断和选择产品要素，所以在目标市场定位的同时也就基本上实现了产品定位。当然这时的产品定位还只是大方向上的定位，至于细节问题应靠其他方法解决。这种市场细分的方法的好处如下。

（1）可以仔细地分析市场需求，启发设计思路。

（2）明确设计的目标，有的放矢、有针对性地展开设计。

（3）可发现被人们忽略的潜在市场，开发出独树一帜的新产品。

5.1.3.1　目标市场选择

目标市场选择是指企业在完成细分市场之后，可以进入既定市场中的一个或多个细分市场。选择目标市场的核心是确定细分市场的实际容量，评估细分市场的规模、评估细分市场的内部结构吸引力和企业的资源条件。

1. 目标市场具有适度需求规模和发展趋势

需求规模是由潜在消费者的数量、购买能力、需求弹性等因素决定的，一般来说，潜在需求规模越大，细分市场的实际容量也越大。

企业进入某一市场是期望能够有利可图，如果市场规模狭小或者趋于萎缩状态，企业进入后难以获得发展，此时，应审慎考虑，不宜轻易进入。

但是，市场容量并非越大越好，"适度"的含义是个相对概念。对小企业而言，市场规模越大需要投入的资源越多，而且对大企业的吸引力也就越大，竞争也就越激烈，因此，选择不被大企业看重的较小细分市场反而是上策。

当然，企业也不宜以市场吸引力作为唯一取舍，特别是应力求避免"多数谬误"，即与竞争企业遵循同一思维逻辑，将规模最大、吸引力最大的市场作为目标市场。大家共同争夺同一个顾客群的结果是造成过度竞争和社会资源的无端浪费，同时使消费者的一些本应得到满足的需求遭受冷落和忽视。

现在国内很多企业动辄将城市尤其是大中城市作为其首选市场，而对小城镇和农村市场不屑一顾，很可能就步入误区，如果转换一下思维角度，一些目前经营尚不理想的企业说不定会出现"柳暗花明"的局面。

2. 目标市场结构具有内在吸引力

目标市场内部结构吸引力取决于该细分市场潜在的竞争力，竞争者越多，竞争越激烈，该细分市场的吸引力就越小。波特认为有 5 种力量决定整个市场或其中任何一个细分市场的长期的内在吸引力。这 5 个群体是：同行业竞争者、潜在的新参加的竞争者、替代产品、购买者和供应商。这 5 种力量从供给方面决定细分市场的潜在需求规模，从而影响到市场实际容量。如果细分市场竞争品牌众多，且实力强大，或者进入壁垒、退出壁垒较高，且已存在替代品牌，则该市场就会失去吸引力。如我国照相器材市场，佳能、尼康两大国际品牌虎视眈眈，实力雄厚，占据市场的绝大多数利润，中小企业要进入这样一个市场，成功的可能性很小。如果该细分市场中购买者的议价能力很强或者原材料和设备供应商招商高价格的能力很强，则该细分市场的吸引力也会大大下降。

目标市场对内在吸引力的 5 种威胁。

（1）目标市场内激烈竞争的威胁。如果某个细分市场已经有了众多的、强大的或者竞争意识强烈的竞争者，那么该细分市场就会失去吸引力。如果出现该细分市场处于稳定或者衰退，生产能力不断大幅度扩大，固定成本过高，撤出市场的壁垒过高，竞争者投资很大，那么情况就会更糟。这些情况常常会导致价格战、广告争夺战，新产品推出，并使公司要参与竞争就必须付出高昂的代价。

（2）新竞争者的威胁。如果某个细分市场可能吸引会增加新的生产能力和大量资源并争夺市场份额的新的竞争者，那么该细分市场就会失去吸引力。问题的关键是新的竞争者能否轻易地进入这个细分市场。如果新的竞争者进入这个细分市场时遇到森严的壁垒，并且遭受到细分市场内原来的公司的强烈报复，他们便很难进入。如果细分市场进入和退出的壁垒都高，那里的利润潜量就大，但也往往伴随较大的风险，因为经营不善的公司难以撤退，必须坚持到底。如果细分市场进入和退出的壁垒都较低，公司便可以进退自如，然而获得的报酬虽然稳定，但不高。

（3）替代产品的威胁。如果某个细分市场存在着替代产品或者有潜在替代产品，那么该细分市场就会失去吸引力。替代产品会限制细分市场内价格和利润的增长。公司应密切注意替代产品的价格趋向。如果在这些替代产品行业中技术有所发展，或者竞争日趋激烈，这个细分市场的价格和利润就可能会下降。

（4）购买者讨价还价能力加强的威胁。如果某个细分市场中购买者的讨价还价能力很强或正在加强，该细分市场就会失去吸引力。购买者便会设法压低价格，对产品质量和服务提出更高的要求，并且使竞争者互相斗争，所有这些都会使销售商的利润受到损失。销售商为了保护自己，可选择议价能力最弱或者转换销售商能力最弱的购买者。较好的防卫方法是提供顾客无法拒绝的优质产品供应市场。

（5）供应商讨价还价能力加强的威胁。如果公司的供应商——原材料和设备供应商、公用事业、银行、公会等，能够提价或者降低产品和服务的质量，或减少供应数量，那么该公司所在的细分市场就会失去吸引力。如果供应商集中或有组织，或者替代产品少，或者供应的产品是重要的投入要素，或转换成本高，或者供应商可以向前实行联合，那么供应商的讨价还价能力就会较强大。因此，与供应商建立良好关系和开拓多种供应渠道才是防御上策。

3. 目标市场符合企业发展目标和资源条件

决定细分市场实际容量的最后一个因素是企业的资源条件，也是关键性的一个因素。企业的品牌经营是一个系统工程，有长期目标和短期目标，企业行为是计划的战略行为，每一步发展都是为了实现其长远目标服务，进入一个子市场只是企业品牌发展的一步。因此，某些细分市场虽然有较大的吸引力，但不能推动企业实现发展目标，和企业的长期发展不一致，甚至分散企业的精力，使之无法完成其主要目标，这样的市场应考虑放弃。而且，即使和企业目标相符，但企业的技术资源、财力、人力资源有限，不能保证该细分市场的成功，则企业也应果断舍弃。只有选择那些企业有条件进入、能充分发挥其资源优势的市场作为目标市场，企业才会立于不败之地。

现代市场经济条件下，制造商品牌和经销商品牌之间经常展开激烈的竞争，也就是所谓品牌战。一般来说，制造商品牌和经销商品牌之间的竞争，本质上是制造商与经销商之间实力的较量。在制造商具有良好的市场声誉，拥有较大市场份额的条件下，应多使用制造商品牌，无力经营自己品牌的经销商只能接受制造商品牌。相反，当经销商品牌在某一市场领域中拥有良好的品牌信誉及庞大的、完善的销售体系时，利用经销商品牌也是有利的。因此进行品牌使用者决策时，要结合具体情况，充分考虑制造商与经销商的实力对比，以求客观地做出决策。

因此，对细分市场的评估应从上述 3 个方面综合考虑，全面权衡，这样评估出来的结果对企业制定产品开发策略才有意义。

5.1.3.2　选择进入目标市场的策略

通过评估，产品品牌经营者会发现一个或几个值得进入的产品细分市场，这也就是品牌经营者所选择的目标市场，下面要考虑的就是进入产品目标市场的策略，即企业如何进入的问题。有 3 种进入方式可供参考。

1. 集中进入目标市场策略

该策略是选择一个或几个细分化的专门市场作为营销目标，集中企业的优势力量，对某细分市场采取攻势营销战略，以取得市场上的优势地位。例如，亚都公司起步阶段集中进入加湿器产品行业。这是中小企业在资源有限的情况下进入市场的常见方式。

品牌厂商集中资源生产一种产品提供给各类顾客或者专门为满足某个顾客群的各种需要服务的营销方式。例如只生产"太阳能"热水器想供给所有消费者；或者为大学实验室提供所需要的一系列产品，包括烧瓶、试剂、显微镜、紫光灯等。

品牌经营者选择了若干个目标市场，在几个市场上同时进行品牌营销，这些市场之间或许很少或根本没有联系，但企业在每个市场上都能获利。这种进入方式有利于分散风险，企业即使在某一市场失利也不会全盘皆输。

一般说来，实力有限的中小企业多采用集中性市场策略。

2. 无差异进入目标市场策略

该策略是把整个市场作为一个大目标开展营销，它们强调消费者的共同需要，忽视其差异性。品牌经营者对各细分市场之间的差异忽略不计，只注重各细分市场之间的共同特征，推出一个品牌，采用一种营销组合来满足整个市场上大多数消费者的需求。无差异进入往往采用大规模配销和轰炸式广告的办法，以达到快速树立品牌形象的效果。如 20 世纪初美国福特汽车公司推出一个品牌：福特牌"T"型黑色轿车，公司宣布说：本公司的产品可满足所有顾客的要求，只要他想要的是黑色"T"型轿车。21 世纪的苹果公司推出的智能手机 iPhone，也只有一个品牌。

无差异进入的策略能降低企业生产经营成本和广告费用，不需要进行细分市场的调研和评估。但是风险也比较大，毕竟在现代要求日益多样化、个性化的社会，以一种产品、一个品牌满足大部分需求的可能性很小。

采用这一策略的企业，一般都是实力强大进行大规模生产方式，又有广泛而可靠的分销渠道，以及统一的广告宣传方式和内容。

3. 差异进入目标市场策略

该策略通常是把整体市场划分为若干细分市场作为其目标市场。针对不同目标市场的特点，分别制订出不同的营销计划，设计不同的产品，按计划生产目标市场所需要的商品，满足不同消费者的需要。这是大企业经常采用的进入方式。如海尔集团仅冰箱一种产品就区分出"大王子""双王子""小王子""海尔大地风"等几个设计、型号各异的品牌，以满足家庭、宾馆、餐厅、农村地区等不同细分市场对冰箱的需求。

差异性进入由于针对特定目标市场的需求，因而成功的概率更高，能取得更大的市场占有率，但其营销成本也比无差异进入要高。

企业在选择时应考虑自身的资源条件，结合产品的特点，选择最适宜的方式进入。

5.1.4　产品定位的市场调研分析报告内容

（1）总体市场分析，即通过消费群体调查或利用统计方法对各类产品的总体销量进行预测，并分析本企业的产品在总体市场中所占的份额。

（2）竞争对手分析，即在建立所希望的定位时，将会面临哪些竞争对手。不只是单纯从自己的角度看问题，而应从竞争对手的角度分析市场。在为产品寻找定位的同时，可能重新定位竞争对手的产品。

（3）市场细分，顾客消费者是由形形色色的人组成的群体，在市场分化的今天，任何一家企业和任何一种产品的目标消费者都不可能是所有的人群，不可能使他们都得到满意。因此，选择目标消费者的过程，即是对整体鞋业市场进行细分，对细分后的市场进行评估，最终确定所选择的目标市场。

（4）目标市场选择，即满足谁的需要的过程。在这一步，确定的是一个大的范围，因为目标市场是指企业决定进入的、具有共同需要或特征的购买者集合。在大多数情况下，许多企业不是先选择一个目标市场，然后再决定为他们生产什么，而是确定了生产哪类产品之后，再去寻找它的市场。在选择目标市场的过程中，有 3 种方式可供采用：一是无视差异，对整个市场仅提供一种产品；二是重视差异，为每一个细分的子市场提供不同的产品；三是仅选择一个细分后的子市场，提供相应的产品。

（5）新产品价格定位，即我们所设计的产品的价格定位是属于高档、中档，还是最低价格。产品价格受到以上定位因素的综合影响，其中用户定位是关键。不同的价格定位，就要选择不同质地的材料和半成品，不同质地的产品就会适合不同的消费人群。除此之外，价格定位还应考虑所销售地域的经济发展状况和新产品款式在当前市场上的新奇程度。

5.2 产品市场定位

产品市场定位是设计的酝酿、筹划期和产品开发的创意阶段。根据市场分析和预测，针对产品开发战略和入市时机规划等，对进入市场的有关产品的品种、品质、价格、用户等问题统筹考虑，进行产品入市前的策划和设计任务的规划。

5.2.1 市场定位的内容

5.2.1.1 定位

"定位"一词被越来越多地谈及和关注。究竟什么是定位，营销大师菲利普·科特勒（Philip Kotler）在《营销管理》中这样概括："定位就是对公司的产品进行设计，从而使其能在目标顾客心目中占用一个独特的、有价值的位置的行动。"产品市场定位是确定企业选择怎样的产品特征及产品组合以满足特定市场需求的决策，这是产品设计首先应明确的问题，它是企业生产经营活动的基础。

5.2.1.2 市场定位

市场定位其含义是指企业根据竞争者现有产品在市场上所处的位置，针对顾客对该类产品某些特征或属性的重视程度，为本企业产品塑造与众不同的，给人印象鲜明的形象，并将这种形象生动地传递给顾客，从而使该产品在市场上确定适当的位置。

任何事物都具有两面性，对于市场定位也是如此。当产品处于强势，市场就接纳产品；当市场处于强势，产品就顺应市场。通俗地说，"定位"就是在市场中"找"或"争夺"自己的"位子"。"找""位子"是根据产品自身的特点，来被动适应市场，"争夺""位子"是根据市场特点，主动改造所生产的产品，主动适应市场。

市场定位包含两个方面：产品被动适应市场；产品被改造主动适应市场。

市场定位可分为对现有产品的再定位和对潜在产品的预定位。对现有产品的再定位可能导致产品名称、价格和包装的改变，但是这些外表变化的目的是为了保证产品在潜在消费者的心目中留下值得购买的形象。对潜在产品的预定位，要求营销者必须从零开始，使产品特色确实符合所选择的目标市场。公司在进行市场定位时，一方面要了解竞争对手的产品具有何种特色；另一方面要研究消费者对该产品的各种属性的重视程度，然后根据这两个方面进行分析，再选定本公司产品的特色和独特形象。

例如，佳能 EOS - 1Ds 产品定位于相机市场的高端用户。尼康 D2x 也定位于相机市场的高端用户。而奥林巴斯的 C - 70zoom 产品定位于相机市场的中端用户，如图 5.3 所示。

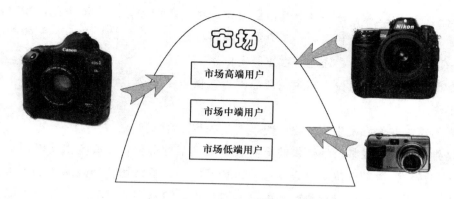

图 5.3　产品市场定位

5.2.1.3　定位内容

产品市场定位是产品定位的总纲，是以市场为工作目标的定位活动。内容包括以下几个方面。

（1）产品定位：侧重于产品实体定位：功能、品质、成本、款型等。

（2）企业品牌定位：即企业形象塑造：品牌、员工能力、企业文化。

（3）竞争定位：确定企业相对于竞争者的市场位置、价格等。

（4）消费者定位：确定企业的目标顾客群。

其核心工作是对产品品种、品质、价格、用户市场做出规划。

5.2.2　市场定位的步骤

市场定位的关键是企业要设法在自己的产品上找出比竞争者更具有竞争优势的特性。

企业市场定位可以通过以下 3 个步骤来完成。

1. 分析目标市场的现状，确认本企业潜在的竞争优势

这一步骤的中心任务是要回答以下 3 个问题：①竞争对手产品定位如何？②目标市场上顾客欲望满足程度如何以及确实还需要什么？③针对竞争者的市场定位和潜在顾客的真正需要的利益要求企业应该及能够做什么？要回答这 3 个问题，企业市场营销人员必须通过一切调研手段，系统地设计、搜索、分析并报告有关上述问题的资料和研究结果。

通过回答上述 3 个问题，企业就可以从中把握和确定自己的潜在竞争优势在哪里。

2. 准确选择竞争优势，对目标市场初步定位

竞争优势表明企业能够胜过竞争对手的能力。这种能力既可以是现有的，也可以是潜在的。选择竞争优势实际上就是一个企业与竞争者各方面实力相比较的过程。比较的指标应是一个完整的体系，只有这样，才能准确地选择相对竞争优势。通常的方法是分析、比较企业与竞争者在经营管理、技术开发、采购、生产、市场营销、财务和产品等 7 个方面究竟哪些是强项，哪些是弱项。借此选出最适合本企业的优势项目，以初步确定企业在目标市场上所处的位置。

3. 显示独特的竞争优势和重新定位

这一步骤的主要任务是企业要通过一系列的宣传促销活动，将其独特的竞争优势准确传播给潜在顾客，并在顾客心目中留下深刻印象。为此，企业首先应使目标顾客了解、知道、熟悉、认同、喜欢和偏爱本企业的市场定位，在顾客心目中建立与该定位相一致的形象；其次，企业通过各种努力强化目标顾客形象，保持目标顾客的了解，稳定目标顾客的态度和加深目标顾客的感情来巩固与市场相一致的形象；最后，企业应注意目标顾客对其市场定位理解出现的偏差或由于企业市场定位宣传上的失误而造成的目标顾客模糊、混乱和误会，及时纠正与市场定位不一致的形象。企业的产品在市场上定位即使很恰当，但在下列情况下，还应考虑重新定位。

（1）竞争者推出的新产品定位于本企业产品附近，侵占了本企业产品的部分市场，使本企业产品的市场占有率下降。

（2）消费者的需求或偏好发生了变化，使本企业产品销售量骤减。

重新定位是指企业为已在某市场销售的产品重新确定某种形象，以改变消费者原有的认识，争取有利的市场地位的活动。重新定位对于企业适应市场环境、调整市场营销战略是必不可少的，可以视为企业的战略转移。重新定位可能导致产品的名称、价格、包装和品牌的更改，也可能导致产品用途和功能上的变动，企业必须考虑定位转移的成本和新定位的收益问题。

5.2.3　市场定位的策略

5.2.3.1　避强定位策略

避强定位策略是指企业力图避免与实力最强的或较强的其他企业直接发生竞争，而将自己的产品定位于另一市场区域内，使自己的产品在某些特征或属性方面与最强或较强的对手有比较显著的区别。避强定位策略能使企业较快地在市场上站稳脚跟。并能在消费者或用户中树立形象，风险小。避强往往意味着企业必须放弃某个最佳的市场位置，很可能使企业处于最差的市场位置。

5.2.3.2　迎头定位策略

迎头定位策略是指企业根据自身的实力，为占据较佳的市场位置，不惜与市场上占支配地位的、实力最强或较强的竞争对手发生正面竞争，而使自己的产品进入与对手相同的市场位置。竞争过程中往往相当惹人注目，甚至产生所谓轰动效应，企业及其产品可以较快地为消费者或用户所了解，易于达到树立市场形象的目的，但具有一定的风险性。

5.2.3.3　创新定位

寻找新的尚未被占领但有潜在市场需求的位置，填补市场上的空缺，生产市场上没有的、具备某种特色的产品。如日本的索尼公司的索尼随身听等一批新产品正是填补了市场上迷你电子产品的空缺，并进行不断地创新，使得索尼公司即使在第二次世界大战时期也能迅速的发展，一跃而成为世界级的跨国公司。采用这种定位方式时，公司应明确创新定位所需的产品在技术上、经济上是否可行，有无足够的市场容量，能否为公司带来合理而持续的盈利。

5.2.3.4　重新定位

公司在选定了市场定位目标后，如定位不准确或虽然开始定位得当，但市场情况发生变化时，如遇到竞争者定位与本公司接近，侵占了本公司部分市场，或由于某种原因消费者或用户的偏好发生变化，转移到竞争者方面时，就应考虑重新定位。重新定位是以退为进的策略，目的是为了实施更有效的定位。

市场定位是公司产品和形象的设计行为，以使公司明确在目标市场中相对于竞争对手自己的位置。公司在进行市场定位时，应慎之又慎，要通过反复比较和调查研究，找出最合理的突破口。避免出现定位混乱、定位过度、定位过宽或定位过窄的情况。而一旦确立了理想的定位，公司必须通过一致的表现与沟通来维持并强化定位，并应经常加以监测以随时适应目标顾客和竞争者策略的改变。

5.2.4　市场定位的原则

各个企业经营的产品不同，面对的顾客也不同，所处的竞争环境也不同，因而市场定位所依据的原则也不同。一般来说，市场定位可依据以下原则。

1. 根据具体的产品特点定位

构成产品内在特色的许多因素都可以作为市场定位所依据的原则。比如所含成分、材料、质量、价格等。不锈钢餐具若与镀铬餐具定位相同就不合适。

2. 根据特定的使用场合及用途（功能）定位

为老产品找到一种新用途，是为该产品创造新的市场定位的好方法。小苏打曾一度被广泛地用作家庭的刷牙剂、除臭剂和烘焙配料，现在已有不少的新产品代替了小苏打的上述一些功能。我们曾经介绍了小苏打可以定位为冰箱除臭剂，另外还有家公司把它当作了调味汁和肉卤的配料，更有一家公司发现它可以作为冬季流行性感冒患者的饮料。我国曾有一家生产"曲奇饼干"的厂家最初将其产品定位为家庭休闲食品，后来又发现不少顾客购买是为了馈赠，又将之定位为礼品。

3. 根据顾客得到的利益（附加功能）定位

产品提供给顾客的利益是顾客最能切实体验到的，也可以用作定位的依据。

1975 年，美国米勒（Miller）。推出了一种低热量的"Lite"牌啤酒，将其定位为喝了不会发胖的啤酒，迎合了那些经常饮用啤酒而又担心发胖的人的需要。

4. 根据使用者类型（用户）定位

企业常常试图将其产品指向某一类特定的使用者，以便根据这些顾客的看法塑造恰当的形象。

事实上，许多企业进行市场定位的依据的原则往往不止一个，而是多个原则同时使用。因为要体现企业及其产品的形象，市场定位必须是多维度的、多侧面的。

5.3　产品定位

5.3.1　产品定位的概念

市场定位是指企业对用什么样的产品来满足目标消费者或目标消费市场的需求。也就是企业生产的和计划生产的全部产品种类的阵容。从理论上讲，应该先进行市场定位，然后才进行产品定位。产品定位是对目标市场的选择与企业产品结合的过程，也即是将市场定位企业化、产品化的工作。

例如，要开发一套厨房用的套刀系列产品，就需要规划每一个角色，使其成为套刀系列的一员。这就要对每一个刀具进行产品定位。其中的每一款对于系列产品而言都存在产品定位问题，如图 5.4 所示。

5.3.2　产品定位观

1. 市场定位观

市场定位观，简单地说就是要找准待开发的新产品相对竞

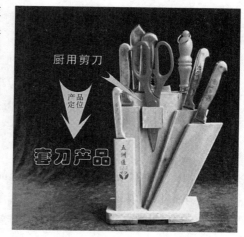

图 5.4　厨用剪刀的产品定位

争产品的位置，以力求做到知彼知己，并从市场定位分析中确定开发策略。

2. 市场细分观

新产品开发的市场定位观，就是按照市场细分的要求进行新产品创意。面对铁板一块的整体市场，开发者可能双眼朦胧；详观细分市场，则可能心有灵犀一点通。立足市场细分构思新品，或许能发现市场空白，或许能确定特色，这对正确进行新产品策划有着重要的指导意义。

3. 市场特色观

在市场竞争日趋激烈的情况下，新产品不仅要定位鲜明，而且要特点突出，特色艳人。因此，设计者在构思设计时要进行创造性思考，在与众不同，别出心裁上下工夫。

4. 市场容量观

要使开发的新产品成为畅销商品，并给企业带来规模经济效益，就不能不考虑新产品的市场容量。树立市场容量观念，就是要求新产品开发决策者在选择课题时要考虑尽可能多的消费需求。

在强调新产品开发要注意市场容量时，也并不是一概排斥那些容量虽小但有社会效益和科学技术发展急需的产品。

5. 市场价格观

设计者历来只重视新产品技术上的攻关，不大注意降低成本的思考。成本高的产品自然售价也高，面对质量档次相同而价格要低的同类产品，竞争力要差一些。在市场经济的情况下，物美价廉的产品总容易得到消费者的喜爱。因此，新产品开发者在开发的各个阶段都要考虑市场价格的制约。优秀的设计者，应在技术和经济的夹缝中找到两全其美的答案。

6. 市场风险观

新产品开发一纳入商品化的轨道，就少不了市场风险。因此，从事新产品开发工作时要格外小心，在开发过程中的每个阶段都要步步为营，创造性地进行开发决策与设计。事实上，许多既有风险意识又敢冒风险的企业或创新者，的确抓住了市场机遇，捕捉了市场良机，在新产品开发上取得了成功。

5.3.3 产品定位的内容

在产品定位中，一般说来应该定位以下内容。

1. 产品的功能属性定位

解决产品定位首要任务是满足消费者什么样的需求？对消费者来说其主要的产品属性是什么？要分开档次。消费者通常都十分重视产品的功能性与实用性。对于消费者而言，没有功效的产品，人们是不会对它形成购买动机的。功能定位在突出产品性能的同时，主要以产品之间的差别作为定位的切入点。进行功能定位时，需要注意研究产品的性能，更重要的是产品的独特功能属性。要突出和强调产品的功能、高效安全、准确无误的可靠性、节能环保、新技术等功能品质属性特点。

2. 产品的用户群定位

任何企业都是通过向用户提供产品（服务）获取收益的。多数时候，企业无法将自己的产品功能丰富至可以服务于对同类产品有需求的所有客户。于是，企业针对自身的能力向特定的客户提供有特定内涵的产品，这些特定的客户就是用户群。针对部分消费者的细分需求制定产品定位方可打造企业的核心竞争力。产品的用户群定位工作主要是通过分析居民可支配收入水平、年龄、地域、性别、购买类似产品的支出统计，将所有的消费者进行初步细分，筛选掉因经济能力、地域限制、消费习惯等原因不可能成为企业创造销售收入的消费者，保留可能形成购买行为的消费群体，并对可能形成购买的消费群体依据年龄层次、购买力水平、消费习惯进行分解，针对特定用户群开发产品。

3. 产品的产品线定位

解决产品在整个企业产品线中的地位，本类产品需要什么样的产品线，即解决产品线的宽度与深度的问题。所谓产品线是许多产品的集合，这些产品之所以组成一条产品线，是因为这些产品具有功能相似、用户相同、分销渠道同一、消费上相连带等特点。产品组合的宽度是企业生产经营的产品线的多少。例如，大众的汽车产品线包括了 A 级、B 级、D 级，这是汽车线的宽度；A 级车中包括了高尔夫、宝来、速腾、捷达、途观、途安等车型，这是汽车线的深度。

4. 产品的外观及包装定位

产品的外观与包装的设计风格、规格等。

5. 产品卖点定位

产品卖点定位即提炼出产品特色。

6. 产品的基本营销策略定位

确定产品的基本策略——做市场领导者、挑战者、跟随者还是补缺者？以及确定相应的产品价格策略。

7. 产品的品牌属性定位

主要审视产品的上述策略的实施决定的品牌属性是否与企业的母品牌属性存在冲突，如果冲突，如何解决或调整？

5.3.4 产品定位的方法

产品定位方法主要有以下几种。

1. 产品差异定位法

由产品及其服务所包含的显著的差异进行定位。

2. 主要属性/利益定位法

强调产品的重要特征和所提供的重要利益为其特有的特性进行定位。

3. 产品使用者定位法

突出产品适合的使用者进行定位。

4. 使用定位法

用消费者如何及何时使用产品，将产品予以定位。

5. 分类定位法

分类定位法，这是非常普遍的一种定位法。产品要和同类产品互相竞争，采用功能分类区分即可实现定位。当产品在市场上是属于新产品时，此法特别有效。

6. 针对特定竞争者定位法

直接针对某一特定竞争者，而不是针对某一产品类别的定位做法。

7. 关系定位法

研究市场中有利于影响公司产品的事物并与之建立关系，通过建立关系的活动实现定位。当产品没有明显差异，或竞争者的定位和公司产品有关时，关系定位方法非常有效。

5.3.5　产品定位策划

1. 寻找市场机会

现代社会的消费者需求差异日益扩大，而企业的资源有限，如何选择自己的目标市场来进行产品定位设计？关键是要寻找适合本企业和产品的市场机会，即企业自身具有独特竞争优势的领域，而市场机会往往诞生于竞争对手未满足的细分市场或竞争对手受到资金、资源等原因而未涉足的市场。

2. 进行市场细分

市场细分即指按照消费者需求的差异性，把其一产品的整体市场分为若干个子市场，每个子市场都是由一群具有相同或相似的需要、购买行为或习惯的消费者所构成；不同的子市场具有明显的消费差别。

3. 选择目标市场

对市场进行细分后，企业应根据自身的情况，并以竞争产品为对照，了解消费者的不同需求，找出竞争对手的弱点，选择一个或几个子市场作为自己的目标市场。企业只有找准目标市场，并有针对性的提供满足消费者需求的产品或服务，就会赢得消费者，赢得市场。

4. 制定产品定位策略

实战中，应将产品固有的特性、独特的优点、竞争优势等和目标市场的特征、需求、欲望等结合在一起考虑。分析本身及竞争者所销售的产品是定位的良好起点。比较自己产品和竞争产品在目标市场正面及负面的差异性，这些差异性必须详细列出适合所销售产品之营销组合关键因素。有时候，表面上看来是负面效果的差异性，也许会变成正面效果。

列出主要目标市场。指出主要目标市场的欲望、需求等特征，写出简单扼要的清单。

接着就是把产品的特征和目标市场的需求与欲望结合在一起，以发觉消费者尚有哪些最重要的需求欲望，未被公司产品或竞争者的产品所满足。

5.4　产品品牌定位

5.4.1　品牌定位概述

5.4.1.1　认识品牌

品牌是人们对一个企业及其产品——产品整体、售后服务、文化价值的一种评价、认知和信任，是一种商品综合品质的体现和代表。当人们想到某一品牌的同时总会和时尚、文化、价值联想到一起。企业在创品牌时不断地创造时尚，培育文化，随着企业的做大做强，不断从低附加值转向高附加值升级，向产品开发优势、产品质量优势、文化创新优势的高层次转变。当品牌文化被市场认可并接受后，品牌才产生其市场价值。

1. 海尔品牌建设

海尔实施名牌战略采取了5项措施：高质量、真诚的服务、品牌延伸、品牌的现代化、品牌的国际化（图5.5）。

图 5.5 海尔品牌

1984 琴岛-利勃海尔单一品牌；

1985 年海尔实施了高质量的名牌战略；

1986 年海尔实施了真诚服务的名牌战略；

1987 年海尔引入工业设计；

1989 年海尔实施了溢价战略；

1990 年开展品牌认知活动，海尔实施了高质量、真诚服务的名牌战略；

1992 年导入 CIS，1993 年 9 月更名为海尔集团；

1995 年开始兼并洗衣机、黑色家电等扩大产品品种，品牌延伸走向多元化；

2000 年以后，实现品牌的国际化。

从上述海尔集团公司所做的品牌建设案例研究分析以及其他大量的品牌建设案例说明，企业做大、做强，必须走品牌建设之路，绕过品牌建设是无路可走的。

2. 品牌所反映的内容

营销学家菲利普·科特勒对品牌定义为，品牌反映 6 方面的内容。

（1）属性。即该品牌产品区别于其他品牌产品的本质特征，如功能、质量、价格等。

（2）利益。即品牌产品因能帮助消费者解决问题而带来的实惠利益。

（3）消费价值。产品为消费者提供的价值。

（4）文化。品牌所具有的文化内涵。

（5）个性。品牌所具有的人格特性。

（6）购买使用者。即该品牌现实地为哪种类型的消费者所购买和使用，也即该品牌的目标消费者。

5.4.1.2 品牌定位的概念

品牌定位是企业在市场定位和产品定位的基础上，对特定的品牌在文化取向及个性差异上的商业性决策，是品牌与所对应的目标消费者群建立了一种内在的联系，是建立一个与目标市场有关的品牌形象的过程和结果。例如，在中国数码相机市场，佳能的产品品牌定位于第一大品牌。其市场占有率、市场覆盖面、高端产品等均居同行前列。中国数码相机市场 2011 年 5—6 月品牌关注比例的调查结果见表 5.1。

从传统的角度分析，品牌定位表现为两种形态，一种是规定品牌的层级、档次；另一种是确立品牌市场概念的有无。一般来说，有市场概念的品牌均与层级、档次中的中高档定位相互衔接，而无市场概念的品牌均与层级、档次中的低档定位相联系。凡是选择层级、档次中低档而不给品牌规定市场概念的企业，常常会放弃定位，使企业品牌在市场上以大众化、低价值而赢取一定的顾客群。

表 5.1　　　　　　　　中国数码相机市场 2011 年 5—6 月品牌关注比例对比

排　名	2011 年 5 月		2011 年 6 月	
	品　牌	关注比例/%	品　牌	关注比例/%
1	佳能	32.5	佳能	33.2
2	尼康	18.2	尼康	19.6
3	索尼	17.0	索尼	16.3
4	富士	8.2	富士	7.2
5	松下	6.4	三星↑	6.4
6	三星	5.9	松下↓	4.5
7	宾得	2.6	宾得	2.9
8	奥林巴斯	2.5	奥林巴斯	2.5
9	卡西欧	2.1	卡西欧	2.1
10	徕卡	1.6	徕卡	1.8

现代品牌的市场运行，不仅要求企业给自己的品牌规定合适的市场层级，更要求企业给自己的品牌确定准确的市场概念。这说明，品牌市场概念的确定是品牌定位不可或缺的要素。

品牌定位和市场定位密切相关，品牌定位是市场定位的核心，是市场定位的扩展延伸，是实现市场定位的手段，因此，品牌定位的过程也就是市场定位的过程，其核心是细分市场，选择目标市场和具体定位。选择目标市场和进入目标市场的过程同时也是品牌定位的过程。

5.4.1.3　品牌定位的目的、意义和作用

1. 品牌定位的目的

品牌定位有助于潜在顾客记住企业所传达的信息。现代社会是信息社会，人们从睁开眼睛就开始面临信息的轰炸，消费者被信息围困，应接不暇。各种消息、资料、新闻、广告铺天盖地。人只能接受有限度量的感觉。企业通过压缩信息，实施定位，为自己的产品塑造一个最能打动潜在顾客心理的形象，才是其明智的选择。品牌定位使潜在顾客能够对该品牌产生正确的认识，进而产生品牌偏好和购买行动，它是企业信息成功通向潜在顾客心智的一条捷径。

品牌定位是品牌传播的客观基础，品牌传播依赖于品牌定位，没有品牌整体形象的预先设计（即品牌定位），那么，品牌传播就难免盲从而缺乏一致性。总之，经过多种品牌运营手段的整合运用，品牌定位所确定的品牌整体形象即会驻留在消费者心中，这是品牌经营的直接结果，也是品牌经营的直接目的。

2. 品牌定位的意义和作用

（1）成功的品牌定位可以充分体现品牌的独特个性、差异化优势，这正是品牌的核心价值所在。

（2）当消费者可以真正感受到品牌优势和特征，并且被品牌的独特个性所吸引时，品牌与消费者之间建立长期、稳固的关系就成为可能。

（3）品牌定位的确定可以使企业实现其资源的聚合，产品开发从此必须实践该品牌向消费者所做出的承诺，各种短期营销计划不能够偏离品牌定位的指向，企业要根据品牌定位来塑造自身。

例如，长期以来，可口可乐和百事可乐是饮料市场无可争议的顶尖品牌，在消费者心中的地位不可动摇，许多新品牌无数次进攻，均以失败而告终。然而，七喜却以"非可乐"的定位（图 5.6），成为可乐饮料之外的另一种饮料选择，不仅避免了与两种可乐的正面竞争，还巧妙地从另一个角度与两

种品牌挂上了钩，使自己提升至和它们并列的地位。可以看出，七喜的成功主要是"定位"的成功。品牌定位对于一个品牌的成功起着十分重要的作用。

(a) 百事可乐LOGO　　　　　(b) 七喜LOGO　　　　　(c) 可口可乐LOGO

图 5.6　品牌 LOGO

5.4.2　品牌定位的层次划分

品牌的市场定位必须从前瞻性的角度对品牌的发展阶段进行系统性描述，进而提出品牌的产品定位、品牌的概念定位、品牌的理念定位、品牌的文化定位和品牌的精神定位。

5.4.2.1　产品定位阶段

品牌定位的最低阶段就是产品定位阶段。在这一阶段中，产品只是徒有一个名称，而与能够附着在其中的更深的价值相脱离。此时，企业所销售的仅仅是一个功能化的物件。企业中的许多产品都有着自己的名字、商标、图案等，但并没有形成品牌。在这一过程中，很多企业也选择了品牌化的道路，但是品牌化了的产品并没有将品牌内涵和品牌价值寓意其中，因而不能真正发挥出品牌的市场功效。

5.4.2.2　品牌概念化阶段

当所有的产品在质量上没有更大差别，而价格又相对趋同的情况下，唯一能够区分不同企业产品的就是品牌概念。品牌概念可以将企业品牌规定出与其他企业、其他产品不同的市场位置，这是生态位原理的延伸，它与品牌层级共同约束着品牌的市场位置。品牌概念是通过对品牌内涵的分析以及希望对顾客造成的影响而给品牌规定的具体风格和特征，并用语言表达的方式将这一风格和特征展示出来，以传达给目标受众，并使其能够接纳。品牌概念可以将相同的产品而不同的品牌以特征和独特风格的方式区别开来，并由此使顾客加深对品牌概念的理解与认同。

5.4.2.3　品牌理念化阶段

仅有品牌的市场概念不足以能够支撑品牌走进品牌天堂，使品牌达到更高的境界。消费者购买行为远不是某些独立品牌广告大战的结果。在全球市场竞争中，消费者对产品的支持与排斥越来越明显，甚至可以说，消费者购买的将不仅仅是产品本身，还应包括生产和运作该品牌的公司。

对于公司的管理者来说，要想实现品牌理念，仅仅做出理念上的决策是不够的，必须采取实际行动，贯彻理念系统。其基本工作步骤如下。

（1）制定一套完整的理念系统，将企业与品牌相关的各项工作均纳入到理念系统之中，具体形成技术创新理念、产品理念、服务理念等。

（2）将这些理念对行为的指导展示出来，并通过企业的各项行为传达出去，通过媒介传播、行为传播，形成理念在企业内部与企业外部的影响力。

5.4.2.4　品牌文化阶段

一个公司已经形成强大而可靠的公司理念后，为使其系统化、完备化，应将企业的品牌运行转向品牌文化的建设层面。品牌文化是在品牌中寓予文化的内涵，这种内涵应与企业文化相吻合，应与消费者对品牌功效的认同与接纳相一致，以保持品牌强有力的市场地位。

品牌文化能够创造出非常坚固的市场地位，它在给企业带来更高收入与效益的同时，也设置了较高的市场进入壁垒。因为，消费者并非以完全同一的方式或程度对某一品牌进行参与，因此，一个品牌并不是对所有消费者都是一种品牌文化。这其中要领会的关键一点是，让核心目标消费者群尽享品牌文化，新的消费者同时就会被吸引进来。这是在品牌文化的招引下而使企业市场的扩大。当更多的消费者认同某一品牌文化而忠诚某一品牌时，其他品牌就很难撼动这个特定品牌的市场。

所有的品牌文化都是在其目标消费者需求中渐渐培养起来的，它们以自身独特的方式从普通的产品阶段得到升华而达到理念层面，这意味着企业将知识的内涵注入品牌之中，使他们的品牌比市场上的同类其他产品更具可信度和可靠性。竞争对手可能具有更高的知识、更先进的技术含量和更好的质量，但与消费者观念对品牌特征与风格的认同相比，它仍然处于次要地位。这时，公司如何能很好地将品牌全面、完整而真实地进行传输就至关重要了。

品牌文化的建设和维持是一个持久的过程，因为，消费者在不断地受到各种因素的影响，使其要想坚固对某一具体品牌文化认同与接纳，必须要经过一个长时间对同类产品不同品牌文化的比较，筛选之后，才能逐渐将自己对具体品牌文化的认同固定下来。

5.4.2.5　品牌精神阶段

品牌精神是指消费者在品牌消费时从中得到的精神享受，因此，品牌精神的主体是消费者。当一个品牌成为其目标消费者群的品牌精神时，便达到了品牌的最高境界和层次。

品牌文化是由企业创造的，品牌精神是在品牌文化的基础之上由品牌带给消费者的感受。品牌精神的形成依赖于品牌文化，品牌精神是扩展的、更加强大和稳固的品牌文化。对于消费者来说，对品牌精神的追求是一种必然。因为，品牌精神给消费者带来的是一种信仰。消费者信赖某一品牌，极不情愿去尝试品牌精神所代表的同类产品的其他品牌，进而形成品牌忠诚度极高的消费者群。

在全球市场中，品牌定位是企业成功的最终标准。而最理想和最成功的品牌定位是消费者已经将品牌视为一种品牌精神。品牌价值赋予了产品其品牌地位。品牌精神赋予了产品及相关要素的消费目标，这种消费目标的实现最终体现出了品牌价值的超值部分，并转化为消费者生活中更高境界的追求。

例如，品牌定位案例：方太厨具的三层定位。

1996 年，宁波方太厨具有限公司成立，从那一刻起公司就下定决心，要把"方太"建设成为中国厨房领域的第一品牌。"方太"在过去的发展过程中，非常清晰地明确了品牌发展战略，始终坚持"三大定位"，即专业化、中高档、精品化三大定位，最终让"方太"成为中国中高端厨房第一品牌，世界一流的厨房电器与集成化厨房解决方案提供商。

（1）行业定位专业化：这是方太的聚焦战略。在国际分工日趋细化的情况下，企业不能太贪，什么都想做。方太在充分评估自身能力与实力的前提下制定了走厨房专业化道路的发展战略，集中一切资源将厨房领域做专、做精、做透、做强。方太在吸油烟机成为中国第一品牌后不断实施厨房内相关多元化延伸，从吸油烟机、到燃气灶具、消毒碗柜、燃气热水器、电磁灶再到集成厨房，但始终不离开厨房，始终坚持走"厨房专家"的专业化品牌之路。

（2）市场定位中高档：这是方太的差异化战略。方太通过不断的产品创新和营销创新，使方太的目标消费者了解到，"方太"是中高档厨房的象征，与其他品牌不一样，这也是方太在透彻了解顾客需求的前提下对顾客认知的管理。

（3）质量定位精品化：中高档的市场定位，要求方太产品必须是精品。方太严格地实施精品战略，在"不断改进、力求完美"的质量方针指导下，对每一件产品的外观设计、性能、制作工艺及可靠性力求精益求精，让每一件方太产品都成为精品，这样久而久之顾客便可清楚地感知到："方太"品牌就意味着精品、意味着高档。

5.4.3 品牌定位方法

5.4.3.1 品牌定位的理论基础

品牌定位，是建立品牌形象的提供价值的行为，是要建立一个与目标市场相关的品牌形象的过程和结果。品牌定位的提出和应用是有其理论基础的。

1. 人们只看他们愿意看的事物

人们只看接受他们喜欢的事物，对于不喜欢的东西看得越多反而越感厌恶，不但没有美感，反而更觉得丑陋。一个定位准确的品牌引导人们往好的、美的方面体会；反之，一个无名品牌，人们往往觉得它有很多不如其他商品的特点。广告之所以是促销的有力武器，就在于他不断向潜在顾客传达其所期望的奇迹和感觉。

2. 人们排斥与其消费习惯不相同的事物

消费者在长期的购买、消费行为中往往形成了特定的好习惯。消费习惯具有惯性，一旦形成很难改变，需要企业付出巨大的努力。品牌定位有利于培养消费习惯，提高顾客忠诚度。

3. 人们对同种事物的记忆是有限度的

正如我们前面所讲到的，这是个信息超量的时代，产品种类多到前所未有的地步，然而人们的记忆是有限的，很少有人能准确列出同类商品 7 个以上的品牌，人们往往能记住谁是市场上的"第一、第二"，在购买时首先想到也往往是某些知名品牌。

5.4.3.2 品牌定位分析工具

1. 3C 分析法

3C 分析法是指针对企业所处的市场竞争环境：消费者（Customer）、竞争者（Competitor）、企业自身（Corporation）三方面的全面的营销调研分析。营销的本质在于"满足消费者的需求"。

可见消费者分析主要包括以下几个方面：消费者的人口统计特征（包括年龄、性别、职业、收入、教育程度等）、消费者的个性特征、消费者的生活方式、消费者的品牌偏好与品牌忠诚、消费者的消费习惯与行为模式等内容。

竞争者分析主要包括以下内容：企业的主要竞争品牌、企业在竞争中的地位、竞争品牌的产品特征、竞争品牌的品牌定位与品牌形象、竞争品牌的传播策略等。

企业分析主要针对企业的品牌现状进行审计，主要包括以下内容：竞争品牌的传播策略、企业的产品特征、企业现有的目标市场、企业在消费者心目中的品牌形象、企业现有的品牌传播策略、企业现有的品牌知名度、美誉度等。

2. SWOT 分析法

SWOT 分析法是战略管理理论中最常见的分析工具之一，它是一种综合考虑企业外部环境和内部条件的各种因素，进行系统评价，从而选择最佳经营战略的方法。其中，S 是指企业内部所具有的优势（Strengths），W 是指企业内部所具有的劣势（Weaknesses），O 是指企业外部环境的机会（Oppor-tunities），T 是指企业外部环境的威胁（Threats）。对于品牌定位的前期调研与分析而言，SWOT 分析工具同样也是适用的，只不过此时所分析的对象更加具体，它主要集中在与企业品牌相关的内容。

3. 品牌定位图分析法

品牌定位图分析法主要用于对市场上各种竞争品牌的定位进行图示比较分析，相对于前两种分析方法，品牌定位图是一种直观的、简洁的品牌定位分析工具。一般利用平面二维坐标图将品牌识别、品牌认知等状况作直观比较，其水平坐标轴代表一项评价品牌的特征因子，其垂直坐标轴代表另一项评价品牌的特征因子，图上各点则对应市场上的主要品牌，它们在图中的坐标位置代表消费者对其在各项特征因子上的表现的评价。例如，品牌定位分析图（图 5.7～图 5.9）。

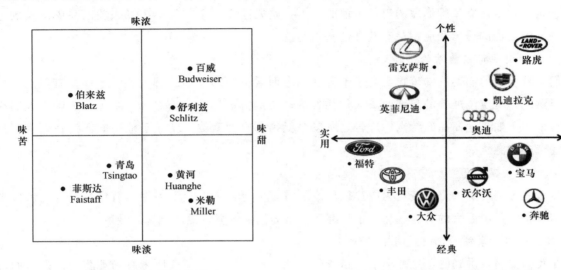

图 5.7 啤酒品牌定位图   图 5.8 中国汽车市场品牌定位图

图 5.7 所示啤酒品牌定位图，图上的横坐标表示啤酒口味苦甜程度，纵坐标表示口味的浓淡程度。而图上各点的位置反映了消费者对啤酒品牌口味和味道的评价。如百威（Budweiser）被认为味道较甜、口味较浓，而菲斯达啤酒（Falstaff）则味道偏苦及口味较淡。

由于品牌定位图准确和直观地指出了企业主要竞争品牌的定位布局，因此可以帮助企业迅速找到细分市场上的空隙，从而确立自己的品牌定位。

5.4.3.3 建立品牌定位的方法

抢先占位。指发现消费者心智中有一个富有价值的（阶梯）位置无人占据，就第一个全力去占据它。如步步高公司发现在电话机行业里面有一个空白点，没有一个品牌代表着无绳电话。于是它一马当先提出，"步步高无绳电话，方便千万家。"现在步步高已成为了无绳电话机的领导品牌，即当步步高成为无绳电话的代名词时，我们就可以说这个品牌占据了这块心智资源。

关联强势品牌。发现某个市场阶梯上的首要位置，已为强势品牌占据，就让自己的品牌与市场阶梯中的该强势品牌产品相关联，使消费者在首选强势品牌产品的同时，

图 5.9 品牌定位图

紧接着联想到自己，作为补充选择。

攻击强势品牌。如果消费者心目中的代表品牌有潜在弱点，新品牌可以由此突破，自己取而代之。

5.4.4 品牌定位注意的问题

做品牌必须挖掘消费者感兴趣的某一点，当消费者产生这一方面的需求时，首先就会想到它的品牌定位，就是为自己的品牌在市场上树立一个明确的、有别于竞争对手的、符合消费者需要的形象，其目的是在潜在消费者心中占领一个有利的位置。

品牌要脱颖而出，还必须尽力塑造差异，只有与众不同的特点才容易吸引人的注意力。所以说，企业品牌要想取得强有力的市场地位，它应该具有一个或几个特征，看上去好像是市场上"唯一"的。这种差异可以表现在许多方面，如质量、价格、技术、包装、售后服务等，甚至还可以是脱离产品本身的某种想象出来的概念。

正确处理品牌定位与品牌整合营销传播的关系，实现品牌定位与品牌推广的有机结合。品牌定位从产品开始，除了产品定位以外，作为品牌定位的重要内容的就是品牌整合营销传播过程中的广告诉求。必须承认，品牌广告诉求作为企业与消费者沟通的主题，是品牌个性的重要体现，没有目标顾客认同的诉求主题，品牌定位也难以实现，甚至是不可能实现的。但是，过分夸大广告诉求的作用，进而仅仅以品牌广告诉求来认知品牌定位是片面的。没有与广告诉求相一致的产品，那么，广告宣传的生命力、广告宣传的效果就不能持久存在。因此，可以说，品牌定位是以产品定位为基础，以广告诉求定位为保障，通过各种营销手段的整合运用塑造品牌形象的过程。

品牌定位蕴含产品定位，又依赖于宣传定位，品牌定位最终所体现的让消费者所感知的品牌形象与个性是产品定位于宣传定位的有机结合。

5.5 产品竞争定位

产品竞争定位关注的焦点是在开发产品的市场竞争对手的同档次产品。

首先要识别出自己产品的竞争对手是谁，并对竞争对手作深入、细致、全方位的了解。对竞争对手的了解越多、越深入，产品成功的机会就越大。

例如，相机（图 5.10）入门单反佳能 600D、尼康 D5100、索尼 a580、宾得 K－r 的产品竞争。4 款相机的款型、售价、最高可接受 ISO、成像 CMOS 尺寸、有效像素对比。

表 5.2 是佳能 600D 与产品主要竞争者价格及主要参数对比。

表 5.2   **4 台相机价格及主要参数**

相机型号	市场售价/元	最高可接受 ISO	CMOS 尺寸/mm	有效像素/万
佳能 600D	5000（仅机身）	ISO 1600	22.3×14.9	1800
尼康 D5100	4700（仅机身）	ISO 800	23.6×15.6	1620
索尼 a580	5000（套机）	ISO 800	23.5×15.6	1620
宾得 K－r	5000（套机）	ISO 400	23.6×15.8	1240

从设计定位系统的构成来看，产品可以从功能、结构、形象等方面入手，寻找与竞争对手的比较优势。上述几个方面的优势也不是需要面面俱到，只要在其中某一个方面或者某个方面的某个因素有

(a) 佳能 600D　　　　　　　　　　　　　(b) 尼康 D5100

(c) 索尼a580　　　　　　　　　　　　　(d) 宾得K-r

图 5.10　4 款相机产品竞争定位

其胜人之处，就可以从这里下手，确立优势，抓住消费者。因为消费者的口味千差万别，每一种差别化的设计定位所指引的产品，都能吸引不同的消费群体。

5.5.1　产品竞争者分析

产品竞争者分析是指企业通过某种分析方法识别出产品竞争对手，并对它们的目标、资源、市场力量和当前战略等要素进行评价。其目的是为了准确判断产品竞争对手的战略定位和发展方向，并在此基础上预测产品竞争对手未来的战略，准确评价产品竞争对手对本组织的战略行为的反应，估计产品竞争对手在实现可持续竞争优势方面的能力。

对产品竞争对手进行分析是确定企业在产品行业中战略地位的重要方法。

5.5.1.1　行业角度

从行业的角度来看，企业的竞争者如下。

（1）现有厂商。指本行业内现有的与企业生产同样产品的其他厂家，这些厂家是企业的直接竞争者。

（2）潜在加入者。当某一行业前景乐观、有利可图时，会引来新的竞争企业，使该行业增加新的生产能力，并要求重新瓜分市场份额和主要资源。另外，某些多元化经营的大型企业还经常利用其资源优势从一个行业侵入另一个行业。新企业的加入，将可能导致产品价格下降，利润减少。

（3）替代品厂商。与某一产品具有相同功能、能满足同一需求的不同性质的其他产品，属于替代品。随着科学技术的发展，替代品将越来越多，某一行业的所有企业都将面临与生产替代品的其他行业的企业进行产品竞争。

5.5.1.2　市场角度

从市场角度看，企业的竞争者如下。

（1）品牌竞争者。企业把同一行业中以相似的价格向相同的顾客提供类似产品或服务的其他企业称为品牌竞争者。如家用空调市场中，生产格力空调、海尔空调、三菱空调等厂家之间的关系。品牌竞争者之间的产品相互替代性较高，因而竞争非常激烈，各企业均以培养顾客品牌忠诚度作为争夺顾客的重要手段。

（2）行业竞争者。企业把提供同种或同类产品，但规格、型号、款式不同的企业称为行业竞争者。所有同行业的企业之间存在彼此争夺市场的竞争关系。如家用空调与中央空调的厂家、生产高档汽车与生产中档汽车的厂家之间的关系。

（3）需要竞争者。提供不同种类的产品，但满足和实现消费者同种需要的企业称为需要竞争者。如航空公司、铁路客运、长途客运汽车公司都可以满足消费者外出旅行的需要，当火车票价上涨时，乘飞机、坐汽车的旅客就可能增加，相互之间争夺满足消费者的同一需要。

（4）消费竞争者。提供不同产品，满足消费者的不同愿望，但目标消费者相同的企业称为消费竞争者。如很多消费者收入水平提高后，可以把钱用于旅游，也可用于购买汽车或购置房产，因而这些企业间存在相互争夺消费者购买力的产品竞争关系，消费支出结构的变化，对企业的产品竞争有很大影响。

5.5.1.3 竞争地位角度

从企业所处的竞争地位来看，竞争者的类型如下。

（1）市场领导者。指在某一行业的产品市场上占有最大市场份额的企业。如佳能公司是摄影市场的领导者。市场领导者通常在产品开发、价格变动、分销渠道、促销力量等方面处于主宰地位。市场领导者的地位是在产品竞争中形成的，但不是固定不变的。

（2）市场挑战者。指在行业中处于次要地位（第二、第三甚至更低地位）的企业。如索尼是摄影市场的挑战者。市场挑战者往往试图通过主动竞争扩大市场份额，提高市场地位。

（3）市场追随者。指在行业中居于次要地位，并安于次要地位，在战略上追随市场领导者的企业。在现实市场中存在大量的追随者。市场追随者的最主要特点是跟随。在技术方面，它不做新技术的开拓者和率先使用者，而是做学习者和改进者。

（4）市场补缺者（nichers）。多是行业中相对较弱小的一些中、小企业，它们专注于市场上被大企业忽略的某些细小部分，在这些小市场上通过专业化经营来获取最大限度的收益，在大企业的夹缝中求得生存和发展。市场补缺者通过生产和提供某种具有特色的产品和服务，赢得发展的空间，甚至可能发展成为"小市场中的巨人"。

综上所述，企业应从不同的角度，识别自己的产品竞争对手，关注产品竞争形势的变化，以更好地适应和赢得产品竞争。

5.5.1.4 竞争者优劣势分析的内容

在市场竞争中，企业需要分析竞争者的优势与劣势，做到知己知彼，才能有针对性地制定正确的市场竞争战略，以避其锋芒、攻其弱点、出其不意，利用竞争者的劣势来争取市场竞争的优势，从而来实行企业营销目标。

（1）产品。竞争企业产品在市场上的地位；产品的适销性；以及产品系列的宽度与深度。

（2）销售渠道。竞争企业销售渠道的广度与深度；销售渠道的效率与实力；销售渠道的服务能力。

（3）市场营销。竞争企业市场营销组合的水平；市场调研与新产品开发的能力；销售队伍的培训与技能。

（4）生产与经营。竞争企业的生产规模与生产成本水平；设施与设备的技术先进性与灵活性；专利与专有技术；生产能力的扩展；质量控制与成本控制；区位优势；员工状况；原材料的来源与成本；

纵向整合程度。

（5）研发能力。竞争企业内部在产品、工艺、基础研究、仿制等方面所具有的研究与开发能力；研究与开发人员的创造性、可靠性、简化能力等方面的素质与技能。

（6）资金实力。竞争企业的资金结构；筹资能力；现金流量；资信度；财务比率；财务管理能力。

（7）组织。竞争企业组织成员价值观的一致性与目标的明确性；组织结构与企业策略的一致性；组织结构与信息传递的有效性；组织对环境因素变化的适应性与反应程度；组织成员的素质。

（8）管理能力。竞争企业管理者的领导素质与激励能力；协调能力；管理者的专业知识；管理决策的灵活性、适应性、前瞻性。

5.5.1.5 竞争者的市场反应行为

（1）迟钝型竞争者。某些竞争企业对市场竞争措施的反应不强烈，行动迟缓。这可能是因为竞争者受到自身在资金、规模、技术等方面的能力的限制，无法做出适当的反应；也可能是因为竞争者对自己的竞争力过于自信，不屑于采取反应行为；还可能是因为竞争者对市场竞争措施重视不够，未能及时捕捉到市场竞争变化的信息。

（2）选择型竞争者。某些竞争企业对不同的市场竞争措施的反应是有区别的。例如，大多数竞争企业对降价这样的价格竞争措施总是反应敏锐，倾向于做出强烈的反应，力求在第一时间采取报复措施进行反击，而对改善服务、增加广告、改进产品、强化促销等非价格竞争措施则不大在意，认为不构成对自己的直接威胁。

（3）强烈反应型竞争者。竞争企业对市场竞争因素的变化十分敏感，一旦受到来自竞争挑战就会迅速地做出强烈的市场反应，进行激烈的报复和反击，势必将挑战自己的竞争者置于死地而后快。这种报复措施往往是全面的、致命的、甚至是不计后果的，不达目的决不罢休。这些强烈反应型竞争者通常都是市场上的领先者，具有某些竞争优势。一般企业轻易不敢或不愿挑战其在市场上的权威，尽量避免与其作直接的正面交锋。

（4）不规则形竞争者。这类竞争企业对市场竞争所做出的反应通常是随机的，往往不按规则出牌，使人感得不可捉摸。例如，不规则形竞争者在某些时候可能会对市场竞争的变化做出反应，也可能不做出反应；他们既可能迅速做出反应，也可能反应迟缓；其反应既可能是剧烈的，也可能是柔和的。

5.5.2 产品竞争定位分析

我们有不少企业已经逐渐认识到了设计定位的重要性，也在产品开发的前期来确定产品的设计定位。但他们大多是建立在对消费者分析的基础上的，而对竞争对手的分析不够多，因而得出的结论与做法都是大同小异。另外一个方面的问题，就是设计定位太宽泛，传达的信息太多，什么都想表达，结果什么都没表达好。特点太多，就等于没有特点，产品也就没有了鲜明的形象。因为消费者面临着太多的信息，就只接受他的经验以及知识结构所适应的信息。我们已经发现了这些问题，正确的做法是了解消费者的认知，提出与竞争者不同的主张，让产品有一个清晰而又有别于同类产品的概念。

5.5.2.1 寻找产品与竞争对手的区隔概念

通过市场细分、选择目标市场，产品就有相对明确的潜在用户。同时，我们必须看看自己在哪一点上还有可能比竞争对手更强大、更有力，或更具潜在优势。

让消费者给你的产品腾出一个特定的心智空间，接纳你、信任你甚至忠诚你是非常不容易的，但这又是任何一个成功的产品应该做、也必须要做到的。我们需要首先寻找一个把自身与竞争者相区别开来的概念。然后从既有的产品"差别"要素中，选择合适的要素作为与竞争对手相区别的地方。还要寻找到自己有优势的概念，使自己与竞争者区别开来，占据有利的位置。

5.5.2.2 找到区隔概念的支持点，确定设计定位

任何一个区隔概念，都必须有据可依。我们需要在设计定位系统中给区隔概念找到自己的落脚点。设计定位的其他方面的因素也很重要，但由于其不能建立比较优势，所以不是产品设计诉求的重点。设计定位要有差别性、识别性，由此保证产品在竞争中的有效性。

5.5.2.3 设计定位模型的建立

综上所述，可以得到设计定位模型。鉴于每一类产品都有那么多品种，企业如何把自己的产品打入消费者的头脑呢？由于可趁之机比较少，企业必须通过与竞争对手建立区隔来创造属于自己的空间。要确认那些已经被竞争对手开发的主题。研究表明，由于感性认识上的先入为主，先行者可以获得巨大的领先优势，所以在确定产品的设计定位的时候，要寻找属于自己的区隔，在此区隔概念下，企业所开发的产品要能够承载自己的定位，并领先于竞争对手。

5.6 产品消费者定位

本书所讲用户即为消费者。从法律意义上讲，消费者应该是为个人的目的购买或使用商品和接受服务的社会成员。他或她必须是产品和服务的最终使用者而不是生产者、经营者。也就是说，他或她购买商品的目的主要是用于个人或家庭需要而不是经营或销售，这是消费者最本质的一个特点。

5.6.1 消费者市场特性

1. 非盈利性

消费者购买商品是为了获得某种使用价值，满足自身的生活消费的需要，而不是为了盈利去转手销售。

2. 非专业性

消费者一般缺乏专门的商品知识和市场知识。消费者在购买商品时，往往容易受厂家、商家广告宣传、促销方式、商品包装和服务态度的影响。

3. 层次性

由于消费者的收入水平不同，所处社会阶层不同，消费者的需求会表现出一定的层次性。一般来说，消费者总是先满足最基本的生存需要和安全需要，购买衣、食、住、行等生活必需品，而后才能视情况逐步满足较高层次的需要，购买享受型和发展型商品。

4. 替代性

消费品中除了少数商品不可替代外，大多数商品都可找到替代品或可以互换使用的商品。因此，消费者市场中的商品有较强的替代性。

5. 广泛性

消费者市场上，不仅购买者人数众多，而且购买者地域分布广。从城市到乡村，从国内到国外，消费者市场无处不在。

6. 流行性

消费需求不仅受消费者内在因素的影响，还会受环境、时尚、价值观等外在因素的影响。时代不

同，消费者的需求也会随之不同，消费者市场中的商品具有一定的流行性。

5.6.2　消费者的需要层次分类

美国心理学家马斯洛（A. H. Maslow，1908—1970）将人类需要分成 5 个层次。

（1）生理需要。这是人类维持自身生存的最基本要求，只有这些最基本的需要满足到维持生存所必需的程度后，其他的需要才能成为新的激励因素。

（2）安全需要。这是人类要求保障自身安全、摆脱事业和丧失财产威胁、避免职业病的侵袭、接触严酷的监督等方面的需要。

（3）社会需要。这一层次的需要包括两个方面的内容。①友爱的需要，即人人都需要伙伴之间、同事之间的关系融洽或保持友谊和忠诚；人人都希望得到爱情，希望爱别人，也渴望接受别人的爱。②归属的需要，即人都有一种归属于一个群体的感情，希望成为群体中的一员，并相互关心和照顾。感情上的需要比生理上的需要来的细致，它和一个人的生理特性、经历、教育、宗教信仰都有关系。

（4）尊重需要。人人都希望自己有稳定的社会地位，要求个人的能力和成就得到社会的承认。尊重的需要又可分为内部尊重和外部尊重。内部尊重是指一个人希望在各种不同情境中有实力、能胜任、充满信心、能独立自主。总之，内部尊重就是人的自尊。外部尊重是指一个人希望有地位、有威信，受到别人的尊重、信赖和高度评价。马斯洛认为，尊重需要得到满足，能使人对自己充满信心，对社会满腔热情，体验到自己活着的用处和价值。

（5）自我实现的需要。这是最高层次的需要，它是指实现个人理想、抱负，发挥个人的能力到最大程度，完成与自己的能力相称的一切事情的需要。马斯洛提出，为满足自我实现需要所采取的途径是因人而异的。自我实现的需要是在努力实现自己的潜力，使自己越来越成为自己所期望的人物。如图 5.11 所示是马斯洛的人类 5 个需求层次。

一个国家多数人的需要层次结构，是同这个国家的经济发展水平、科技发展水平、文化和人民受教育的程度直接相关的。在不发达国家，生理需要和安全需要占主导的人数比例较大，而高级需要占主导的人数比例较小；而在发达国家，则刚好相反。在同一国家不同时期，人们的需要层次会随着生产水平的变化而变化，有人曾就美国的情况做过估计，美国人的需要层次变化情况如表 5.3 所列。

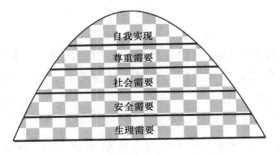

图 5.11　马斯洛的人类五个需求层次

表 5.3　　美国人的需要层次变化情况

层次	需要种类	1935 年	1995 年
1	生理需要	35%	5%
2	安全需要	45%	15%
3	感情需要	10%	24%
4	尊重需要	7%	30%
5	自我实现的需要	3%	26%

5.6.3　产品消费者定位分析

产品消费者定位是从消费者心智出发，以满足经过市场细分选定的目标用户群的独特需求为目的，并在同类产品中建立具有比较优势的设计策略。就是根据目标用户的需要来开发对应产品的一种产品开发策略。

产品用户定位方法有消费群体定位和消费层次定位两种。

1. 消费群体定位

产品消费群体定位可以按照消费者年龄、文化层次和职业状况细分等方式进行。

例如，定位的消费人群是白领还是大众化的蓝领或灰领；是儿童、成人还是老年人；是工薪阶层还是农民工；是销往大城市，还是中小城镇或边远农村；是国内市场还是国际市场；是发达国家和地区，还是贫困地区等。

2. 消费档次定位

马斯洛的理论把消费需求分成依次由较低层次到较高层次的发展模式，有助于帮助我们确定产品用户定位。

如图 5.12 所示，用户层次市场对产品的层次要求。

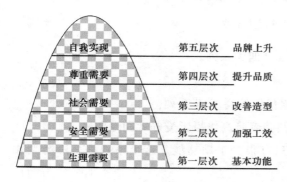

图 5.12　用户市场对产品的层次要求

（1）生理需求。满足最低需求层次的市场，消费者只要求产品具有一般功能即可。所以，企业的产品用户定位是设计只带有基本功能的产品来满足最低层次的用户需要，材料以廉价为主。

（2）安全需求。满足对"安全"有要求的市场，消费者关注产品对身体的影响。所以，企业的产品用户定位是设计在带有基本功能的产品的基础上，增加操作便利与安全方面的考虑，材料选择上要比基本型更耐用，质量也较好，以此来满足第二层次的用户需要。

（3）社会需求。满足对"交际"有要求的市场，消费者关注产品是否有助提高自己的交际形象。第三层次用户需要的产品除具有基本功能和人机工程的考虑外，需要在款式上、装饰上提升产品的档次，包装档次与价格也更高，以满足第三层次用户的需要。

（4）尊重需求。满足对产品有与众不同要求的市场，消费者关注产品的象征意义，把产品当作一种身份的标志。最优秀的技术、特殊的桶装、独一无二的功能，甚至包括最高的价格都选择他们的理由。到了第四层次，企业的产品用户定位要在功能、结构、材料、做工、款型、包装上全面提升。

（5）自我实现。满足对产品有自己判断标准的市场，消费者拥有自己固定的品牌。需求层次越高，消费者就越不容易被满足。消费者已经拥有一到四、四个层次的各种需求，他们对产品的认识转变为某个品牌对其生活的影响，在精神上认可某个品牌。也就是产品的品牌精神内涵对于他们的选择影响很大。这也就是对产品最高要求的层次。企业的产品用户定位要在高技术性能、高品质、高档材料、高级做工、有强烈艺术品位方面来满足该层次用户的自我实现。

例如，佳能数码相机的产品用户定位（图 5.13）。

佳能将用户细分到超过五个层次，细分产品达到十几个层次。所以，数码相机的产品线很长，种类数十种，可以满足从底端到高端的各种层次用户的需要。

佳能数码相机现在主要分为 3 大类。

（1）EOS（Electron Optics System）系列：定位高档相机。EOS 系列都是数码单反相机，可以换镜头。

（2）PowerShot 系列：定位半专业相机。外形时尚带手动功能。适合摄影爱好者使用。

<table>
<tr><td>EOS-1Ds</td><td>EOS-7D</td><td>PowerShot G12</td><td>PowerShot sx30</td></tr>
</table>

PowerShot A3300 IS   IXUS 310 HS   PowerShot D10   IXUS 105   PowerShot A3100 IS

图 5.13　佳能系列数码相机的用户定位

根据不同用户需求 PowerShot 系列又细分为 A、S/G、P 四大系列。

1）A 系列主要面对家庭用户，多属于入门级产品。

2）S 系列和 G 系列主要面对中高端用户，性能和像素指标均高于 A 系列。

3）Pro 系列是佳能 2004 年新推出的一个系列，目标消费者是高级摄影爱好者和专业人士。

（3）IXUS 系列：定位时尚傻瓜型。外形小巧时尚，只有很少手动功能。这个系列都是轻薄型相机，俗称卡片机。

5.7　产品功能定位

5.7.1　产品功能定位概述

　　产品功能定位，就是指在目标市场选择和市场定位的基础上，根据潜在的目标消费者需求的特征，结合企业特定产品的特点，对拟提供的产品应具备的基本功能和辅助功能做出具体规定的过程。要确定所要设计的产品在哪些方面异于其他厂家的同类产品，又在多大程度上造成了这种差异性。选择差异的类别和大小是要经认真分析的，不能闭门造车，有些产品可在价格上形成差异，有些可在功能上造成差异，有些可在质量上造成差异，此外还可在造型形态、色彩、装饰、工艺、质感、风格、尺度等形式要素，以及安全性、可靠性、维护性、技术水平、规格、性能、质量、互换性等功能技术要素上建立具体的差异性。差异可以是一个方面的，也可以是多方面的，应该视需要和能力而定。

　　产品功能定位其目的是为市场提供适销对路、有较高性能价格比的产品。

5.7.2　产品功能定位的影响因素

　　影响产品功能定位的因素是多方面的，在进行功能定位过程中，企业要综合考虑这些因素，并且能够明确哪些因素是决定性因素。

5.7.2.1　国家有关的经济政策

　　（1）功能的提高要符合价格政策。功能的提高往往意味着质量的提高，根据"按质论价"的方针，对于质量高的产品，往往可订出高于其他同类产品较多的价格。如果企业具有一定的技术实力，并且与产品质量较高水平相适应的功能为用户所接受，因提高质量而发生的追加费用能通过价格得到补偿，即尽量地把功能标准定得高一些。

（2）功能标准制定要符合节能政策。产品功能标准制定过高，在一定的工艺技术条件下，单位产品能源消耗会相应提高。如果增加的产品功能并不一定为用户所必需，不能增加产品的功能性，就会造成社会财富的浪费。

5.7.2.2 市场和用户方面的情报资料

制订产品功能标准的最终目的是研制、生产出用户满意的产品，以取得最佳经济效益。因此，对于功能标准的制（修）订来说，必须采用吸收用户代表参与讨论、召开用户座谈会、走访用户等方式来对用户进行调查、分析与研究。

（1）主要应调查用户的性质、所处的销售地区、市场层次、经济条件、购买能力、技术操作与维修保养能力。

（2）用户使用产品的目的、使用环境与条件。

（3）用户对产品的功能以及为实现这些功能所必须具备的技术经济参数的要求。

（4）用户对价格水平或价格控制幅度的要求和技术服务方面的要求等。

在激烈的市场竞争中，企业能否得以生存与发展，关键在于其产品的功能是否适应市场需要，满足用户的要求，产品的各项技术经济指标能否在一定时期内为广大用户乐于接受。

需要指出的是，产品功能的适应性与时间、环境、区域、风习有很大关系。具有同样质量、功能水平的产品，由于时间期限、地点、心理满足程度和消费习惯的不同而有不同的评价。企业应站在用户的立场上，根据用户的层次与结构来设计、制造具有不同功能水平的产品。因此，对不同地区、层次用户分别对功能需求的调查研究，对同一地区、层次的用户在未来一定时期内对功能需求的预测分析，就成为进行产品功能定位的重要依据。

5.7.2.3 企业内外约束条件的资料

产品功能的定位，如果没有各方面的约束条件，当然越高越好。但实际情况并非如此，下列诸因素都是应当考虑的。

（1）用户的经济条件与支付能力。由于经济条件的限制，人们在购买某种商品时，总要对其支出费用的大小与取得功能的高低进行权衡分析，尽可能使支出得当，获得的功能合理。

（2）企业的生产技术与管理水平。在充分地调查研究用户需求状况之后，能否生产出高功能标准的产品，还取决于企业的产品设计、研制能力、加工制造和质量保证能力以及与产品生产制造有关的科研成果、技术发明、新材料、新工艺、新技术应用的可能性。企业质量管理、技术管理、生产管理水平高低，也对产品功能有很大影响。

（3）企业经济效益的好坏。对于产品生产上和使用上的适用性，除了要有技术、管理方面的保证外，还要考虑企业按规定标准生产该产品能否取得较高的经济效益。产品功能标准定得过高，致使许多企业由于各种技术资源条件的影响无法组织生产。或虽有条件组织生产但远不如组织其他产品生产所取得的效益大，也没人愿意生产它，结果标准只能自我扼杀。

5.7.2.4 单一功能或多功能定位

产品的定位是单一功能，还是多功能？这也是值得厂家仔细考虑的问题。

（1）定位于单一功能，则造价低、成本少，但不能适应消费者多方面的需要。

（2）定位于多功能，则成本会相应地提高，然而能够满足顾客很多方面需要。多功能定位在市场走俏，单一功能定位若使用得好也能畅销市场。

5.7.3 产品功能定位步骤

5.7.3.1 组建产品功能制订工作组

在产品功能制订小组的组织方面，关键是处理好人员的结构问题。过去这方面的工作人员，多以生产企业与归口管理部门的代表组成。为了掌握用户的功能要求，不仅要有参加调研的工作人员、生产厂家参与，还必须吸收一些有代表性的用户、经销单位参加。总之，由最了解产品或产品问题之所在及用户对功能要求的人员参与产品功能的制（修）订工作，应尽量摆脱职位、权威的约束。

5.7.3.2 广泛调查研究，收集各方面情报资料

产品功能确立或制订涉及面广、工作量大，是一项很复杂的技术经济工作，只有掌握了比较完整、全面的情报信息资料，才能使功能标准的制订有科学依据。产品功能定位的根据是现实市场需求及潜在市场需求，现实竞争对手及潜在竞争对手，现实企业能力及潜在企业能力，现实国家政策及潜在国家政策等。总之，一切与企业发展有关的因素，都在考虑之中。

5.7.3.3 在市场细分的基础上进行初步的功能设计

功能设计实质上是市场细分理论的深化，市场细分方法有好多种，但归根结底都是以产品附加功能细分的。功能设计是以消费者的潜在需求为依据，设计产品的功能组成，经过功能成本的分析，由专业技术人员进行产品设计、企业安排生产、开展针对性的营销，将产品交到目标消费者手中。功能设计要打破传统的思维定势，进行观念创新，将关注的焦点集中在当前和未来行业的产品功能所在，以及功能转移的方向和速度上。要不断开发新功能产品，一种功能一经市场认可，企业就必须做好开发后续功能产品的准备，因为任何一种好功能迟早会被沦为基本功能。所以企业应该主动破坏行业中业已存在的功能优势，不断地发现和创造本行业及行业外新的功能。

5.7.3.4 在实施过程中不断完善原有功能设计并进行功能定位

将制订的初步功能标准或条文进行实施，在实施过程中做好信息反馈工作，收集生产企业与用户的意见，不断修订和完善，最后形成具有约束效力的技术法规，作为企业组织生产，用户在使用过程中进行评价的依据。

例如，佳能数码相机 IXUS 系列功能定位考察。

1. 产品定位

Digital IXUS 系列定位时尚傻瓜型。外形小巧时尚，只有很少手动功能。这个系列都是轻薄型相机，俗称卡片机。主要面对时尚用户，其产品特点为轻薄、小巧、美观，深为女性消费者钟爱，图5.14 所示为佳能 200 IS 数码相机。

根据产品定位的特点，IXUS 200 IS 在功能上确定了如下定位。

图 5.14 佳能 200 IS 数码相机

2. 基本功能定位

伊克萨斯 IXUS 200 IS 是佳能首款搭载 24mm 超广角 IS 光学防抖变焦镜头的小型数码相机，相对于在三星、松下、徕卡 2008 年就已经推出了 25mm 和 24mm 的超广角卡片式数码相机。佳能 2009 年的 IXUS 200 IS 功能定位最大的焦点是 24mm 超广角焦距。这是佳能的第一款 IXUS 有着超过 28mm 的超广角镜头，也是佳能的第一款非单反相机有着这样的镜头。

新采用的 5 倍光学变焦，镜头焦距相当于 35mm 照相机的 25～120mm，最大光圈 F2.8（广角）/ 5.9（长焦），焦距覆盖从超广角到中长焦，无论聚会合影还是风光照片，IXUS 200 IS 都可将远近之美广纳其中。

1210 万有效像素 CCD 和 DIGIC 4 影像处理器确保出众画质。无论是从数量还是产品线的齐全程度来看，佳能对该系列相机投入很大的力度，以期在崇尚外观的年轻时尚消费群中占领更多的市场份额。

15s 到 1/3000s 的快门，速度是其他 IXUS 快一倍左右，大部分都是只有到 1/1500s。

佳能 DIGIC 4 影像处理器，这个处理器和索尼、松下的相比有点慢，每秒连拍 0.8 幅相片。

ISO 感光度和其他的 IXUS 系列相似，都是 80～1600，支持 3200 的高感光度智能拍照模式。

3. 辅助功能定位

3 英寸 23 万像素的宽频触摸液晶屏，是佳能的第一款触摸屏，也是继 110 IS 以后有着宽频的液晶屏。

高清电视 1280×720 每秒 30 帧的录像效果（单声道）。

微距变焦 5cm，有点不够用。

佳能一直引以骄傲的光学影像稳定器，属于镜片避震功能，好于其他牌子的感光芯片位移功能。

锂离子充电电池。

支持佳能的智能面部识别功能。

支持 HDMI 输出功能。

4 个颜色：风情棕、畅想蓝、神秘紫、梦幻银。

外形尺寸：99.9mm×53.4mm×22.9mm。

产品重量：130g。

5.8 产品款型定位

5.8.1 产品款型

产品款型与产品形态和产品造型的概念基本上是重合的，可以理解为一事物的三种称谓，但其间又略有差别。

产品形态是设计学领域对产品整体外形所表现出来的有关形状、姿态、大小、色彩、材质、肌理以及构成等问题的研究，是偏理论性的一个用语。

产品造型是工业设计行业对产品的开发活动的总称，主要是针对产品形态的外观设计（汽车等也包括内饰）、模型制作等设计活动的创作过程及创作结果，是偏实践性的一个用语。

产品款型是消费群体在购买（特别是服装选购）时使用的概念。消费者对购买对象一般至少有两个方面的要求是必须要满足的。一个是款式要满意，另一个是型号的大小宽窄要合适，有时也包含对产品花色、材料、做工的要求。

在工业设计或产品设计中，款式就是指式样或外观造型，型号就是指大小或尺度。这两个要求一个是形态的形状、姿态，另一个是形态的大小、胖瘦。所以，将这两个要求同时对产品提出就是产品的款型问题。产品款型的变化可以增加产品的花色品种和规格系列，能够有效地满足更多消费者对产品提出的不同要求，同时也可以降低产品的开发成本。

5.8.2　产品款型定位分析

产品款型定位是在产品定位的基础上，依据用户定位和功能定位对产品在产品的整体形态、产品的局部形态、产品的大小尺度、产品的色彩设置相对于产品市场、相对于竞争对手所采取的设计策略，为本企业产品塑造与众不同的、给人印象鲜明的形象，并将这种形象生动地传递给顾客，从而使该产品在市场上有一个确定适当的位置。

5.8.3　产品款型定位的内容

产品款型定位的内容主要是两个方面：①产品外观设计；②大小尺度与规格参数问题。一般产品需要考虑的产品款型定位的内容如下所述。

（1）确定产品传达的意识形态（精神属性），产品整体外观造型基调。

（2）提出产品局部细节造型的基本要求。

（3）确定产品传达的应用形态（使用属性），产品使用操作界面规定。

（4）提出产品材料及工艺基本要求。

（5）产品色彩及表面装饰基本要求。

（6）对产品大小尺度的限制范围、规格及参数系列种类的限制。

（7）基本产品重量和加附件总重限制范围。

例如，佳能数码相机的款型定位。

1. 佳能 EOS 60D 的款型定位

机身整体造型给人以高级的接近专业数码单反相机的感觉，造型大气俊朗（图 5.15）。

外壳采用了专为佳能 EOS 60D 新开发的机身强度很高的材料。

颜色沉稳，黑色的配色显示出浓烈的专业质感。

佳能 EOS 60D 配备 3 英寸 104 万像素显示屏，显示精度已经超过了佳能 7D，屏幕可多角度旋转，水平方向可展开的最大角度约 175°，竖直方向的向下最大旋转角度约 90°，向上最大旋转角度约 180°。

机身具有接近专业数码单反相机的量感及适合手持大小的准专业数码单反相机。

尺寸（宽×高×厚）约 144.5mm×105.8mm×78.6mm。

重量约 755g（包含电池和存储卡），约 675g（仅机身）。

2. 佳能 PowerShot G12 的款型定位

机身整体造型给人以高级的便携性突出的小型准专业数码相机的感觉，造型高贵典雅（图 5.16）。

图 5.15　佳能 EOS 60D

图 5.16　佳能 PowerShot G12

外壳采用了机身强度很高的材料。

颜色沉稳，黑色的配色显示出浓烈的准专业质感。

佳能 PowerShot G12 配备 2.8 英寸 46.1 万像素液晶屏，屏幕可多角度旋转，水平方向可展开的最大角度约 175°，竖直方向的向下最大旋转角度约 90°，向上最大旋转角度约 180°。

机身具有接近准专业数码单反相机的量感及比较适合手持的大小的准专业数码相机。

尺寸（宽×高×厚）约 112.1mm×76.2mm×48.3mm（不包括凸出部分）。

重量约 351g（仅机身），约 401g（包含电池和存储卡）。

3. 佳能 IXUS 1000 款型定位

机身整体造型时尚前卫，纤薄而质感精良，非常便于拍摄者的日常携带与使用。整体设计保持流线型的同时加入一些棱角造型（图 5.17）。

图 5.17　佳能 IXUS 1000

机身外壳采用金属材质，骨架采用高强度的工程塑料，前面板经过钢琴烤漆处理，后盖则经过轻度的磨砂处理。

IXUS 1000 HS 不仅造型时尚，而且易于操作。机身背面的按钮布局简洁并舒适。

面板色彩斑斓明快，玛瑙褐、珍珠银、宝石粉 3 种全新的机身色彩，后盖颜色略浅。

佳能 IXUS 1000 配备 3.0″，约 23 万点，纵横比 16∶9 的 LCD 屏。

机身具有在视觉上显现出纤薄精良、时尚便携的感觉，大小能适应一般手持的卡片式数码相机。

尺寸（宽×高×厚）约 101.3mm×58.5mm×22.3mm（不包括凸出部分）。

重量（包括电池和存储卡/仅相机机身）约 167g（仅机身），约 190g（包含电池和存储卡）。

4. 佳能 PowerShot A495 款型定位

定位于家用入门相机，但性能强悍、品位不低，价格实惠是其主要特点（图 5.18）。

图 5.18　佳能 PowerShot A495

机身整体造型通过前后面板的包围式设计，打造出珠圆玉润般的精巧外形。机身上下的平滑曲线给人一种纤薄感。握持感更为舒适，也更易随身携带。

机身外壳采用高强度的工程塑料，轻便舒适。

大尺寸十字形操作按键可减免操作失误，按键图标显示更清晰，机身的每一处精心设计都有效提升了操作性。

机身色彩选择，满足你张扬个性的需要。外观设计上很简洁，机身色调为黑色和暗银色的组合，给相机带来了内敛不张扬的气质。

佳能 PowerShot A495 配备 2.5″，约 11.5 万点的 LCD 屏。

机身具有小巧便携的感觉，大小基本能适应一般手持的口袋装数码相机。

尺寸（宽×高×厚）约 93.5mm×61.7mm×30.6mm（不包括凸出部分）。

重量约 130g（仅机身），约 175g（包含电池和存储卡）。

5.8.4　产品款型定位的影响因素

随着时代的前进，科学技术的发展，人们审美观念的提高与变化，产品的造型设计和其他工业产品一样，不断地向高水平发展。影响产品造型设计的因素很多，但是现代产品的造型设计，主要强调满足人和社会的需要。美观大方、精巧宜人的产品，提高了整个社会物质和精神文明的水平。这是现代工业产品造型设计的主要依据和出发点。

人们处在不同的时代，有着不同的精神向往。产品造型的形象具有时代精神意义，符合时代特征，这些具有特殊感染力的"形""色""质"能够表现出时代科学水平与当代审美观念。

下列因素都会影响产品款型的定位。

（1）产品市场定位。

（2）产品定位。

（3）产品品牌定位。

（4）产品竞争定位。

（5）产品用户定位。

（6）产品功能定位。

（7）产品价格定位。

上述因素在前述各节都已论述，产品价格定位在下节论述，此处不再赘言。除此之外，企业的实力、投资策略、开发战略规划、设计策略以及设计团队的力量也都会影响产品款型定位。

将产品款型定位的内容与产品款型定位的影响因素相结合，通过对产品整体的系统分析、系统综合、整合创新，将会解决产品的款型设计问题。

5.8.5　产品款型定位的意义

产品的形态是产品与功能的中介，是产品内在品质、结构等因素的外在表征。产品的功能是多方位的，并没有包含形态的意义，由于不同的外部条件，同一功能会有无数的形态来表现。所以，就一种产品的功能而言，对应着无数的产品形态。如果产品的形态不确定，则产品的功能就无法实现。由于一种功能对应着多种形态，产品形态的好与坏，直接关系和影响产品的销售和市场占有率。因此，必须对众多形态做出选择、判断。设计定位的意义就是在产品形态的结构上要协调和规划好产品形态的定义和外在表现，确定产品造型的大体限制范围，搜寻最能代表产品定位的款型。也就是通过设计、制造来满足顾客需求，最终呈现在顾客面前的产品形态状况，包括视觉形态（外观属性）和应用形态

（使用属性），都能得到恰当的表现。

5.9 产品价格定位

5.9.1 产品价格定位概述

产品价格定位就是依据产品的价格特征，把产品价格确定在某一区域，在顾客心目中建立一种价格类别的形象，通过顾客对价格所留下的深刻印象，使产品在顾客的心目中占据一个较显著的位置。

现代企业的价格定位是与产品定位紧密相连的。价格定位一般有 3 种情况：①高价定位，即把不低于竞争者产品质量水平的产品价格定在竞争者产品价格之上。这种定位一般都是借助良好的品牌优势、质量优势和售后服务优势；②低价定位，即把产品价格定得远低于竞争者价格。这种定位的产品质量和售后服务并非都不如竞争者，有的可能比竞争者更好。之所以能采用低价，是由于该企业要么具有绝对的低成本优势，要么是企业形象好、产品销量大，要么是出于抑制竞争对手、树立品牌形象等战略性考虑；③市场平均价格定位，即把价格定在市场同类产品的平均水平上。

企业的价格定位并不是一成不变的，在不同的营销环境下，在产品的生命周期的不同阶段上，在企业发展的不同历史阶段，价格定位可以随之灵活变化。例如，长虹彩电在 1996 年采取的大幅度降价措施，就是对价格的重新定位，从而大大提高了市场占有率，并有力地抑制了竞争对手。由此可见，现代市场上的价格大战实质上就是企业之间价格定位策略的较量。

5.9.2 价格定位的依据

5.9.2.1 定价的目标

（1）以扩大市场份额为目标，宜采用较低的价格。

（2）以质量领先或主要经营高档品牌，宜定较高的价格。

（3）以规避竞争为目标，宜采用随行就市的定价方式。

（4）以渡过企业经营困境，宜采用成本定价（一般高于可变成本）的方式。

5.9.2.2 市场的需求

即消费者对价格的接受程度。市场需求决定了定价的上限，一般而言，产品的定价以企业所能获得的最大利润为准，而非最高利润率，否则顾客采购量不足会影响企业的利润。

5.9.2.3 企业经营的成本

企业经营的总成本分为变动成本与固定成本，商场的固定成本主要是店内设备的投资与商场固定投资（或房租），总固定成本与产品的销量无关，但单位固定成本与产品的销量成反比。商场的可变成本主要表现为商场的采购成本、员工的工资、水电费等。产品的可变成本决定了产品价格的底线。当企业处于经营困境时，价格可以定于固定成本之下，可变成本之上，以求清除库存，加快资金回笼，度过困难时期。

5.9.2.4 企业产品的品质定位

以产品定位和竞争对手同类商品的价格为定价主要依据，选择有利于企业目标实现的定价方法随行就市定价，按行业的平均现行价格水平结合产品的市场定位来定价。

5.9.3　价格定位的价值分析

价格是市场经济下调节资源配置的基本杠杆。作为零售企业经营活动的实现形式，价格可以被置于商品引进之初，也可以置于商品上柜之后。如何定价在企业活动中存在着很大的选择性。价格定位这种职能性很强的战略与策略，相对于其他战略定位来说，受到不确定因素影响较多，难度大、风险大，容易限制经营者对市场的灵活反应，因而不容易像其他战略那样被企业津津乐道。世界著名的企业，在他们的经营中都自觉或不自觉地表现出了对价格定位的偏爱，并且一个个都将恪守定价原则所取得的经验转化为经营特色。价格定位凸现出来的优势有助于企业在竞争中开拓对战略的选择思路。着眼于可持续发展的观念，随着竞争的日趋激烈，价格定位战略越来越应受到重视，其价值突出表现在以下几个方面。

5.9.3.1　价格定位可培养目标顾客的忠诚

价格定位的特点之一是价格水平的相对稳定性。某类商品价格一旦被确定在一定的档次，除非出现市场的剧烈变动，价格水平会发生一定的变动外，相对于同行竞争者的价格变化，一般都处于相对稳定的状态之中。价格是传递企业经营理念的主要信息媒介。价格水平一贯性的市场表现，其实在传达着一个企业对某种目标的执著追求。这种稳固型价格"弱化"了市场供求变化对价格反映资源稀缺程度的能力，强化的是企业追求目标特色的专一性，以至于透露出了对顾客的忠诚性。在多元化经营与竞争的市场，专一性已成为稀缺性财富，不仅在变化快速的需求中能够细分出多层次市场，造成目标顾客对相应品牌价格的心理定势，而且会强化目标顾客的选择偏好，拉开消费者之间偏好选择的距离，从而有利于培养消费忠诚。

5.9.3.2　价格定位可塑造企业独特的经营个性

价格定位能够打造出特立独行的企业个性。为了实践对价格目标的追求，企业要坚持有所为有所不为，不为缺乏竞争力的诱惑所动，能够在明确目标的导向下，集中资源去做预期的事情。在市场一时不利情况下，价格定位的执著相应会失去一些争夺市场份额的机会，但是专注性所积淀的经营个性是竞争者不可模仿的。无论是市场供不应求时的一哄而上的价格攀升，还是市场供过于求时的一哄而下的价格跳水，都不能给企业带来长期的顾客回报。只有那些包括价格定位在内的不被一时利益所动的战略者，才能在赢得顾客尊重的同时，凸显经营个性。

5.9.3.3　价格定位可成为企业经营管理的利器

价格通常是企业参与市场竞争的重要依据，担负着传递市场供求变化的信息作用。经过定位战略后的价格，已经从参与市场竞争实现商品价值的外部职能，渗透到企业内部的价值形成管理过程。价格定位将从外部吸引到的资源合理配置到企业，并且充分发挥资源创造价值的作用，成为企业增强竞争力的根本所在。价格定位及其目标性价格作为企业内部调配资源利用资源的管理导向，是在企业对内外条件的分析及其走势预期的前提下形成的。为实现价格目标，价格定位要求企业内部各个职能、各种活动的相互适配，在扬长避短和以优补劣中产生 $1+1>2$ 的组合效应。其作用的途径主要通过对形成价格的内部构成的指标分解进行的。这种内部结算的分解制度，强化了全体员工有关顾客与竞争观念，增强了岗位责任感，从责权利的根本上调动了员工的积极性，从而为企业良好的市场价格形象打下了坚实的基础。

5.9.4　价格定位的应变方式

价格定位将本企业经营商品稳定在一定的价格水平上，这在竞争性市场一定程度上限制了价格变化的灵活性，表面上有悖于价格反映供求变化的特性。其实，定位不是舍弃价格变化的灵活性，而是改变了价格变化的方式。即是由价格变化直接反映供求关系的简单方式发展到间接反映供求关系的多种方式，利用价格要素中的成本构成及其与利润关系的调整，在一定时间内既反映了市场供求的变化，又相对稳定了价格水平。目前，相对成熟的调价方式是明调与暗调两种。

以定位战略为目标的价格管理及其经营活动，首先考虑的是稳住价格暂时不变，并将充实服务内容，提高服务质量作为主要对策。同时采取灵活有效的促销举措，将顾客注意力吸引到服务享受与意外增值上来。对于主要顾客，企业则加大量身定做的力度，以增强顾客物有所值的感受。其次，不断推出新产品、新品种以弥补老产品退市的空缺。这种宁愿产品退市不愿降低价格的战略举措，要求企业以不间断的创新活动和准备上市的商品储备，随时化解现有商品遭遇降价的声誉风险。再次，是降价。在企业承受不住降价压力、一时难以推出新商品以及加强促销也不易奏效的情况下，降价就成为必要手段。为预防因降价带来的声誉风险，企业选择的降价时间十分重要。降价总是伴随推出辅助性措施。辅助性措施视具体情况表现出更多的选择性。

产品线组合定价策略。当企业生产的系列产品存在需求和成本的内在关联性时，为了充分发挥这种内在关联性的积极效应，可采用产品线定价策略。在定价时，首先确定某种产品的最低价格，它在产品线中充当领袖价格，吸引消费者购买产品线中的其他产品；其次，确定产品线中某种商品的最高价格，它在产品线中充当品牌质量和收回投资的角色；再者，产品线中的其他产品也分别依据其在产品线中的角色不同而制定不同的价格。

例如，如图 5.19 所示的佳能数码相机的产品线。

（1）佳能数码相机的产品线定价策略（2011 年）。

（2）佳能 EOS 60D（配 18－135cm 镜头）售 8500 元。

（3）佳能 PowerShot G12 售 3750 元。

（4）佳能 IXUS 1000 售 2150 元。

（5）佳能 PowerShot A495 售 850 元。

| 佳能 EOS 60D | PowerShot G12 | Ixus 1000 | PowerShot A495 |

图 5.19　佳能数码相机的产品线

价格定位是一项高度前瞻的战略规划。一方面存在着市场变化的不确定性，影响因素的复杂性等，将给定位带来较大的困难和风险。另一方面，定位又孕育了大量的市场机会、多样化竞争选择和可持续发展的潜力。相对于风险而言，价格定位所带来的竞争优势更大。

5.9.5　价格定位的 4 种选择

5.9.5.1　高价定位

高价格是一种高贵质量的象征。只要企业或产品属于"高贵质量"的类别，高价位就不会使顾客感到惊讶，而是合乎情理的。

5.9.5.2 低价定位

低价定位就是用相对于商品质量和服务水平较低的价格，来突出产品的与众不同的定位策略。

在同一质量和服务水平上，低价位是吸引顾客的有力武器。有时即使质量和服务有一定的差别，只要价格差别远大于质量差别，价格同样具有超越质量和服务的无穷诱惑力。

5.9.5.3 中价定位

中价定位就是把自己产品的价格，确定在目标市场顾客平均购买力所能支付的价格区间。当然，这种定位一般都要求产品的质量处于中等或偏上水平。

这是许多企业喜欢采用的定位。因为能够支付得起中等价位的顾客总是顾客群中的绝大多数。也正因为如此，中价定位需要企业用产品的其他要素的定位来更加突出产品的特色。

5.9.5.4 固定价格定位

这是一种不折、不扣、不减价、明码实价的定位法。可以消除顾客对价格的不信任感受，免去顾客的"砍价"之苦。一般而言，这种定位要求产品或企业具有相当的声誉做基础。

第 6 章

Chapter 6

产品构造解析（内部要素）

产品经过宏观因素调研分析所确定的目标和产品设计调研、产品设计定位所形成的产品概念需要通过产品的视觉化来进一步明确和展示。产品的视觉化需要具体描述产品的功能、结构、造型和人-机关系等。

认识产品，了解产品构造，系统地理解和把控产品的方法是把产品作为一个系统，通过解析，把系统分解为若干分系统，分系统可进一步分解，直到系统要素-系统元为止。这样就有利于对系统元用以往的经验和知识来分析和处理，把复杂问题条理化、简单化。因此，我们需要对产品整体、产品功能、人机系统、产品要素、产品结构、产品形态进行解析（图 6.1）。

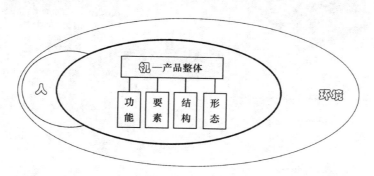

图 6.1　产品系统解析

6.1　产品及产品构造

6.1.1　产品整体概念

按照市场经济学的观念（包括多数产品设计的教材），产品整体概念包含核心产品、有形产品和附加产品 3 个层次。附加产品是顾客购买有形产品时所获得的全部附加服务和利益，包括提供信贷、免费送货、保证、安装、售后服务等。附加产品是产品品牌建设中从市场的角度由营销活动附加到产品上的东西。就产品开发而言，在产品设计期间，我们只能关注核心产品和有形产品，如图 6.2 所示。

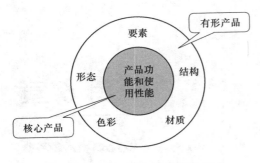

图 6.2　产品设计的产品整体概念

产品设计的产品整体概念是由两部分组成：产品的内容和产品的形式。产品的内容就是产品的功能和使用性能，产品的形式就是产品的要素、结构和形态。如图 6.3 所示，双头燃气灶具，其功能为通过控制燃气的燃烧过程，为烹饪提供释放的热能。其结构分为上、中、下 3 层。下层底壳起包裹支撑作用，中层为燃烧及控制层，上层面板支撑锅体、包裹燃气灶具、形成产品的整体外观形象。

作为设计师，在产品设计中，主要任务是解决产品的功能和使用性能与产品的要素、结构和形态的有机统一问题，也就是解决产品的整合创新问题。所以，必须认识和了解组成产品的主要要素：功能、结构、造型等。

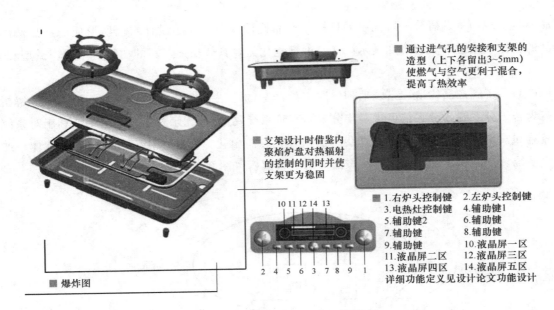

图 6.3　产品的内容和产品的形式

6.1.2　产品构造系统

6.1.2.1　产品整体构造

产品是由零件要素按照产品功能结构要求有机组成的整体。产品系统与任何系统一样，宏观上是由物质、能量和信息构成，而在存在方式和属性上却表现为要素、结构（形态）和功能因素。这也是产品系统的核心。

例如，自行车的连接方式、传动方式、装配方式、位置关系、装配关系等所确定的结构形成了自行车的产品构造系统（图 6.4）。

对产品的结构、构造、零部件、零部件之间的结构关系、功能作用以及产品整体的功能、结构、形态进行分解和分析的过程叫做产品解析。

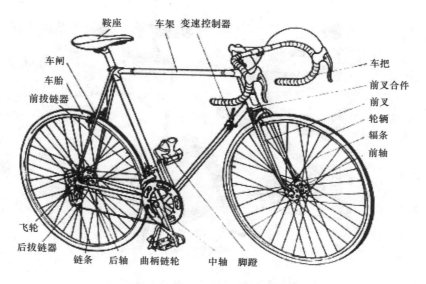

图 6.4　自行车的产品构造系统

6.1.2.2　产品要素

对于产品系统而言，产品要素是组成产品系统的元素。产品要素可以是零件，也可以是组成产品整体的某个部件（模块）。

6.1.2.3　产品技术结构

产品结构是产品当中若干零件相互联系、相互作用的方式。如果说功能是系统与环境的外部联系，那么结构就是系统内部诸要素的联系。功能是产品设计的目的，而结构是产品功能的承担者，产品结构决定产品功能的实现。结构既是功能的承担者，又是形式的承担者。在工业设计中，主要工作面集中在产品造型。因此，将产品结构分为两个部分：产品技术结构和产品造型组件。其中，产品技术结构由核心结构和系统结构组成。

认识产品技术结构是对技术结构要素分解。按照组成系统的部件、零件、连接关系、装配位置及关系拆解分类。例如，燃气灶具中间燃烧及控制层进气管、阀门、燃烧室、炉头等组成技术结构系统的部件、零件、连接关系、装配位置的拆解。

6.1.2.4　产品造型组件

造型组件一般指外观造型，是包括与造型相关的产品整体结构。造型组件是通过材料和形式来体现的。一方面是外部形式的承担者，同时也是内在功能的传达者；另一方面，通过整体结构使元器件发挥核心功能，这都是工业设计要解决的问题范围，而驾驭造型的能力，具备材料和工艺知识及经验，是优化结构要素的关键所在。不能把造型组件仅仅理解成表面化、形式化的因素，在实际设计中，它要受到后面将要谈及的各种因素的制约。在某些情况下，外观结构不承担核心功能（必要功能）的结构，即外部结构的变换不直接影响核心功能。但是，在另一些情况下，外观结构本身就是核心功能的承担者。其结构形式直接跟产品效用相关。自行车是一个典型例子，其结构具有双重意义：既传达形式又承担功能。

认识产品造型组件是对造型组件要素分解，按照产品外观形态的组成进行分解分类。

如图 6.5 所示，健骑自行车产品造型组件有车把、车座、座杆、车架、中罩挡泥板、脚蹬腿、脚蹬、前挡泥板、车轮等。

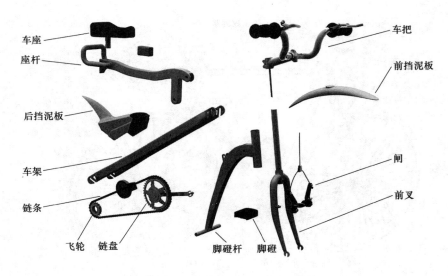

图 6.5　健骑自行车产品造型组件

6.1.2.5　产品功能

把产品与外部环境相互联系和作用过程的秩序及能力称为产品的功能。例如，自行车的单人骑行、可以载货、载人等功能。产品的功能体现了与外部环境之间物质、能量和信息输入与输出的变换关系。功能是一个过程，体现了产品外部作用的能力，因而是由产品整体的使用表现出来的，是产品内部固有能力的外部体现，它归根到底是由产品内部结构决定的。

认识产品功能的方法是对产品功能进行分解。按照组成系统的功能部件把大功能系统分解为若干分功能系统。

6.1.3　产品系统分析流程

产品系统分析大体上包含下列流程。

（1）产品系统分析。

（2）产品技术资料搜集分类。

（3）确定产品系统设计目标与设计准则。

（4）产品分解。

（5）产品功能环境分析。分析系统同环境的相互影响——功能分析与人机分析。

（6）产品系统结构分析。分析构成系统的子系统的功能及相互关系（连接关系、装配关系、材料工艺）——结构分析。

（7）产品形态要素分析。分析构成系统的各层次要素及外观相互关系（形态、比例尺度、材料表面装饰、设计风格等）——形态分析。

（8）产品人机系统分析。

（9）在调查研究、收集资料和系统分析基础上，产生对系统的输入、输出及转换过程的种种设想，探索若干可能的改造方案。

产品系统分析的方法是对产品系统的要素、结构、层次、子系统、系统功能、外部环境等进行分析、分解、分类。

6.2 产品功能概述

6.2.1 产品功能

产品作为一个系统，是"具有特定功能的、相互间具有联系的要素所构成的整体"。把产品与外部环境相互联系和作用过程的秩序、效用及表现出的能力称为产品的功能。效用即指用途，能力一般包含性能指标。

功能是一个过程，是产品内部固有能力的外部体现，它归根到底是由产品内部结构决定的。产品只有具备某种特定的功能才有可能进行生产和销售。因此，产品实质上就是功能的载体，实现功能是产品设计的最终目的，而功能的承载者是产品实体结构。产品的设计与制造过程中的一切手段和方法，实际上是针对依附于产品实体的功能而进行的，功能是产品的实质。产品的销售过程只是以实体形式进行的，而用户所购买的都是依附于产品实体之上的功能。功能若失效，产品必须修理，否则产品也就报废了。功能减弱、功能不足、功能过时都会促使产品淘汰。

设计师设计产品如同销售人员推销商品，要认真推敲好产品的功能。因为在支撑产品系统的诸要素中，功能要素是首要的，它决定着产品以及整个产品系统的意义。

例如图 6.6 所示的产品，这是什么？做什么用的？性能如何？

图 6.6　单人变轴距电动车

例如马自达 6 的功能。回答"单人室内或户外短途用变轴距电动车"，就是对产品功能的简短解释。

1. 基本功能

四开门，5 座，三箱中级轿车。

五速高效能手/自一体变速器。

豪华款马自达 6 会配备卡式智能钥匙。

带 3 组记忆 8 向电动调节的驾驶员座椅、氙气大灯、大灯自动开关、大灯清洗、雨量感应式雨刮、斥水外后视镜、遥控开关玻璃。

马自达 6 在静态空转情况下的噪声达到 36.6dB。

马自达 6 独特的 3H 高刚度车身、6 安全气囊配备，提供全面及时的安全防护。

2. 具体性能技术指标

动力：马自达 6 匹配了 MZR 发动机，发动机 2.0L，最大功率 108kW（6500r/min），扭矩 183Nm（4000r/min）。

最高车速：201km/h。

0～100km/h 加速缩短至 9.7s。

排放标准：欧Ⅲ。

车身长—宽—高：4670mm×1780mm×1435mm。

轴距：2675mm。

最小离地间隙：127mm。

油箱容积：60L。

行李箱容积：500L。

油耗：90km/h 等速油耗降至 6.0L/100km，2.3L90km 等速油耗由 6.7L 降至 6.2L，2.0L 由 6.6L 降到 6L。

从上述举例可以看出，产品的功能通过技术参数从基本性能指标、造型要求、操控性要求和安全要求等方面表现出来。如果没有具体指标，功能描述则不全面，也不完善。

6.2.2　产品功能系统的形成

产品功能系统由各种构成单元组成产品的结构系统形成。功能系统与结构系统共存于设计对象这一共同体中，缺一不可，但它们的确有着本质的区别。

产品的功能可以通过不同的技术、结构、工艺实现。不同的设计师为同一功能会提出不同的结构造型方案。

产品的结构系统是设计对象的硬件，反映了设计对象是由什么零部件构成和怎样构成的。不同的功能，结构技术各不相同。

6.2.3　产品功能分类

功能的分类可按其性质、用途、重要程度从不同的角度出发，进行分类。不同的分类有助于从不同角度完善对产品功能的设计。

产品功能主要有以下一些分类方法。

（1）按功能的性质分为：物质功能与精神功能。

（2）按功能的用途分为：使用功能、美学功能和象征功能。把产品的象征功能从精神功能中细分是系统设计方法的特点，这样更有利于产品细分和产品定位。

（3）按功能的重要程度分为：基本功能和辅助功能。

（4）按用户的要求分为：必要功能和不必要功能。

（5）按需求满意度分为：不足功能、过剩功能和适度功能。

（6）按功能的内在联系分为：目的功能和手段功能。

（7）按照功能相互关系分为：上位功能、下位功能和同位功能。

例如，喇叭花漏斗的物质功能是作漏斗用，其精神功能是充当花朵供人们欣赏（图6.7）。

图 6.7　喇叭花漏斗

下面重点讲述按功能的用途分类，产品的功能系统由 3 个部分组成：使用功能、美学功能和象征功能。

6.2.4　产品的使用功能

6.2.4.1　使用功能

实际使用功能就是产品给予使用者直接的物理、生理作用的所有功能。使用功能包括与技术、经济用途直接有关的设计对象的适用性、可靠性、安全性和维修性等功能。

例如：一把椅子的功能（图 6.8）。

（1）其椅面的功能（宽度、深度、倾角、圆角、有否软垫等设计）用以支撑身躯重量，避免臀部、腿部不合理的受力分布，节省体能消耗，保证自由活动空间与坐姿的改变。

（2）椅背的功能（高度、宽度、形状、有否软垫等设计）用以支持脊柱并放松背部肌肉，减少疲劳；扶手用以支撑手臂、保持坐姿。

（3）椅子腿的功能用以连接和支撑椅面、扶手、椅背。

6.2.4.2　使用功能分类

工业产品的使用功能按作用可分为 2 类：转换功能、包裹装填和支撑功能。

图 6.8　椅子

1. 转换功能

以任意方式实现能量转变和形成一种能量流为主要目的功能，能量包括机械能、热能、电能、光能、核能、化学能、生物能等。

以任意方式实现信息转变和形成一种信息流为主要目的功能，信号（信息载体的物理形式）体现为测量们、显示值、控制信号、通信、数据、情报等。

以任意方式实现物料转变和形成一种物料流为主要目的功能，物料可以是材料、毛坯、物件、气体、液体、颗粒、物体等。

例如，有转换功能的产品：发动机、驱动系统、数码相机等（图 6.9）。

转换能量的发动机　　　　转换运动的产品—驱动系统　　　光—电—数字转换产品——数码相机

图 6.9　转换功能

2. 包裹装填和支撑功能

以任意方式实现包裹为主要目的的包裹功能（如服装、包装等）。

以任意方式实现装填为主要目的的装填功能（如陶瓷日用品）。

以任意方式实现支撑为主要目的的支撑功能（如家具、桌、椅等），如图 6.10 所示，座椅的支撑功能。

例如，手工工具类产品的功能主要是夹持、支撑、盛装等，如筷子、勺子、叉子、铲子、盘子、坛子。

产品的使用功能是产品定位的主要工作重点。

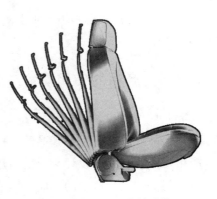

图 6.10　座椅的支撑功能

6.2.5　产品的美学功能

美学功能或精神功能也可称作心理功能，是在使用功能基础上，对产品起美化、装饰作用的功能，一般是指产品的外观造型及产品的物质功能本身所表现出的审美欣赏效果。产品的美学功能影响使用者心理感受和主观意识，对人类心理、人体感官发生作用。

产品的美学功能主要通过调节形态的视觉感受、视觉张力的平衡、比例关系的处理、色彩的搭配来实现。使用者往往是通过产品的样式、造型、质感、色彩等产生不同感觉。

随着物产的丰富和生活水平的提高，人们对产品的美学功能要求越来越高。

产品的美学功能主要有以下的形式规律：对称与均衡、稳定与轻巧、比例与尺度、对比与调和、过渡与呼应、统一与变化等。

工业设计应使产品通过形态、构造、比例、尺度、色彩、材质，肌理、表面加工、装饰等手段符合人的美感要求，维持人类的心理健康。工业设计师的主要工作之一，即在满足人们心理条件下赋予产品以美学功能。

应注意，人的舒适性、安全性、仪表等的易读性，视觉、触觉、听觉等因素，均是与人的心理状态、感受有关。人机工程学之所以成为工业设计的一种思想基础，其原因亦在于此。如图 6.11 所示信息时代汽车内饰的造型之美。

图 6.11　信息时代汽车内饰

产品的美学功能是工业设计师的主要工作重点。

6.2.6　产品的象征功能

象征，是用具体的事物表示某种特殊意义，用部分事物代表全体，或指用来表示某种特别意义的具体事物。在文学艺术方面，象征是一种表现手法，是根据事物之间的某种联系，借助某人某物的具体形象（象征体），以表现某种抽象的概念、思想和情感。在设计作品中既包涵着设计形象，又包涵着象征寓意。例如，国旗是国家的一种标志性旗帜，是国家的象征。它通过一定的式样、色彩和图案反映和代表一个国家政治特色和历史文化传统。设计作品中能够包涵象征寓意就是设计作品所具有的象征功能。

产品的象征功能就是用具体的产品表示某种与一般产品不一样的特殊意义。这种在产品上含有特殊意义或精神层面的东西就是产品的象征功能。

产品的象征功能是产品精神功能的组成部分，是产品文化的等级差异在产品载体上的推移感受，是决定产品品位档次的决定性功能要素。

产品象征功能与产品品牌有某种联系，但完全不同。因为，同一品牌的各种不同产品有不同的象征功能。产品象征功能主要通过产品用户定位实现。

产品文化的等级差异是人们对社会、政治、经济、民族文化、地方风俗的等级差异在产品载体上的推移感受，是在观察、使用产品时得到的所有有关精神、心理、社会、特别是社会阶层等各方面的感受和体验。产品的象征功能可以有国家的象征，企业的象征，社会地位、声誉、财富的象征，情感因素的象征，社会群体阶层的象征等。

也可以简单地理解为社会阶层不同，对产品要求不同，所以产品的象征功能不同。各阶层对产品相同使用功能提出的各阶层特有的不同于美学要求的东西就是产品的象征功能。

象征功能与产品的其他功能一样，具有时代性，随着社会的发展、时间的推移，产品的象征功能也会发生变化。

工业设计应根据产品象征功能的定位，通过形态、尺度、色彩、材质，肌理、表面加工、装饰等手段使产品表现出质朴与豪华的不同感受，符合人在各个阶层的不同要求，维持人类的心理平衡。

产品的象征功能由造型、尺度、色彩、材料、表面处理与装饰等美学因素得以体现，同时在技术和结构上也是相一致的。表面上看，象征功能和美学功能似乎关系更密切些。

产品的美学功能主要侧重产品本身的塑造和感受；产品的象征功能则侧重产品在市场上的定位和区分，特别是产品的尺度、材料差异、做工工艺、装饰以及市场上的价格定位。

产品的象征功能是市场策划师的主要工作重点（技术开发部门的规划）。

6.2.7　其他功能

6.2.7.1　基本功能

基本功能是产品所具有的用以满足用户某种需求的效能，也就是产品的用途或使用价值，是产品发挥效用所必不可少的功能。如果设计对象失去了基本功能，也就失去了对它继续研究的价值，失去了它存在的意义。基本功能不同，设计对象的用途也就不同。基本功能有以下特点。

（1）他的作用是必不可少。

（2）他反映了产品的主要目的。

（3）如果它改变了，产品的制造工艺全部改变。

一个设计对象可以有一个基本功能，也可以有数个基本功能。例如万能铣床，既能进行卧铣，又能进行立铣或其他铣削加工。如冷暖空调夏天用于制冷、冬天用于制热，具有两个功能。故在设计中要正确理解产品目的要求，以保证同时实现产品所应具有的基本功能。

例如，茶壶基本功能：盛水、抓把倒水。本项设计增加的辅助功能：支高轻松倒水，也可以很方便地把火炉放在它下面煮茶（图6.12）。

图 6.12　茶壶基本功能与辅助功能

6.2.7.2　辅助功能

辅助功能是与基本功能并存的、次要的、附带的功能。它的作用相对于基本功能来说是次要的、辅助性的，但同时，它也是实现基本功能的手段。辅助功能可以使产品的功能更加完善。

例如，如表中的日历显示功能，轿车内的音响与空调，电视机的遥控装置等。手表的基本功能是显示时间，而防水、防震、防磁、夜光等则是手表的辅助功能。这些辅助功能相对于基本功能来说是次要的，可是它们能有助于基本功能的实现，使手表在水、震、磁、黑暗的环境中也能准确地显示时间，实现基本功能。

对于任何设计对象而言，其基本功能是不能改变的，但辅助功能则可由设计者添加或删减。所以，添加必要的辅助功能，帮助基本功能更完善地实现，同时，将不必要的辅助功能剔除掉是十分必要的。

6.2.7.3　必要功能

必要功能是指用户所需要的功能，包括基本功能和辅助功能。如果产品满足不了用户的需求，则说它的功能不足；反之，如果产品的功能中有些不是用户需要并承认的，则说它是不必要功能；如果有些功能超过了用户需要的范围，则说它是多余功能或功能过剩。我们进行功能分析的目的，就是要保证设计对象的必要功能，排除不必要功能和多余功能。

功能不足是指必要功能没有达到预定目标。功能不足的原因是多方面的，如因结构不合理、选材不合理而造成强度不足、可靠性、安全性、耐用性不够等。

6.2.7.4　过剩功能

过剩功能是指超出使用需求的不必要功能。过剩功能又可分为功能内容过剩和功能水平过剩。功能内容过剩，附属功能多余或使用率不高而成为不必要的功能。功能水平过剩，为实现必要功能的目的，在安全性、可靠性、耐用性等方面采用了过高的指标。当然，有些消费者购买产品不精打细算，甚至宁要功能过剩的产品而不要功能适度的产品，这也助长了不必要功能的产生。

不必要的或过剩的功能出现的原因如下。

（1）片面追求尽善尽美，不惜工本。

（2）对用户的需要不完全了解。

（3）由于设计任务紧迫而未进行必要的计算和分析，以致采用了超过必要限度的设计规范。

（4）由于缺乏信息，未能充分利用已有的技术成就、技术标准，过分依靠了个人的经验。

（5）没有处理好形式与内容的关系或者不够谐调合理等。

（6）不适当地加大安全系数。

（7）一般用途的产品采用承受高负荷的元件。

（8）采用的公差、粗糙度超过产品的实际要求，在用户看不见的表面上，不惜工本地来提高表面质量。

（9）使用了超过功能要求的材料或元件。

（10）具有过长的寿命指标，导致机器构件尚未磨损到极限公差，而产品按其品种却已被淘汰。

（11）具有不相称的表观功能，如廉价物品采用豪华的包装；在看不见的部位施以装饰镀层等。

（12）采用过分贵重的材料。

（13）坚持不合理的工艺要求，而不考虑产品的适用性。

必要功能与不必要功能、主要功能与附属功能等，都是一个动态的概念。使用者的需求发生了变化，也必然会影响到功能的必要性（如带照相功能的手机）。主要功能与附属功能也会在某种情况下发生转换。在设计实务中，除明确功能的主次关系外，剔除不必要的功能也是非常重要的。

6.2.7.5 "无"的功能

老子《道德经》中说："埏埴以为器，当其无，有器之用。凿户牖以为室，当其无，有室之用。故有之以为利，无之以为用。"说的是，糅合陶土做成器皿，有了器具中空的地方，才有器皿的作用。开凿门窗建造房屋，有了门窗四壁内的空虚部分，才有房屋的作用。所以，"有"给人便利，"无"发挥了它的作用。

对于功能的分析判断，必须立足于市场，有些功能起初认为是过剩、多余、不必要，后来被市场证明是需要的，而且是必需的。例如，在手机上安装摄像头，起初一些专家认为不合适，因为有照相机和摄像机的存在。但多年发展的结果是，手机上的摄影摄像功能在不断增强，甚至增加了电视功能。

从工业设计的角度来看，有些功能如果具有良好的精神审美以及象征、教育价值，对人们的生活有改善、有提高，对整个产品的基本功能的发挥具有重要作用，或者体现出的精神功能是产品的重要要求时，我们就认为这是必要的，而不能仅仅从物质技术的角度或旧有的经验来判断。

6.3 产品功能分析

6.3.1 产品功能分析的目的和作用

产品功能分析是从技术、经济、美观等角度分析产品所具有的功能。通过功能分析，明确用户对功能的要求，以及产品应具备的功能内容和功能水平，提高产品竞争力。

功能设计方法的主要特征就是从系统的观念出发弄清设计对象的实用功能、美学功能、象征功能以及其系统结构，对设计对象的功能进行抽象和分析。

产品功能分析的具体方法包括功能分解、功能定义、功能分类和功能整理等。

功能分析的目的和作用如下。

（1）明确产品设计的依据，把隐藏在产品及其零部件（构成要素）背后的功能揭示出来，以便根据使用要求确定产品的必要功能。

（2）开阔设计思路，克服思维定势。由于思维定势，设计者的思路易被已有产品的结构、选材、形式、原理等所局限，在旧的思路里兜圈子。从功能分析入手，能更准确、更深入地发现原有产品中的问题，寻求新产品创新的途径。

（3）优化产品系统。通过功能分析，能可靠地实现产品的必要功能，排除过剩功能，完善欠缺功能，使产品系统得到根本优化。

（4）便于进行功能评价。

6.3.2 功能系统

6.3.2.1 功能元

功能元是能完成一项或某一方面功能的作用单元。它可以是各种层次的功能子系统，并且通常和机械结构中的总成、部件、元器件等概念相对应。功能元也可以是一些最基本的、没有必要再作细分的基本功能单元。

功能元在功能系统图中常用矩形线框表示。例如，一个螺钉可以进一步细分为螺钉头、螺杆和螺纹 3 个基本功能单元，因此可以认为螺钉这一具有连接功能的技术系统由上述 3 个基本功能元组成（图 6.13）。

6.3.2.2 功能系统图

功能系统分析的过程，就是将系统的总体功能分解为子系统功能和基本单元功能的过程。

在功能系统图中，把能独立完成某种功能并自成一个子系统的功能元，称为一个功能域。在图中通过线框加以划定。我们也称其为功能模块，因为与之相应常常存在一个机、电或机电一体化的结构模块，成为实现该功能的载体。

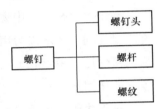

图 6.13　螺钉功能系统图

每一层的目的功能通常总是实现上一层功能的手段功能。所以，在功能综合中，把目的功能称为上位功能，把手段功能称为下位功能，各功能元通过"目的—手段"关系实现之间的联系。在功能系统图上，上位功能和下位功能是指在功能系统图中，两个功能直接相连。如图 6.14 所示，F_0 与 F_1、F_0 与 F_2、F_2 与 F_{21}、F_{21} 与 F_{211} 等均为上位功能与下位功能，也均为目的的功能与手段的功能。

在功能系统图中，凡是共有同一上位功能的各下位并列的功能称为同位功能。如图 6.14 所示，F_1 与 F_2、F_1 与 F_3、F_{211} 与 F_{212} 等均为同位功能。

在上、下位功能和同位功能联系的基础上，功能元之间具有串联、并联和混合连接 3 种连接方式。

这样一根功能链的最上位目的功能则为总系统和子系统的最终功能，它可以是基本功能或某一辅助功能。系统的最下位功能称为末端功能，它不再需要下位功能作为手段功能，因此总是一些具有独立功能的功能元。

功能系统图是产品结构系统的功能抽象表现。它能清楚地显示出产品设计的出发点和思路，是体现产品在设计上反映需求功能要求的方式。

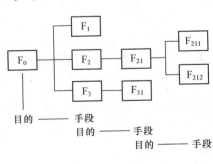

图 6.14　功能系统图

在功能系统分析中，为方便起见，将 F_0 称之为系统总体功能；将总功能 F_0 的实现手段称之为一阶子功能：F_1、F_2、F_3；将一阶子功能的实现手段称之为二阶子功能：F_{21}，F_{31}；将二阶子功能 F_{21} 的实现手段称之为三阶子功能：F_{211}，F_{212}；如此一阶又一阶向下分解，直到构成功能系统总体为止（图6.14）。

产品中任何子功能的存在都有其特定目的，即目的功能，而最终的目的功能则是产品的基本功能或辅助功能。正确地绘制功能系统图是一个反复分析、深入研究的认识过程，必须在准确定义用户功能的基础上对功能进行准确地分类，弄清功能之间的相互关系，在真正理解之后整理出功能系统图。

例如，绘制洗衣机的功能系统分析图。通过目的功能和手段功能将洗衣机的功能按照上位功能与下位功能排列：

"洗净衣物"（洗衣机存在的最终目的）通过"形成涡流"手段实现。

"形成涡流"通过"传递力矩"手段实现。

"传递力矩"通过"提供动力"手段实现。

"提供动力"通过电动机手段实现。

通过手段功能和目的功能自下而上分析检验：

电动机的目的功能是为洗衣机"提供动力"。

"提供动力"的目的是为了"传递力矩"。

"传递力矩"的目的是为了"形成涡流"。

"形成涡流"的目的是为了"洗净衣物"，而"洗净衣物"就是洗衣机存在的最终目的，即基本功能了。

绘制洗衣机的功能系统分析图：洗衣机功能系统图（图6.15）。

图 6.15　洗衣机功能系统图

对一般产品的功能分析整理，可以得到如下的产品功能分析图（图6.16）。

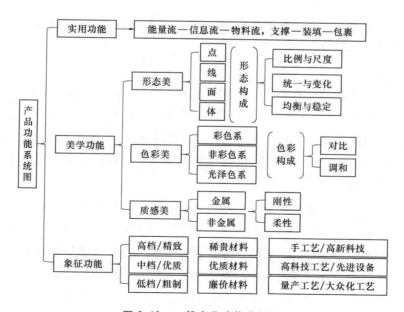

图 6.16　一般产品功能分析图

功能系统图（竖式）——功能树表示。

产品的功能分解也可以用树状的功能结构来表示，称为"功能树"（图 6.17）。

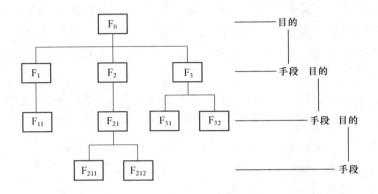

图 6.17 功能树

功能树的顶端起于产品的总功能，向下分为分功能、子功能等，其末端是功能单元。在功能树中上级功能是下级功能的目的功能，下级功能是上级功能的手段功能（实现手段或解决方法）。

6.3.3 功能定义

6.3.3.1 功能定义的概念

功能定义就是给设计对象及其组成部分的功能下定义，以限定每一功能的内容，明确其本质。就是把对象产品和零部件或构成要素的效用加以区分和限定，或者说是产品用途与效用的描述。功能定义是功能分析中的重要环节。

6.3.3.2 功能定义的基本方法

功能定义的基本方法是通过："什么产品""能做什么用途"。产品名称是描述功能的主语，而功能作为产品和零部件或构成要素的效用可以用谓语动词及宾语名词表示出来，也就是用动宾结构来定义和描述功能。

例如，消费者要求销售人员回答手表有什么用处？销售人员对顾客做出的回答："手表能指示时间"，就是对手表功能的定义。

6.3.3.3 功能定义原则

（1）准确。一般说，动词部分要准确，要有利于打开设计思路，找出尽可能多的技术途径。例如，以钟表为例，从功能分析的角度，把钟表的功能定义明确为"指示时间"，这时再去探寻"指示时间"的技术途径，思路就会开阔多了。于是，就可能想到电动的方法、电子振荡的方法等。

（2）简洁。为说明问题，有时也可以加形容词或其他词类，但要以简明扼要为原则。对于复合的功能，可分别表达，以免混淆。

（3）适当抽象化。为开拓思路，避免太具体，可以采用适当抽象化来描述功能。如设计杯子，可以用"设计一种饮水方式"，就会出现瓶装水的设计作品。例如，对台虎钳进行功能分析，当我们定义为"移动钳口"和"形成压力"时，大家的思维就十分活跃。由于用螺旋移动钳口太慢，有人提出采用开合螺母的办法，去除丝杠这一功能，改用手直接推动钳口，从而快速适应工件的大小。在这个实例中，对丝杠功能的准确而抽象简洁的定义和理解对促进创造性思维发挥了很大作用。一般说来，层位越高的功能，越能抽象化定义，因为这样做越能带来重大的改革或创新。

（4）划细。只有把功能定义划细，才能使我们既抓住设计对象的整体，又把握住设计对象的局部和细节，使设计不至于漫无头绪、无所适从。在给功能下定义时，不仅要给设计对象的总体功能下定义，而且要给各构成要素的具体功能下定义。

（5）要有利于定量分析。名词部分则要求是便于测量的，能进行定量分析的，因为在利用"功能技术矩阵"进行设计分析时，往往要有一些定量数据处理。

（6）功能定义必须了解可靠地实现功能的制约条件。在给功能下定义时，一般可用"5W2H"提问法帮助明确有关制约条件，以利于根据功能定义所应满足的制约条件，据此找出多种技术途径，增强设计方案组合的多重性，便于设计方案的评优。

用"5W2H"提问的内容如下。

1）WHAT：功能是什么？

2）WHY：为什么需要这个功能？

3）WHERE：在何处、什么环境下使用？

4）WHEN：什么时候使用？

5）WHO：功能如何实现？采用什么方式，通过什么手段实现？

6）HOW MUCH：功能有多少？功能有哪些技术、经济指标要求？有哪些技术手段可完成所需功能？

7）HOW：如何实现？

（7）功能定义必须以事实为基础。为了正确地对功能下定义，就必须广泛收集国内外各方面的情报，熟悉设计对象的各个细节，特别要重视对先进科学技术手段的研究，使功能定义有利于将各种先进的技术途径引入到实现设计对象各功能的过程中去。在给功能下定义时，必须坚持以事实为基础，防止主观、想当然地设想一个功能，或草率地对功能下定义。

6.3.4　功能定义整理

功能整理是指用系统的思想，分析各功能间的内在联系，按照功能的逻辑体系编制功能关系图（关联树图），以掌握必要功能，发现和消除不必要功能，并为"功能路径矩阵"的构造提供功能组成链。

国内外对功能整理的基本步骤如下。

（1）编制功能卡片，把设计对象及其构成要素的所有功能编制成卡片，每张卡片记载一个功能。

（2）选出基本功能和辅助功能。当功能卡片数量很大时，为方便起见，首先抽出基本功能，只连接基本功能的相互关系，由此搭成功能系统图的主要骨架，然后再连接辅助功能的系统图。

（3）明确功能间的上下关系与并列关系，做功能系统图。

第一步，可以从已抽出的基本功能卡片中任取一张，通过提问："它的目的是什么？"、"实现它的手段是什么？"，来找出它们的上下位功能，并将其上位功能攒放在它的左面，下位功能摆放在它的右面。这样继续分别向左和向右提问，并摆设下去，就能找到最终的目的功能和最终的手段功能，从而形成功能系统的骨架。在这个过程中，可能会发现功能定义遗漏或表达不当的功能，此时应追加或修改功能卡片。

第二步，对剩下的辅助功能的卡片提问"它的目的是什么？""实现它的手段是什么？"进而明确它的上、下位功能，并分别排列在相应的位置上。

第三步，作功能系统图。

这样就可以从功能关系角度看出产品的功能是怎样通过各部件的功能系统实现的，从而可以明确产品设计的概念，准确进行功能定位。由于功能系统中各功能间是以目的与手段关系连接在一起的，所以，在功能控制过程中，筛选出来的没有目的或目的不明确的功能就是不必要的功能，承担不必要功能的部件也就是不必要的部件。通过功能整理，发现并取消这类多余部件，对提高产品竞争力具有重要意义。

但要注意的是：在功能整理的过程中，所发现的没有用的或目的不明确的功能也有可能是由于功能定义不准确造成的。因此，功能整理也是验证功能定义正确与否的手段。通过功能整理，建立功能系统，根据功能系统确认不同级别的功能领域，再根据功能领域确定部件的设计，使产品设计更有针对性、合理性和可行性。

6.3.5　检查功能定义

功能定义是否恰当，是否有利于把现有的各种技术途径都考虑在内，并充分利用现代科学技术成果，还可通过以下检查提问加以核实。

（1）是否用一个动词和一个名词简明扼要地给功能下定义？

（2）功能的表达是否完整和一致？

（3）对功能的理解是否正确和一致？

（4）功能定义有没有遗漏？

（5）功能的表达是否都能定量化？

（6）是否有无法下定义的功能？

（7）给功能定义时，是否考虑了扩大思路，是否有利于引进各种先进的技术途径？

（8）是否有凭主观推断的功能定义？

（9）为什么要实现这个功能？能否取消这个功能？

（10）这个功能有多少种技术途径可以实现？是否把所有的技术途径都考虑到了？

（11）检核提问功能系统分析方法。

功能系统图是设计对象抽象化的表述，实现了从以设计对象具体结构为中心的构思，转变为以功能为中心的思考，为功能论方法的展开创造了条件。为了做出准确无误的功能系统图，以便建立"功能技术矩阵"，我们可从以下几个方面检核提问。

（1）是否把所下定义的功能都进行了分类？是否区分出基本功能和辅助功能？

（2）每个功能的目的是否明确？

（3）各功能用什么手段来实现？

（4）是否有相互不明确的功能？

（5）是否有因遗漏了某功能，而找不到目的功能或手段功能的情况？

（6）是否有不必要的功能？

（7）有没有受到已下定义的功能的束缚而勉强与其他功能相联系的情况。

6.3.6　功能技术路径矩阵

功能技术路径矩阵实际上就是一种表格，如表 6.1 所示。其中，功能栏内的 G_1、G_2……G_n 分别代表各项分功能，技术途径栏内 L_{11}、L_{21}……L_{m1} 则代表功能 G_1 的实现路径，以此类推。

表 6.1　　　　　　　　　　　　功 能 技 术 路 径 矩 阵

总功能 G	路径 L（技术实现途径）				
子功能 G_1	L_{11}	L_{21}	L_{31}		L_{m1}
子功能 G_2	L_{12}	L_{22}		L_{42}	L_{m2}
子功能 G_n	L_{1n}	L_{2n}		L_{4n}	L_{mn}
方案	A			B	

当设计对象的每项分功能都找到一定数量的较为有效的解决途径之后，就可以组合各种途径来形成实现总功能（G）的原理方案了（表 6.1）。

功能（G）由解决途径 L_{11}、L_{12}……L_{1n} 组合形成实现总功能的方案 A。

功能（G）也可以由解决途径 L_{31}、L_{42}……L_{4n} 组合形成实现总功能的方案 B。

以此类推，可以组合形成多种方案供决策选择。

功能路径矩阵是一种简便有效的工具，有利于直观、系统地进行方案组合。

6.4　产品结构分析

6.4.1　产品技术系统

产品技术系统是产品使用功能的保障系统，主要由结构、材料和工艺组成。产品技术系统是产品要素和产品结构有机组成的硬件系统，是产品保证实现功能的物质基础。对工业产品来说，产品技术系统主要包括动力系统、控制系统、支撑结构系统以及工艺保障系统等。例如，对汽车的技术系统而言，具体涉及发动机、电机、传动机构、转向机构、刹车系统、连接件、显示仪表、控制器、照明等以及材料、加工工艺、表面处理、装配工艺等（图 6.18）。

6.4.1.1　具有转换功能的技术系统

（1）以通过任意方式实现能量转变和形成一种能量流为主要目的的技术系统。作为输入的能量流，可以是机械能、热能、电能、化学能、光能、核能等能量流，也可以是它的某一具体分量，如力流、扭矩流、电流等。例如，作为一个技术系统，内燃机的功能是将输入燃料的化学能流转换为机械能流，核电站的功能是将核能流转换为电能流。

（2）以通过任意方式实现信息转变和形成一种信息流为主要目的的技术系统。作为输入的信息流，可以是

图 6.18　产品技术系统

各种测量值、输入指令、数据、图像等；信息的载体可以是机械量、电量、化学量等；信息的形式可以是模拟量，也可以是数字量。例如，作为一个技术系统，计算机系统、数码相机的 CCD、CMOS 光

电转换系统是将信息转变和形成一种信息流。

（3）以通过任意方式实现物料转变和形成一种物料流为主要目的的技术系统。作为输入的物料流，可以是气体、液体或各种形式的固体，如毛坯、原材料、半成品零件、部件、成品等，也可能是粉尘、磨屑、泥沙之类待处理物。机械技术系统将对它们实行结合、分离、移动、气相转液相之类相的变化，以及各相之间的混合等转化。例如，作为一个技术系统，排风机电机—叶片系统、电机—传送带系统是将物料转变和形成一种物料流。

现代机械系统是一个由若干机、电或机电一体化功能元有序结合而成的总体，它具有特定的边界，并具有将输入的能量流、物料流和信息流转换为所需要的形式的功能。如图 6.19 所示为实现能量、信息、物料转变的技术系统。

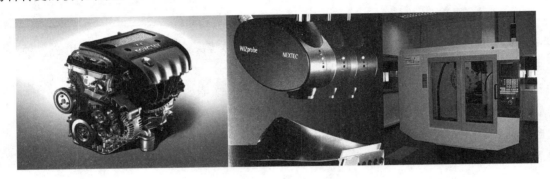

图 6.19　实现能量、信息、物料转变的技术系统

6.4.1.2　具有装填—包装—支撑功能的技术系统

（1）以任意方式实现装填为主要目的的技术系统（如陶瓷日用品）。

（2）以任意方式实现包裹为主要目的的技术系统（如服装、包装等）。

（3）以任意方式实现支撑为主要目的的技术系统（如家具、桌、椅等）。

如图 6.20 所示为具有装填—包装—支撑功能的技术系统。

此类技术系统的特点是产品或零部件相互间通过固定的连接关系实现产品的功能。材料、连接关系、生产装配工艺形成了该类技术系统。

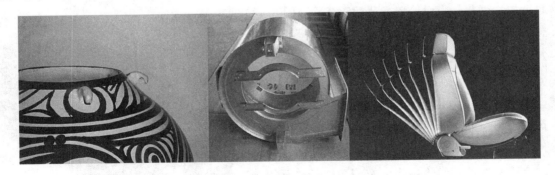

图 6.20　具有装填—包装—支撑功能的技术系统

6.4.2　产品结构类型

产品结构系统是产品要素与要素（包括部件）、要素与产品整体、产品整体与外部之间的关系或联系方式。如两个相邻零件之间有连接或装配关系，有些也采用焊接连接，这种连接、装配、焊接关系

就形成了相应的连接结构、装配结构、焊接结构。对于传递运动或动力的产品，就存在着传动结构。对于传递信息流的产品，就存在着通信结构。而起支撑、包装、装填的产品就存在着外部结构、空间结构等。从工业设计的角度，按产品结构所起的作用和设计时的分工分为工艺结构、外部结构、空间结构、核心结构（核心技术部件）、系统结构等。

6.4.2.1 工艺结构

工艺结构指连接结构（图6.21）、装配结构、焊接结构。

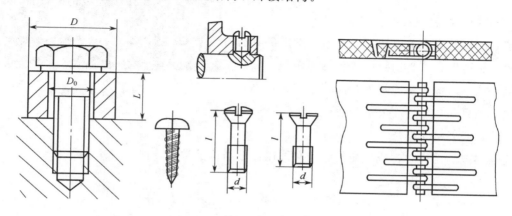

图 6.21 连接结构

6.4.2.2 外部结构

外部结构是由产品的可视零部件、外观造型，也包括与此相关的整体结构组成。外部结构是通过材料和形式来体现的。一方面是外部形式的承担者，同时也是内在功能的传达者；另一方面，通过整体结构使元器件发挥核心功能作用。

例如，自行车的系统结构与外部结构基本一致。轿车车身结构是典型的产品外部结构（图6.22）。

(a) 自行车的外部结构   (b) 轿车的外部结构

图 6.22 外部结构

6.4.2.3 空间结构

空间结构是指产品构造形成空间形态的构成方式，由此而产生的产品空间构成关系，也形成了产品与周围环境的相互联系、相互作用的关系。相对于产品实体，空间是"虚无"的存在。产品除了自身的空间构成关系外，还存在以产品为中心的"场"的关系，应该将"场"的空间关系视为产品的一部分。

对于产品而言，功能不仅仅存在于产品的实体，也存在于空间本身。实体结构不过是形成空间结

构的手段。空间的结构和实体一样，也是一种结构
形式。

例如，轿车车身就既是实体结构（从外看），又是
空间结构（从内看）。轿车内部就是典型的产品空间结
构。其宽大的空间提供了舒适、惬意的感受（图
6.23）。

图 6.23　空间结构

6.4.2.4　产品核心结构（核心技术部件）

所谓核心结构是指由某项技术原理系统形成的具有
核心功能的产品结构。核心功能一般包括能源流、信息
流和物料流。核心结构往往涉及复杂的技术问题，而且
分属不同领域和系统，在产品中以各种形式产生功效，
或者是功能块，或者是元器件。

在完成物料流的结构中，机械传动结构和液压传动结构是常见结构（图6.24）。

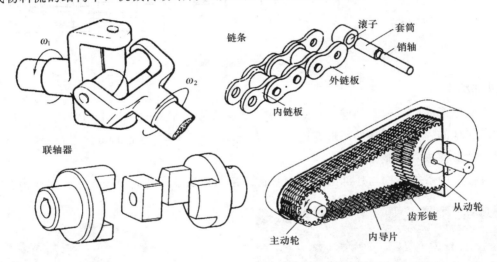

图 6.24　传动结构

吸尘器的电机结构及高速风扇产生的真空抽吸原理是作为一个部件独立设计生产的，可以看作是
一个模块（图6.25）。

(a) 电机

(b) 风机

图 6.25　核心技术

　　这种技术性很强的核心功能部件是由专业化生产进行的，生产厂家或部门专门提供各种型号的系列产品部件。工业设计就是将其部件作为核心结构，并依据其所具有的核心功能进行外部结构设计，使产品达到一定性能，形成完整产品。

　　对于产品用户而言，人们只能见到输入和输出部分。

　　产品的核心结构一旦选定，在设计中是以"黑箱"结构形式保持不变的。设计师可以控制的部分就是产品的外部结构，或称为"白箱"。而实际上两者是不可分割的相互作用的整体。相对于黑箱结构，白箱结构存在着较大的变换空间。正因为如此，人们在设计外部结构时，往往会沉溺于自由的表现而忽略来自黑箱结构或者外部因素的制约。无视制约条件无疑是不现实的。只有树立整体观念，才有可能正确处理结构与功能的有机关系。所谓整体观念，就是对制约因素的作用与反作用的认识。

6.4.2.5　系统结构

　　产品系统结构是产品整体构成方式。指产品的模块与模块、模块与产品、产品与产品之间的关系结构。常见的结构关系有 4 种（图 6.26）。

（a）整体结构

（b）分体结构的产品

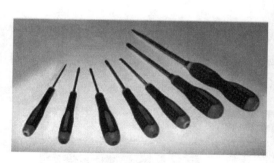

（c）系列结构

（d）网络结构

图 6.26　产品系统结构

　　（1）整体结构。产品的各个部分之间的关系结构形成统一的（不可分离）简单形体的完整系统。例如，平板电脑、卡片照相机等。

　　（2）分体结构。相对于整体结构而言，即同一目的不同分功能的产品关系分离。如台式电脑分别由主机、显示器、键盘、鼠标器及外围设备组成完整系统。而笔记本电脑是以上结构关系的重新设计，是一种整体结构。

　　（3）系列结构。由若干产品构成成套系列、组合系列、家族系列、单元系列等系列化产品。产品与产品之间的关系是相互依存、相互作用的关系。

（4）网络结构。由若干具有独立功能的产品相互进行有形或无形的连接，构成具有复合功能的网络系统。如电脑与电脑之间的相互联网，电脑服务器与若干终端的连接以及无线传呼系统等，信息高速公路是最为庞大的网络结构。

6.4.3 产品体系结构及设计要点

6.4.3.1 产品体系结构

产品体系结构可以定义为多种功能组件的一个整体结构。产品体系结构有两种类型。

（1）整合式产品。产品体系结构着眼于具有某个特定功能的产品，此时设计的关键在于如何使设计任务围绕这一产品的市场特性、用户需求及性能指标而展开。这就是整合式产品。

（2）产品基础平台和模块化结构。相对于系列产品而言设计的着眼点在于考虑如何实现这类产品的部件共享。这就是产品基础平台和模块化结构。

6.4.3.2 产品结构设计要点

产品的核心结构一旦选定，在设计中是以"黑箱"结构形式保持不变的。设计师可以控制的部分就是产品的外部结构，或称为"白箱"。而实际上两者是不可分割的相互作用的整体。

相对于黑箱结构，白箱结构存在着较大的变换空间。正因为如此，人们在设计外部结构时，往往会沉溺于自由的表现而忽略来自黑箱结构或者外部因素的制约。

无视制约条件无疑是不现实的。只有树立整体观念，才有可能正确处理结构与功能的有机关系。所谓整体观念，就是对制约因素的作用与反作用的认识。

6.5 产品形态分析

6.5.1 产品艺术系统的组成

产品系统中包含艺术子系统自古就有。这是由产品的功能决定的。古代陶器、青铜、家具等产品的造型、质地、花纹、浮雕、搂刻等装饰手法的应用等都组成了产品的艺术子系统。例如，实用与美观的新石器，实用与美观的黄花梨木家具——圈椅（图6.27）。

(a) 新石器 (b) 圈椅

图 6.27 产品的艺术子系统

产品整体设计最终要以一种外在形式表现出来，这种产品的外在形式就是产品形态（也称为产品造型），塑造产品外在形式的过程就是产品造型。

根据功能系统的分析，产品的总功能系统由实用功能、美学功能和象征功能 3 个一阶同位功能组成。

（1）在产品功能系统中，一阶实用功能主要靠产品的二阶功能—技术结构以及其后的技术结构分解实现。

（2）一阶美学功能由二阶形态、色彩和质感 3 个同位美学功能手段实现。

而二阶形态美则是由三阶基本形态点、线、面、体通过形态构成和形式法则手段实现。形态构成包括空间、种类、数量、位置、方向的各种组合变化等。形式法则包括比例与尺度、统一与变化、均衡与稳定等艺术创作活动。

二阶色彩美则是由三阶彩色系、非彩色系、光泽色系通过色彩构成和对比与调和配色法则实现。

二阶质感美则是由三阶金属材料、非金属材料（木材、塑料、橡胶、布皮等）通过表面处理（装饰）手法实现。

（3）一阶象征功能主要靠产品的二阶功能手段高档、中档、低档定位实现。

而二阶高档定位则是由三阶"稀贵"材料通过手工艺和最高新科技工艺实现。

二阶中档定位则是由三阶"优质"材料通过高科技工艺实现。

二阶低档定位则是由三阶"廉价"材料通过量产和大众化工艺实现。

将上述功能分析整理就可以得到如图 6.16 所示的一般产品功能分析图。

产品艺术系统包括的内容和范围非常广泛。通常我们所探讨的有关艺术造型、技术美学、形态、色彩、质感以及均衡与稳定、统一与变化、色彩的对比与调和等都属于产品艺术系统的范畴。

产品艺术系统的组成按照系统方法论分析，由艺术系统的要素和其结构组成，产品艺术系统的要素就是产品造型要素，就是产品的基本形态。其结构就是造型要素的形态构成方式和艺术形式法则。对产品艺术系统设计的宏观影响因素就是产品设计理念与产品设计风格（社会文化艺术结构）。其功能是实现美学欣赏功能和象征功能。

因此，产品艺术系统由以下几方面组成。

（1）产品造型要素——形态要素。

（2）产品构成方式——形态构成。

（3）产品艺术形式——形式法则。

其功能主要表现产品的美学功能和象征功能。

需要特别强调的是，产品的艺术系统与技术系统共同组成了产品整体的结构形态，而且是不可分割的整体。之所以分开来处理，只是为了简单和条理化，有助于分工而已。每一部分都要服从产品的整体定位。只有从产品的整体出发所得到的整合创新才是最终所需要的形态造型。应用系统分析与系统综合的方法，处理好产品的艺术系统与技术系统的关系是产品开发人员必须认真研究的基本问题。

6.5.2 产品造型要素

自然界是有形的世界，是能被感知的世界，各种物质千姿百态构成了形形色色的世界。"形"是"物"最基本的存在方式。"造型"则是创造物体形象的手段和过程。它一般分为具实用功能和不具实用功能两大类。

所谓产品造型就是创造产品整体形态。形态指能被视觉、触觉所感知的一切客观现实存在的形体和形象的整个结构的各部特征和整体模样，这种形态称为现实形态。现实形态包括自然形态和人为形态。

产品整体的功能、结构、形态要落实到造型要素上，就是要确定产品、部件、零件的具体形状、大小（比例、尺度）、质感、色彩。要从功能、性能、结构、形态、外观、人机、环境、安全、健康、时尚、鉴赏、市场、使用、维护等多个角度对造型要素加以系统的分析、推敲、比较、落实。造型设计师的任务就是用基本形态创造丰富多彩的具有美感和时代感的产品形态。

6.5.3　产品色彩和比例尺度

6.5.3.1　色彩

色彩在整个产品的形象中，最先作用于人的视觉感受，可以说是"先声夺人"。产品色彩如果处理得好，可以协调或弥补造型中的某些不足；反之，如果产品的色彩处理不当，不但影响产品功能的发挥，破坏产品造型的整体美，而且很容易破坏人的工作情绪，降低工作效率。所以，产品的造型中，色彩设计是一项不容忽视的重要工作，其色调的选择是至关重要的。

色调的确定一般还要参考以下几点。

（1）用暖色调有温暖的效果，用冷色调会使人感到冷清。

（2）以高彩度的暖色为主调能使人感觉刺激兴奋，以低彩度的冷色为主调可以让人平静思索。

（3）高明色调清爽、明快，低明色调深沉、庄重。

总之，色调是在总体色彩感觉中起支配和统一全局作用的色彩设计要素。

6.5.3.2　比例与尺度

正确的比例和尺度是完美造型的基础和框架。一般地讲，比例只要在不违背产品功能和物质技术条件的前提下，就可呈多种变化组合形式，展现造型整体与局部或局部与局部之间，诸如大小粗细长短的量变关系。尺度则比较固定，它是专指造型物尺寸与人体尺寸或是某种标准之间适应的程度和范围。造型若只有良好的比例而无正确的固定的尺度去约束，则该设计肯定会归于失败。所以，正确造型设计的次序应该首先确定尺度，然后根据尺度确定和调整造型物的比例。

6.5.4　产品造型之美

6.5.4.1　美的基本内容与形式

美是事物的客观属性，是人们内在的知觉和感情。美无处不在，关键在于发现。美与不美，既因人而异，又随历史、社会发展变化而具有时代性。但人们在长期的社会实践中，亦总结了一系列对造型审美的美学原则。

就主体看，人的尺度要体现目的要求的内在的尺度；就客体看，自然形式要表现美的规律形式。

因此，主体尺度和自然形式的统一，乃是主体目的和自然规律的统一的体现。合规律性和合目的性的统一，是对实践效果满足需要的一种积极肯定，是一种价值。所以美就是一种价值形式，肯定实践的形式，或称自由形式。

把形式要素根据创意的要求，按美的规律与法则进行组合，成为在视觉中被多数人认可的美的形式，这种美就是"形式美"。形式美是以事物的外形因素及其组合关系给人以美感，是客观事物在外在形式上表现出来的美，它是人类在长期的劳动中所形成的一种审美意识，常相对于内容美而言。

6.5.4.2 美的组成

形式美由形式美感要素和形式美法则两部分组成。

美的要素是能给人以美的感受的物质材料、手段，如形状、线条、大小、色彩、肌理、材质等。

美的法则是人类在创造美的活动中，以人的心理、生理需要为基础，经过长期的探索而归纳总结出来的，并被人们所公认的基本规律，如对称、均衡、比例、尺度、参差、变幻、调和、对比，节奏、韵律，主次、重点，过渡、呼应，比拟、联想，多样统一与和谐等。

6.5.4.3 美的两点说明

形式美与内容美既有统一性，又有矛盾性，各自有相对独立的审美价值，在美的创作中既不能否定形式美，也不能离开内容而片面强调形式美。在产品造型设计中，既要遵循这些规律，又不能生搬硬套，而要根据不同的对象、不同的条件，进行创造性的设计。

这里有两个问题值得注意。

（1）形式美法则只具有相对的稳定性，它是随着时代的发展而发展变化，也会因人、因事、因条件不同而不同。所以，只有深入领会其实质并加以灵活运用，才能创造出更新、更美、更好的产品。

（2）工业产品的造型美必须是内容与形式的完美结合，既要突出形式美的特色，又要保证产品功能结构的完善。

6.5.5 产品技术之美

技术美主要包括功能美、结构美、材质美、工艺美、舒适美、规范美等几个方面。

6.5.5.1 功能美

产品的物质功能是产品的灵魂。功能减弱，美感减弱。如果产品失去了物质功能，也就失去了存在的意义。当一种新的产品推向市场时，其功能美是吸引人们的主要因素。

汽车的物质功能就是运输，它的功能美的表现形式与汽车类型有关。根据不同的功能和层次要求，组合成适当的功能范围也是可行的，如图 6.28 所示，大众 2007 款多功能紧凑型 GOLF 轿车，是一款具有轿车舒适性的带有一定越野能力的 SUV 轿车。

此外，产品优良的工作性能（如汽车的速度、稳定性、耗油量等）和使用性能（汽车的操纵性、舒适性等）也是产品功能美的表现形式。当一种新的产品推向市场时，其功能美是吸引人们的主要因素。防风雨摩托车（图 6.29）。

图 6.28 大众 GOLF 轿车

6.5.5.2 结构美

结构是实现产品功能要求的重要因素，是为产品物质功能服务的。它既包括产品内部组织，也包括产品各组成部分的合理配合和排列。

力学和材料科学的新成就，为产品造型的结构美提供了重要的科学依据。结构力学的发展，使产品结构日臻合理，能在保证强度和使用寿命的前提下，设计出结构轻盈、刚劲、简洁的产品来。

流体动力学的发展，使飞机、火箭、汽车、船舶等高速行驶的工业产品，在结构上实现低阻流线体态。当然，这些新的结构形态也产生了新的美学特征，人们俗称流线美。结构使功能（性能）提高，

图 6.29　防风雨摩托车

也增强了美感。

6.5.5.3　材质美

材料是产品的物质基础。各种材料都具有各自的外观特征、质感和手感，从而体现出不同材料的材质美（也称质地美）。如钢的坚硬沉重，铝的轻快洁净，金的高贵华丽，塑料的柔顺轻盈，木材的朴实自然等，都体现出各自的材质个性和美感。

按人的感知特性，质感美可分为生理的触觉质感和心理的视觉质感两类。

触觉质感是通过人体接触而得到的，视觉质感是基于触觉体验的积累。对于已经熟悉的物面组织，仅凭观察就可以判断它的质感，而无需再去接触。

对于一些难以触摸到物面的物质，只能通过视觉的观察及类似的触觉体验相结合，进行经验类比而得出估计质感。因此，视觉质感相对于触觉质感，具有间接性、经验性和遥测性，即带有相对的不真实性。

在工业造型设计中，利用视觉质感这一特点，可以通过装饰手段，达到材质美的目的。

6.5.5.4　工艺美

任何一种产品要创造美的形态，必须通过相应的工艺措施来实现。工艺包括：制造工艺和装饰工艺。制造工艺是造型得以实现的措施，装饰工艺则是完美造型的手段。二者相辅相成，才能体现出工艺美。

工艺美的主要特征在于体现现代工业生产的加工痕迹和特点。机械化的批量生产方式使造型具有简练、大方的形体和各种加工手段所形成的表面特征，如切削的平直和光洁，抛光的细腻和柔和，模压的挺拔和圆润，精密铸造的准确和丰满等，均可体现出加工工艺的美感。在装饰工艺中，塑料电镀的金属光泽，铝材氧化的精饰处理，以及钢材的涂覆工艺处理等所形成的产品表面、色彩与产品功能、形态、工作环境取得协调，也可获得综合物质和精神功能的美感。

总之，在产品上所反映出来的先进的精密加工手段，不仅可以体现出现代加工和装饰工艺的先进性，而且也突出了产品的时代美感。

6.5.5.5　舒适美

工业产品是供人们使用或操作的，每种产品在被使用中，应该充分体现出人与机器的协调一致性，使人感到使用方便、操纵舒适和安全可靠。人机工程学是研究在现代条件下，人们生产、科研或生活如何达到效率最高、感觉最舒适、操作最准确的一门新兴的学科。好的造型设计一定要联系到人的生理、心理等因素，使创造出的产品符合人机工程学的要求。

6.5.5.6 规范美

现代工业产品造型设计的一个最重要的要求就是要符合现代化大生产方式。因此，很多工业产品都规定了自己的型谱和系列，使其设计生产符合标准化、通用化和系列化的原则。标准化、通用化和系列化是一项重要的技术、经济政策，也是实现规范美的有效手段。它不仅有利于产品整齐划一、改型设计，使产品具有统一中的规范美感和协调中的韵律美感；而且有利于促进技术交流、提高产品质量、缩短生产周期、降低成本、扩大贸易，增强产品的市场竞争能力。

从上面的讨论可知，任何一件工业产品都是科学技术和艺术统一的结晶。科技与艺术都发现，把自己局限于自身的领域中，是不能解决人类生产、生活中的所有问题，只有把科技与艺术这两个领域结合起来进行研究，才能求得各自的更大发展。

只强调产品科技的先进性而忽略其艺术性，会使产品产生机械冷漠感、仪表枯燥感和不符合人机工程学的不合理性。相反，只强调产品的艺术性而忽略了科技的先进性，会使过多的人为装饰妨碍了产品物质功能的体现。

6.6 产品人机系统分析

人机系统分析是人机工程学的研究内容之一，也是工业设计、产品设计需要研究的内容。人机工程学和工业设计在基本思想与工作内容上有很多一致性：人机工程学的基本理论"产品设计要适合人的生理，心理因素"与工业设计的基本观念"创造的产品应同时满足人们的物质与文化需求"，意义基本相同，侧重稍有不同；工业设计与人机工程学同样都是研究人与物之间的关系，研究人与物交接界面上的问题，不同于工程设计（以研究与处理"物与物"之间的关系为主）。由于工业设计在历史发展中溶入了更多的美的探求等文化因素，工作领域还包括视觉传达设计等方面，而人机工程学则在劳动与管理科学中有广泛应用，这是二者的区别。

工业设计是一项综合性的规划活动，是一门技术与艺术相结合的学科，同时受环境/社会形态、文化观念以及经济等多方面的制约和影响，即工业设计是功能与形式、技术与艺术的统一，工业设计的出发点是人，设计的目的是为人而不是产品，工业设计必须遵循自然与客观的法则来进行。这三项明确地体现了现代工业设计强调"用"与"美"的高度统一，"物"与"人"的完美结合，把先进的技术科学和广泛的社会需求作为设计风格的基础，概而言之，工业设计的主导思想以人为中心，着重研究"物"与"人"之间的协调关系。

6.6.1 人机系统研究的作用

（1）为工业设计中考虑"人的因素"提供人体尺度参数。

应用人体测量学、人体力学、生理学、心理学等学科的研究方法，对人体结构特征和肌能特征进行研究，提供人体各部分的尺寸、体重、体表面积、比重、重心以及人体各部分在活动时相互关系和可及范围等人体结构特征参数提供人体各部分的发力范围、活动范围、动作速度、频率、重心变化以及动作时惯性等动态参数分析人的视觉、听觉、触觉、嗅觉以及肢体感觉器官的肌能特征，分析人在劳动时的生理变化、能量消耗、疲劳程度以及对各种劳动负荷的适应能力，探讨人在工作中影响心理状态的因素，及心理因素对工作效率的影响等。

（2）为工业设计中"产品"的功能合理性提供科学依据。

现代工业设计中，如搞纯物质功能的创作活动，不考虑人机工程学的需求，那将是创作活动的失败。因此，如何解决"产品"与人相关的各种功能的最优化，创造出与人的生理和心理肌能相协调的"产品"，这将是当今工业设计中，在功能问题上的新课题。人体工程学的原理和规律将设计师在设计前考虑的问题。

（3）为工业设计中考虑"环境因素"提供设计准则。

通过研究人体对环境中各种物理因素的反应和适应能力，分析声、光、热、振动、尘埃和有毒气体等环境因素对人体的生理、心理以及工作效率的影响程序，确定了人在生产和生活活动中所处的各种环境的舒适范围和安全限度，从保证人体的健康、安全、合适和高效出发，为工业设计方法中考虑"环境因素"提供了设计方法和设计准则。

6.6.2 人—机—环境系统分析

产品系统包含着人机子系统是由产品的使用功能和象征功能决定的。人机系统是产品使用功能和象征功能的保障系统，一般主要由人和机两部分组成。用系统论的观点来分析，还应包括环境因素。因此，现代产品系统设计将人机子系统分解为"人—机—环境"三要素。这是现代系统科学对人机工程学的贡献。

机械不是一个孤立的实体，它处于"人—机—环境"大系统之中。机械的运转实质上是该大系统的运转。

传统的设计观把思维集中在机械的功能实现和行为分析上。现代的系统设计观要求同时考虑人的因素和环境因素，以大系统的观点统一处理设计中的问题。

人、机、环境三者各自成为一个子系统，并形成彼此之间的 3 个界面。它们各有自己的功能，又彼此交互作用，在系统中构成对立统一的关系。

6.6.2.1 子系统——人

人的感觉器官、脑和效应器官是"人"的 3 个组成部分，它形成人这个子系统的 3 个功能。

（1）刺激信号的接收触觉来实现。刺激信号由眼、耳、鼻、舌、皮肤 5 个感官接收，产生视觉、听觉、嗅觉、味觉、触觉信息。

（2）信息的加工处理。由传出神经传给效应器由眼、耳、鼻、舌、皮肤 5 个感官所产生的视觉、听觉、嗅觉、味觉，所有接收的信息由传入神经传入大脑，经分析处理，形成决策。

（3）效应器官的执行。效应器官由手与臂、脚与腿、口与舌、头与身等部分组成，它接收来自大脑的指令，并做出操作动作。现在人体生物电也成为效应器，由大脑支配的生物电信号已成功地用于假肢中。长期来，手与臂、脚与腿是主要效应器官，随着用语言对话的计算机的出现，口与舌这一效应器官也开始发挥重要作用。

6.6.2.2 子系统——机

机由操纵、运转与显示 3 个系统组成。

（1）操纵系统。是机接受人体效应器官操纵动作的部分，它将人的操纵指令转化成机械运行的指令。

（2）运转系统。包括动力与传动系统、控制系统、执行系统等。控制系统对操纵系统接收的指令识别后，做出相应的动作，使机的运行状态做出改变。

（3）显示系统。机的运行状态改变将通过显示系统向人的感觉器官发出信号，使人得以判断机的新运转状态是否已满足要求。

6.6.2.3 子系统——环境

人与机都处于环境包围之中，并通过各自的界面与环境发生关系，在现代机械设计中，环境包括3种。

（1）自然环境。包括资源环境、生态环境和地理环境。从机向自然提取原材料起，经历日常运转，直到报废的全部寿命周期中，自然将不断地向机输入所需的物质与能量资源，并不断地接受机的排放与废弃物。人与机的共同行为将作用于包含人自身在内的生态环境，对生态平衡发生影响，而地理条件如气候、温度、湿度、风沙、日照、地形等，将直接影响机的运行和人的劳动条件。

（2）社会环境。包括民族、文化背景、社会制度、政府政策、国际关系等方面。由于现代高科技产品通常都会给社会带来深刻的影响，因此上述社会因素也必然对产品的生产或使用发生促进或制约效果；由于现代产品大量参与国际大市场的竞争，因此市场环境成为产品开发的重要因素；由于产品的对象是人，因此人们的消费观念始终对产品的发展起导向作用。

（3）技术环境。包括设施环境和协作环境。现代化生产要求高度文明的劳动环境，它将由相应技术设施来实现。现代机械常常把群体的共性功能转交给公共的环境设施来承担，如大型客机的地面导航系统，船舶的卫星定位系统等。而像高速公路、加油站之类，则成为今天汽车运行的基础设施。现代机械的运作还需要大量的周边技术协作，如材料与燃料的供给，废弃物的回收等。

6.6.3 人机系统分析的4个基本问题

（1）人和机之间的功能合理分工。什么工作适合于人来完成，什么样的工作适合于由机来完成，即人机间的功能分配问题。

（2）人机结合形式问题，也就是人机界面设计问题。

（3）人机系统中，人使用什么工具和机械，即机械器具（产品）的设计问题。比如操纵器与控制器的设计等。

（4）怎样评价人机系统的质量好坏，即系统评价问题。

例如，人和汽车的功能合理分工。汽车自动变速器大大减轻了在驾驶汽车中驾驶员的劳动强度，特别是在城市红绿灯频繁出现的道路上走走停停的驾驶状态。如图6.30所示轿车设计的人-机界面以及操纵器与控制器。

图6.30 轿车设计的人机界面以及操纵器与控制器

6.6.4　人机系统功能分配

人机功能分配是十分重要的一项工作。这需要首先考虑人和机各自的特点，根据二者的长处和短处，确定最佳的功能分配。

将人和机器有机地结合起来，可以组成高效的人机系统。但不是简单地把人和机器联到一起就可以的，必须认真分析有关情况，合理分配功能，并根据系统的不同要求加以具体的分析权衡。当进行功能分配时，必须考虑人和机器的基本界限。

在现代机械设计中，设计者的首要任务是将"人—机—环境"大系统的功能进行分解，并把它们合理地分配给3个子系统承担，以便取得最佳技术经济指标。

6.6.4.1　子系统能力的分析

人、机、环境三者各有自己的特长，也都存在能力的限制。

1. 人的基本界限

（1）正确度的界限。人进行作业时，总有些误差，不如机器的正确度高。

（2）体力的界限。体力有限，容易疲劳，不能忍耐长时间的重劳动。

（3）行动速度的界限。人的运动速度有限，处理信息需要一定的反应时间。

（4）计算能力和感知能力的界限。计算复杂问题很慢，记忆能力也有限，但人能感知混在杂音中的信号，对状态的综合适应能力具有柔软性，有推理、综合能力。

2. 机器的基本界限

（1）机器性能维持能力的界限。不进行适当的修理养护，机器的忭能是不能长久维持的，维修、维护方法要由宜人学原则来定出。

（2）机器正常动作的界限。有可能突然异常。

（3）机器判断能力的界限。机器可以设计得具有判断性，但很有限。

（4）费用高。机械化往往需要较高投入。

3. 环境

它通常从如下几方面承担自己的功能。

（1）在系统运转过程中不断提供物资与能源。

（2）接受系统的排放，并予以消化。

（3）创造人机良好工作的周边环境。工作场所的文明度对人的情绪和劳动质量影响很大，合适的温度和照明是人最基本的工作条件。为保证机的良好工作状态，通常也必须创造相应的工作环境，如高精度机床和仪器必须置于恒温室；为保证棉纱一定的含水量，使纺织机械得以生产出高质量产品，纺织机械必须在恒温、恒湿车间工作。

（4）用环境设施来承担机械群体的某些共性功能。如机场内的导航系统就是把飞机自动驾驶装置中一部分功能由飞机转向地面环境设施的系统，它为所有在航线上飞行的飞机所共享，这样做明显比在一架飞机内孤立地设置全套自动驾驶系统经济合理，而且可靠。

（5）从社会角度解决系统运行问题。如为控制汽车排放的尾气污染环境，要求在汽车上安装汽车尾气净化装置，这样会增加车主的负担，只有政府通过立法强制推行。又如许多机械存在零部件或参数统一问题，成立了国际标准化组织（ISO），由其制定全球标准。

6.6.4.2 功能分配原则

1. 比较分配原则

对人、机、环境的特性作比较，据此进行客观、逻辑的功能分析。将大系统的各功能分配给适合的子系统承担。

2. 剩余分配原则

即把尽可能多的功能分配给机，尤其是计算机，剩余的功能分配给人，因为人将承担更有意义的工作。

下列情况分配给机器有利。

（1）对决定的工作能反复计算，要储存大量信息时。

（2）要迅速地给予很大的物理力时。

（3）整理大量的数据时。

（4）在危险、恶劣环境下作业时。

（5）需要精确调整操作速度时。

（6）对控制器施加的力需严密时。

（7）需要长时间加力时。

3. 经济分配原则

以经济效益为根本依据，一项功能分配给人还是机或环境，完全视经济分析来评定。具体地讲就是判断和估计这样一个问题：是挑选、培训、支付人的工资来承担这项工作经济？还是设计、生产、维护机械做这项工作经济？这里的经济概念是指设计、制造、使用的总费用，特别强调使用效率。

4. 宜人分配原则

把人的利益放在首位：要把人从繁重的体力劳动中解放出来；要虑及人的承受限度；要使人仅承担最关键的工作；要考虑人比较容易上手，以降低培训消耗；要让人的物质与精神文明需要从中得到最大的满足。

下列情况要利用人的有利条件。

（1）判断被噪声阻碍的信息时。

（2）在图形变换的情况下，要求辨认图形时。

（3）要求对多种输入信息能辨别时。

（4）对于发生频次非常低的事态，希望能判断时。

（5）要解决需要归纳推理的问题时。

（6）对意外发生的事态，能预知、探讨它。当要求报告信息状况时。

5. 弹性分配原则

即由人在系统运行中自己选择和参与系统运行的程度。

6.6.4.3 功能分配总的趋势

（1）使人不断从繁重的体力劳动中解脱出来，在大系统中更多地发挥智力强项的功能。

（2）使人的一部分有明显规律性的思维转由机去执行，即由计算机或自控系统执行。

（3）系统的宜人性要求日益受到重视，人不仅承担系统分配的功能，而且是物质和精神文明的享受者。

（4）机对环境设施的要求也越来越高，很多机械需要公共设施的支持，与社会环境的关系也日益紧密。

（5）人们已从机的全寿命周期考虑"人—机—环境"大系统的运转，以及贯穿各阶段的功能分配。

（6）自然环境供给资源和接受排放的功能应符合可持续发展战略。

随着生产高度自动化和机器人的广泛应用，人们一度认为未来都是无人工厂、无人驾驶，甚至产生将来人该做什么工作这样的社会学问题。但当人类有能力进一步推动自动化向更高层次发展的时候，却清醒地发现，人类无止境的研究与创造能力是机无法取代的；人永远是机的操纵、控制和使用者；机始终只能是人的体力与智力的延伸；在经济性与可靠性的支配下，很多功能由人承担是最佳的。

6.6.5 产品设计中考虑人的因素的建议

人机工程学研究的核心问题是不同的作业中人、机器及环境三者间的协调，研究方法和评价手段涉及心理学、生理学、医学、人体测量学、美学和工程技术的多个领域，研究的目的则是通过各学科知识的应用，来指导工作器具、工作方式和工作环境的设计和改造，使得作业在效率、安全、健康、舒适等几个方面的特性得以提高。

通过调查，有人把人们日常对产品的使用习惯进行总结，作为设计的一些基本常识提供给设计者。

人们往往希望东西体积细小，便于携带，容易包装。因为重的东西浪费材料，容易使人费力或失去平衡。

人们普遍学会了右旋法则，顺时针转动可以关紧龙头，扭紧螺丝。天然气阀门、水龙头等的设计应当符合这种约定，否则会引起误操作甚至危险。

当指针式仪表显示器可以调整时，人们习惯于调整旋钮转动方向与其指针转动方向一致。否则容易引起调整错误。

人们习惯于一些颜色的含义，例如交通信号灯，"红"表示危险。工业环境中也规定了动力线的颜色，即红色代表关，绿色代表开。违反这种约定可能会造成危险。

人的注意受光亮、很响的声音、闪动的灯光和鲜亮颜色所吸引，如果显示器选择不适当的刺激信号，难以引起视觉注意，也可能会分散人的注意。例如，人们驾驶时，视线集中在路面情况，很难同时兼顾车上各种仪表显示器。所以当有重要信息必须通知驾驶员时（如油量过低），讯息需以亮灯甚至响声传递。

人们习惯于面向声音信号源，所以驾驶舱内信号源要设计在操作员前方头位置高度。视觉有邻近效应，把邻近的东西往往看成相关的，例如一幅画旁边的标签应当是该画的说明。控制器与显示器应当归类布局，把相关的控制器与显示器靠近，否则容易增加视觉和思维困难以及误操作。

发现异常现象时，人往往很自然地用手去尝试探究。这引起许多人身伤害的。材料选择和机器工具设计要避免人手触及危险部位。

当然，上述建议只反映了很小部分的认知、期望和习惯，只能作为启发人们注意观察理解具体设计项目中的使用要求。

第 7 章

Chapter 7

产品整合设计

就产品与产品环境而言，企业生产的产品需要优化以降低成本，需要提高产品的竞争优势和市场占有率。上述问题是产品开发的目的和必须要解决的核心问题。产品设计进入产品化阶段就需要深入研究产品开发的资源利用率、经济效益、市场竞争力、产品开发成本和产品开发周期等，必然要从工程和管理的角度仔细考虑有关产品的系统整合问题，在最大限度满足用户个性化需求的前提下实现产品的标准化、模块化、平台化和系列化。

7.1 产品整合创新概述

7.1.1 工业设计是整合优化的创新活动

2010 年，工业和信息化部等 11 个部委联合发文《关于促进工业设计发展的若干指导意见》，《指导意见》指出：

工业设计是以工业产品为主要对象，综合运用科技成果和工学、美学、心理学、经济学等知识，对产品的功能、结构、形态及包装等进行整合优化的创新活动。

什么是整合优化的创新活动？

7.1.2 整合方式是事物发展的基本模式

适者生存：自然界和生物界以及人类社会的发展演化历史就是事物整合求生的历史。

物以类聚：大自然优胜劣汰、物竞天择是自然界对生物物种的自然整合过程，到目前有 5 亿～30 亿年了。

人以群分：300 万年来，一方水土养一方人，世界几千个民族形成了各自的语言、文化和生活习俗。

秦始皇通过战争统一了六国，又统一了货币、统一了车辙、统一了文字，这是国家的整合活动。

7.1.3 美国开创整合创新先河

美国标准化制造体系开创整合创新先河。

怀特尼（Eli Whitney，1765—1825）于1798年向美国政府提出了一项两年内生产1万支步枪的建议，它是当时流行的一种观念。另一个军火商霍尔（John H. Hall，1781—1841）特别强调和发展了可互换性。从1824年开始，简化来复枪（图7.1）生产。他的目标是："使枪的每一个相同部件完全一样，能用于任何一支枪。"由此，在美国发展出了一种标准化产品的大批量生产，产品零件具有可互换性，形成了所谓的"美国制造体系"（图7.2）。

图7.1　霍尔的简化型来复枪

到19世纪中叶，美国工业则迅速起飞，并逐步取代了英国等国家进而成为世界上最强大的生产力量。

美国福特汽车公司1903年由亨利·福特先生创办于美国底特律市。1914年他们集近代生产体系于一体，并大量生产具有可互换性的部件，还采用了流水装配线作业。排列在福特工厂中的一排排相同的福特"T"型汽车标志着设计思想的重大变化，福特在美学上和实际上把标准化的理想转变成了消费品的生产，这对于后来现代主义的设计产生很大的影响。

美国的这种标准化产品的大批量生产制造体系到20世纪后期被应用到了农业和牧业生产中，如图7.3牧业生产中的标准化奶牛场。

图7.2　美国标准化大批量生产制造体系　　　　图7.3　标准化奶牛场

7.1.4　整合创新是产品系统综合的方式

产品系统综合包含两层意思：一个是对现有产品的功能、结构、造型的可利用研究；一个是对新产品的功能、结构、造型的具体认识和全新塑造，也就是产品创新设计。如图7.4所示，台式机经过创新设计得到了新产品——笔记本电脑；笔记本电脑经过创新设计得到了新产品——一体机计算机平板电脑。

一般来说，企业为降低成本、增加收入，所生产的产品在经营过程中，都会由个体产品向群体产品过渡，即规模化发展。一个企业只有一种产品在市场经济条件下是难以保持竞争力的，即使一种产品也需要在档次划分、规格型号变化上做文章。

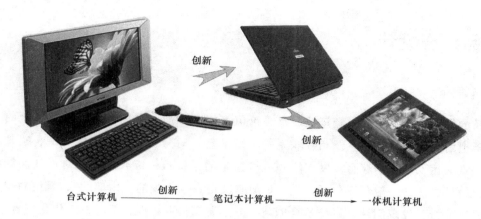

图 7.4 产品创新

因此，把多种多样的相关产品打入市场参与竞争，才是制造商在激烈的市场竞争中取胜的法宝。所以，公司为其产品的研发与设计选择行之有效的开发策略是具有现实意义的。

多品种、规模化发展的前提条件是必须将产品的开发成本降下来，把产品的开发速度提起来。一种科学利用已有产品资源，不做"完全彻底"的改变即可产生不一样产品的新产品"成群"发展战略成为必须，这就是产品整合设计（图 7.5）。

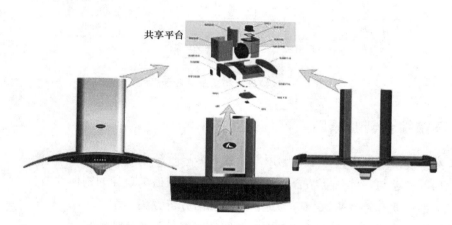

图 7.5 塔式吸油烟机的产品整合

产品创新设计主要从产品个体的角度入手解决产品创新问题。对于产品群体（产品族）的创新与产品规模化发展才是产品系统设计追求的最大目标。

产品系统设计的目标是系统综合。通过系统综合要确立新产品的功能、结构、造型，要明确新产品的设计方案，要找到新产品的立足点、新产品的创意、新产品的卖点，特别是相对于竞争对手的优势要确定下来。然后展开新产品塑造，提出清晰明确的视觉化方案，完成新产品设计的既定目标。设计师应当运用自己的洞察力、经验和技巧去塑造新产品，并在此过程中充分展示创造性与艺术才华。同时，有效的设计创意方法也是十分必要的，它可以帮助设计师完善设计构想、改进产品原型，创造新形式以及为产品添加吸引消费者的新特性。可以说，所有的设计师都是艺术家。都具备创造的本能和欲望。但创新设计方法对于设计师提高设计能力、充实和发展创造力还是很有益处的。本章介绍一些基本的产品创新方法，包括产品综合模式、产品整合、产品平台整合、产品模块化设计以及产品标准化设计。希望借此拓展设计师的思路。

7.2 产品综合设计

7.2.1 综合

一个产品的设计，涉及功能、经济性、审美价值等很多方面，采用系统分析和综合的方法进行产品设计。就是把诸因素的层次关系及相互联系等了解清楚，对分析的结果加以归纳、整理、完善和改进，在新的起点上达到系统的综合。发现问题，按预定的系统目标综合整理出对设计问题的解答。系统分析和综合设计方法的一般程序包括：设计调研有关信息（宏观的、内部的）、系统对象选择、确定设计目标、系统分析、发现问题、系统整合创新、方案研究、可行性分析、系统优化（标准化）、系统设计展开、深化设计等。

系统综合是根据系统分析的结果，在经评价、整理、改善后，决定事物的构成和特点，确定设计对象的基本方面，在系统分析的基础上提出全面的、完善的、整体的解决方案。此时应尽可能地做出多种综合方案，并按一定的标准和方法加以评价、择优，选出最佳的方案。总之，系统分析和综合就是一个扩散和整合交织反复的过程（见图7.6）。

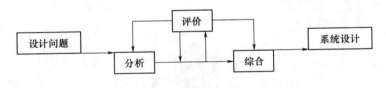

图7.6 系统分析和系统综合示意图

7.2.2 产品系统综合创新原则

（1）必须把宏观、市场、内部要素影响因素结合起来进行综合分析。

（2）必须把局部效益与整体效益结合起来考虑，而最终是追求最佳的整体效益。

（3）依据目标的性质和特性采取相应的定量或定性的分析方法。

（4）必须遵循系统与子系统或构成要素间协调性的原则，使总体性能最佳。

（5）必须遵循辩证法的观点，从客观实际出发，对客观情况做出周密调查，考虑到各种因素，准确反映客观现实。

就产品设计而言，没有达到整体目标的设计，无论其各个局部或子系统的经济性、审美性、技术功能等多么优秀，从系统论的观点看则是失败的。但是，各个局部或子系统的分目标优化是整体目标优化的前提条件。没有局部或子系统问题成堆而能保证整体目标优化的，这就是系统的辩证关系。因此，产品综合的工作内容，不但要提出综合的解决问题的方案，还要考量产品的标准问题、模块问题、平台整合问题等。在各个局部或子系统的分目标达到优化的前提下，开展产品整体优化和系列化设计。

7.2.3 产品开发的主要类型

产品开发的主要类型包括：技术推动型产品、平台型产品和顾客化产品。

7.2.3.1 技术推动型产品

一般是指从技术研发开始开发的新技术产品（图7.7）。企业开始于一项新的自有技术，并为该技术的应用寻找合适的市场就是典型的技术推动型例子。但该途径还是很危险的。例如，瓦特蒸汽机 50 年的改进是成功的，而裂纹断料机 30 年的改进至今仍无进展，等离子电视技术 20 世纪 60 年代诞生，经过 50 年后，现在才开始形成商品。技术推动型产品的研发是科学家和技术专家的核心工作。

图 7.7　技术推动型产品：发动机、CPU、CCD、太阳能管

7.2.3.2　平台型产品

平台型产品是围绕着事先存在的技术子系统（技术平台）建立起来的。这类平台的例子有：轿车底盘、新型发动机、计算机主板、单反相机机身等。

由于大量投资已用于开发这些平台，因此可以把它们应用于几种不同的产品。

平台型产品与技术推动型产品非常相似，因为在这两种情况下，团队的开发活动都始于产品概念体现某种特殊技术这一假设。它们之间最大的不同在于技术平台已经在市场上迎合了顾客的需要而表现出有用性。

在许多情况下，公司都能假设技术在相关市场上也是有用的。与从零开始开发的技术相比，建立在技术平台上的产品开发起来是比较简单，风险要小，也是最容易成功的。

围绕平台型产品所做的设计属于改良设计，也称综合设计。是指对现有的已知系统进行改造或增加较为重要的子系统（例如汽车防抱死系统的设计）。改良设计可能会产生全新的结果，但它基于原有产品的基础，并不需要做大量的重新构建工作。这种类型的设计是设计工作中最为普遍和常见的。出现这样的情况并非由于设计师的创造力不足，而是市场需求的反映。通常，消费者总是希望产品能够适应他们目前的生活方式和风格潮流。在这些方式和潮流的限制下，消费者确立了自己的产品观念。为适应消费者的观念，设计师选择改良设计以确保产品具有良好的商业利润，这是改良设计占据设计主导地位的最主要原因。

例如，轿车底盘的共用部分（图 7.8）。

7.2.3.3　顾客化产品

顾客化产品是对产品的品种、规格、参数等基本标准构思的略微变化，以适应顾客的不同人体参数、不同要求等情况，它们是在对顾客的特殊订单做出反应的基础上特别开发出来的。顾客化产品的例子包括整体厨房、汽车配置、颜色要求、电池和容器规格等。对顾客化产品所做的设计属于变量设计又称改型设计，是指改变产品某些方面的参数（如尺寸、形态、材料、操控方式等），从而得到新的产品（图 7.9）。变量设计通常不改变原有产品的大体结构，即原有系统不变，而只对其中的

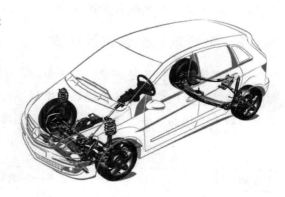

图 7.8　轿车底盘共用部分

子系统做相应调整。这种方式常常用于系列产品及相关产品的设计。例如，当普通轴承应用于较大的设备时，必须扩大自身的规格尺寸；而餐厅所使用的食品加工机如果要成为家用产品，则需要适当地降低功率、形态规格等设计参数。

图 7.9　定制厨房、家居

　　对顾客化产品所做的开发主要包括设定设计变量的值，如特制车辆物理尺寸和材料。当顾客需要一种新产品时，企业就进行结构化的设计和开发流程，从而创造出满足顾客需要的产品。这些企业一般都已开发出了高度细节化的开发流程，这些流程包括数十个与生产流程十分相似的步骤，这种相似是由结构化信息流和严格定义的步骤顺序的存在造成的。

7.3　产品综合设计模式

7.3.1　产品综合设计模式概述

　　系统设计的一个主要理论根据就是基于系统结构与功能的深入分析和理解。产品系统设计，就是从整体上把握过程中各种要素之间的关系，通过一定的结构形式，使产品整体达到既定的功能。为了适应不同的目的，产品设计往往采取不同的系统综合设计模式。常用的宏观设计策略包括如下内容。

　　（1）串行系统综合设计模式。

　　（2）并行系统综合设计模式。

　　（3）自下而上系统综合设计模式。

　　（4）自上而下系统综合设计模式。

7.3.2　串行系统综合设计模式

　　串行系统设计模式是将设计过程中的各个环节视为系统的要素，而要素之间的构成关系是按一定顺序进行的，所构成的设计系统即为串行系统设计。这种系统设计模式是以强调行动、行动之间的关系以及行动之间的顺序为特征的，往往也用流程图进行表现，所以也称为流程图式（图 7.10）。

　　串行系统的突出特征是要素之间具有相关性和依次产生制约性。这也是该类系统的缺点所在，犹如一个串联电路一般，只要线路上的某一个元件出现故障，就会造成整个线路的瘫痪。电路上

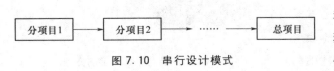

图 7.10　串行设计模式

的保险装置正是利用了这一特点。串行模式的实质内容就是对设计工作过程的控制。由于是单线递进，所以易于进行整体控制。

例如，企业形象设计 CI 就是一个串行系统设计模式的典型案例。首先要设计标志，只有标志设计完成之后，才能进行标准字、标准色设计，而后才能继续进行应用系统的设计。如图 7.11 所示的标志及应用设计：标志→标准字→标准色→应用设计。

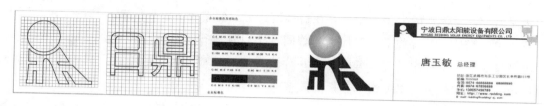

图 7.11　标志及应用设计

7.3.3　并行系统综合设计模式

如果说串行模式是以要素的顺序结构关系为基本特征的话，那么并行系统设计模式则是以要素的网络结构关系为基本特征。并行模式就是对产品及相关过程进行集成的系统化的设计模式。这种设计模式力图使产品开发设计一开始就要考虑到产品整个生命周期中的各种因素，包括概念的形成、需求定位、可行性、进度等。所谓相关过程，就是指整个产品开发设计过程中所要涉及的诸如市场需求定位、实施设计和生产制造等过程，甚至还包括商品化过程。这些过程的参与者往往由来自不同专业领域的成员组成，如，生产决策人、市场研究者、设计师、工程师、营销人员等。这些相关过程作为设计系统中的子系统或要素，共同形成网络关系，相互协同，相互支持，相互制约，共同同时开展产品开发活动。

需要强调的是，并行模式的设计活动的并行是有条件的。处在产品功能系统结构中的两个以上同位功能子系统，其结构位置、尺寸、与产品系统结构的接口关系明确的条件下（无空间干涉，保证相容的条件等），人员分工允许的前提条件下，可共同同时开展同位功能子系统的产品开发活动。中间环节较多时，也就是处于产品功能系统结构中的上下位不相邻的子系统，也可共同同时开展上下位不相邻的子系统设计活动，否则，那样就是各自为政。并行模式是设计过程中相关过程的协作。并行模式也不能被理解为一种管理方法，而是包括人员组织、信息、交流、需求定位和新技术应用等要素的综合和同步。并行模式也不排斥其他模式，而是传统模式的继承和发展。并行模式中的某些子过程往往含有其他模式的特点（图 7.12）。

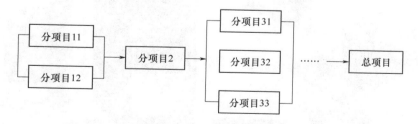

图 7.12　并行（包括串行）设计模式

传统的产品开发只在产品定型时才导入工业设计，并行设计的观念使工业设计介入整个开发过程（图 7.13）。

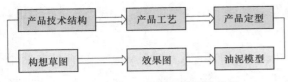

图 7.13 产品开发与工业设计并行

相对于串行模式，并行模式更具有可靠性。并行模式避免了时空顺序关系造成的制约。犹如并联照明电路系统一样，某个电灯的损坏，不至于影响到其他电灯的正常工作。

在产品开发设计过程中，难免会出现由于决策和判断上的错误而导致总体上的失误。相反，在这种模式下，便于及时发现问题，修正错误。原因在于：该模式下的相关过程处于并行关系，而且是朝着同一个目标运行，从属于整体。相比之下，串行模式中的各个阶段只对下一个程序负责。可以说，并行模式是一个整体控制的模式，因而可以最大限度地避免错误，减少重复和变更，降低成本，提高效率。

并行设计的观念改变了传统的只在产品定型时才导入工业设计的做法，而使工业设计介入整个开发过程，使得不可避免的各个相关因素的协调过程，从设计后期提高到了初期，以至各个阶段。因此，也就能避免和减少反复、变更及浪费。这对于新产品的研究和开发来说是至关重要的。所以，新产品开发系统往往是个并行系统。

7.3.4　自下而上系统综合设计模式

自下而上系统综合设计模式是相对于功能系统结构图上的位置而言，就是由要素通过结构确定功能"逆行向上"的设计路线。

要素-结构-功能系统综合设计模式（计算机装机），往往适用于决定投入产出的高层管理，对于产品设计过程，也同样适应（例如，兼容计算机）。具体内容是：一个系统起始于不同的客体。例如自然资源、人力资源、材料、工艺等。在各客体之间建立起一定的结构联系，并通过这种联系产生出既定的结果（图7.14）。

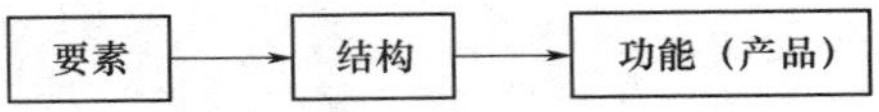

要素　→　结构　→　功能（产品）

图 7.14　要素—结构—功能设计模式

例如，兼容计算机装配模式。计算机的兼容配置是典型的要素-结构-功能设计系统模式，计算机主板CPU、硬盘、显卡、内存、机箱、电源、显示器、键盘、鼠标等备齐之后，就可以按照自己的意愿来"重新设计"组装出一台符合个性化需求的计算机（图7.15）。

图 7.15　兼容计算机装配模式

这是一个直观的、单纯的、易于控制的系统结构，投入和产出关系明确，而设计集中在要素的转换关系上。因此，该模式常用于关系单纯而明确的产品设计过程。其特点是：对超常和意外的因素易于控制，对设计过程及其结果具有可预见性。

7.3.5　自上而下系统综合设计模式

自上而下系统综合设计模式就是先由整体功能入手，选择结构，安排要素而实现产品整体的设计路线。这是一种将要素—结构—功能设计模式在系统设计中逆向使用，即产出（功能）—联系（结构）—确定（要素）。目标往往是首先被确定的（图 7.16）。

图 7.16　功能—结构—要素设计模式

7.4　产品整合

7.4.1　关联产品群定义

关联产品群，又称为产品族，是指企业在设计生产活动中，有意识地将某些产品在组成要素或产品结构以及造型风格上发生联系，由此而形成的产品集合称之为关联产品群。

家族式产品往往会形成关联产品群，但必须是同类产品。例如，佳能公司生产的照相机系列，大多数都是相互关联的。佳能公司生产的打印机系列也是相互关联的。但是，佳能照相机与佳能打印机并不关联。所以，关联产品群内的产品一般是指同类产品。也有不同类产品的强制关联，如工具箱内的扳手和万用电表就不同类，但以维修工作环境相同的因素被强制关联。

一家公司生产的产品一般来说与另一家公司的产品不关联。但是，特意与某家公司的产品关联也常常成为弱小公司靠拢和借光大公司的产品发展策略。

所以，关联产品群的概念并不限定是否是家族系列产品，而是定位在关联和有关系上。这一点是系统论的特点。

7.4.2　产品整合概念

产品整合是指将散乱的、无关系产品发展成为关联产品群的处理产品问题的产品开发战略和产品设计方式。产品整合是公司为生产不同的产品所开发的一套研发方案。为了供应多元化的产品，公司采用了从多种不同策略中进行选择的方式。例如，使每种产品完全独立，或者使一些产品系统共享，即在两者之间选择一种共同的平台，任何方都将占有一定的市场优势和成本优势。产品整合构造是一种系统策略，目的在于合理安排多样化产品的组件及系统，它能最好地满足现在和未来的市场需求。

产品整合是系统设计思维方式处理关联产品群的有效手段。通过共享关联产品群中尽可能多的造型要素、共享尽可能多的零件要素、共享尽可能多的部件、共享尽可能完整的产品平台，将尽可能多的产品整合形成有关联因素维系的产品。达到降低产品成本，增加花色品种，加快产品开发速度，提高收益的经营目的。

整合系统的设计工作是在发展产品次级系统中决定的，这样会较容易利用关联产品群中的共享功能。因而，这种重复使用关联产品群中的共享要素可为制造商带来低投入和巨大的市场潜力。

7.4.3 产品整合的 4 个层次

按照系统论的思维方式，将散乱产品发展成为相互之间有关联的产品群体——整合关联产品群，就会产生系统规模效应：生产成本更低；生产种类更多；生产速度更高；开发速度更快；市场竞争力更强。自然，收益也更好。

将一般产品整合成为关联产品群，在企业的产品开发活动中，主要有以下 4 个层次。

（1）关联产品群中有尽可能多的零件共享——采用标准化构造。

（2）关联产品群中有尽可能多的部件共享——采用模块化构造。

（3）关联产品群中有尽可能完整的平台共享——采用平台化构造。

（4）将尽可能多的产品整合形成有关联因素维系的产品——采用系列化构造。

上述 4 种产生关联产品群的方法：产品标准化、产品模块化、产品平台化、产品系列化可以作为产品整合的有效手段。而且也已被企业广泛运用。

例如，大众公司在汽车产品开发上大力推广产品的标准化、平台化、模块化、系列化，使企业走上了一条快速发展的道路，目前，已成为德国乃至世界规模最大的汽车集团公司之一。

7.5 产品体系结构

7.5.1 产品体系结构概述

如果我们仔细观察一个产品体系结构建立过程本身，就会发现其中的焦点环节依然是如何实现由功能过渡到形式这一基本问题。即使是关联产品群。当然，产生这一观点的前提是我们已经依据用户需求建立了对应的功能模型系统。

产品体系结构可以定义为关联产品群中多种功能组件的一个系统整体构造。其构造不局限于个体产品，而是更关注关联产品群，关注关联产品群内在的要素与结构的联系。

生活中的例子可以帮助我们理解产品体系结构的概念。例如，厨房使用的工具种类繁多，有擀面杖，有案板，有捣蒜器，有斩骨刀等。我们需要构造一个将刀具整合的产品体系。我们对产品已知的概念是：剪刀是一件产品个体，切菜刀是一件产品个体，产品个体上的刀柄是刀的装配部件，刀柄上的铆钉是零件。这些是我们熟知的概念，通过产品造型等手段，对切菜刀、斩骨刀、剪刀、切割刀、小尖刀、锯切刀、磨刀棒等厨房常用工具整合，使其材料、表面处理、色彩、造型风格统一，将尺寸规格做统一划分，使 7 件厨房用刀具整合形成一整套刀具，配上一个刀架（刀库），将一整套刀具全部装入刀架内就形成了一个完整的系列化的套刀产品。上述系列化套刀产品的全部构造，包括零件与刀柄部件的关系，包括刀柄部件与产品的关系，包括切菜刀、斩骨刀、剪刀、切割刀、小尖刀、锯切刀、磨刀棒相互之间的关系，就形成了该套刀产品体系结构（图 7.17）。

产品体系结构的概念反映了产品要素、产品结构、产品整体系统的内在关系，这种内在关系包括关联产品群的内在联系，包括关联产品群与关联产品群内的产品个体的内在联系，包括产品个体与产品平台的内在联系，包括产品平台与产品部件和零件的内在联系。这是一种有助于产品发展演化的认识产品的系统观念。

(a) 产品个体　　　　　　　　　　　　(b) 产品整体

图 7.17　套刀产品（整合式产品）

7.5.2　整合构造的类型

根据产品整合体系结构的共享要素的种属性质不同，由产品整合的 4 个层次可以形成产品整合构造的 4 种基本类型。

（1）产品平台化构造。

（2）产品模块化构造。

（3）产品标准化构造。

（4）产品系列化构造。

我们现在分别详细定义和说明这 4 种构造形式。要说明一下，这 4 种构造类型不是互相排斥的，而是可以兼容的：一种整合构造可以既满足某些消费者的需要，实行不共享的构造配置，同时又提供共享的平台构造的产品，以迎合其他消费群体的需要。

7.5.2.1　产品平台化构造

当一家公司生产制造有相同结构、相同组件或相同系统的不同产品来满足市场的多种需求，我们把这种组合结构规划称作平台整合构造，或产品平台化构造。这些共同的结构、组件和系统称为平台。

产品平台化构造与产品平台是两个概念。产品平台化构造是针对产品关联群而言，指产品关联群的构造特征：都是具有共享平台的结构，都可以共享平台。

例如，大众汽车公司生产的速腾、宝来、途安、途冠、高尔夫等不同车型均具有相同的底盘、相同的发动机、相同的变速箱。这种采用相同底盘、相同发动机、相同变速箱开发不同产品来满足市场的多种需求的这种组合结构规划称作平台整合构造。其中的底盘称之为产品平台，或产品基础平台。

产品平台化构造（平台整合构造）的着眼点是如何让一个产品加入到产品关联群，也即是让产品的结构通过整合，可以共享产品平台。

举例来说，厨房剪刀的平台化构造是将剪刀整合为一端可插入刀库，另一端暴露在刀库外的结构，使剪刀能够与其他刀具一样共享刀库平台（图 7.18）。这个例子不够严谨，但可以揭示产品平台化构造的原理。

7.5.2.2　产品模块化构造

产品的每一部件都是相对独立的个体（产品模块），经过有效的组合，使功能更加完善。模块化产品的优势往往体现在后期的新产品开发和加工制造过程中，而正是由于这一点，在初期设计阶段却往

（a）产品平台

（b）剪刀

图 7.18　剪刀整合构造

往容易将其忽略。

与产品平台化构造相类似的，在产品设计开发的过程中，我们往往会发现产品的某个功能单元具有更多的潜在用途。而这些用途若重新加以考虑并在工程中加以利用，将能够加速产品的研发过程并且降低成本。这种有更多潜在用途的功能单元通过整合可以变为通用模块。将产品的结构调整为能够共享通用模块，就是对产品的模块化整合，其构造就是产品模块化构造。

7.5.2.3　产品标准化构造

有些产品功能单元或功能元在多种产品中都有共享的需要，将这些功能元整合规范，并在产品群中广泛使用，可以降低生产与研发成本。这种具有互换性的功能元整合就是产品的标准化。许多制造商均可以生产同样标准大小和质量的组件，例如螺丝配件及其相关标准件就是典型的代表。

产品标准化构造是指产品系统的组件符合工业化标准，其结构可以共享标准、适应标准。如图7.19 所示刀柄及铆钉，将刀柄的结构设计成为能使用铆钉标准件，就是对刀柄部件的标准化整合，其构造就是标准化构造。

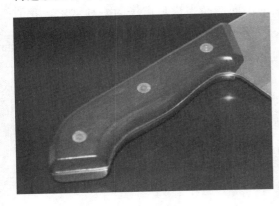

图 7.19　刀柄及铆钉

接口技术是产品标准化构造的一种形式。标准化接口是两个不同系统交接并通过它彼此作用的部分。接口是一套规范（标准），满足这个规范的设备，我们就可以把他们组装到一起，从而实现该设备的功能。例如 USB 接口等。

存在两种标准化方式：开放的和专有的。开放的标准是指公司或组织公布的，而且任何人或公司都能够出售依照这种标准开发的产品而不用支付专利版权费，专有的标准是指某些公司或协会开发的，但生产和销售这种标准的产品时必须支付相应的版权费和专利费。公司开发标准化产品是用来防止别人销售竞争产品。

7.5.2.4　产品系列化构造

产品系列化构造是指关联产品群具有共享产品要素的结构关系。

可以共享平台，形成共享平台的产品系列；可以共享模块，形成共享模块的产品系列；可以共享产品造型要素或造型风格，形成不共享平台的产品系列；也可以共享系列化功能，形成相应的系列化。

如图 7.20 所示，展示了某公司系列化整合构造的例子。该公司生产的不锈钢壶系列产品的容积由 3 个规格组成，整合构造中的每种产品互不共享组件。这种构造称为固定不共享的整合构造，是指产品整合系统中的每种产品是独立的，并且不和此系统中的任何其他产品成员共享组件或系统。

同样，图 7.21 中的螺丝起子系列产品就是常见的固定不共享的例子。虽然整合系统中每种产品都有相似的特性（原材料等），但是各自都具有独特的功能。这些独特的功能决定了每种产品的存在。

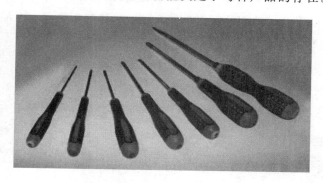

图 7.20　不锈钢壶系列　　　　　　　图 7.21　螺丝起子系列

当产品需求量很大，在市场保持竞争力时，或功能要求必须如此时（如容积不同），就应用固定不共享的结构。实质上固定不共享的系列产品整合了产品的造型风格，也就是共享了同一造型风格。

固定不共享的构造可进一步划分为两种类型：专一型（不变的）和全能型。固定不共享的构造可能仅仅给整个市场提供一种选择并且与客户的理想要求可能会相差很远。例如第一辆福特 T 型车是黑色的，而且仅供应黑色。一方面，固定不共享结构提供给市场的可能是全能的，而且它本身就具有多样性。举例来说，各国的输电网各自输出不同的电压和频率，一种产品可能以 110V，60Hz 为输入电源制造设计，因此它不能满足欧洲的客户要求，因为欧洲是 240V，50Hz 的输电网系统。另一方面，如果供电可以在 110V～240V 和 50Hz～60Hz 范围内任意自动适应，那么这样供电就是全能的。它是满足了所有市场需要的固定不共享的整合构造。

产品功能互补也可以构成系列化产品。

单个产品具有某类特定功能，如果将功能扩展，必须设计新的产品个体。若干个具有某类特定功能，且功能相互补充的产品组成一个关联产品群，对这样一个关联产品群的统一设计就是产品整合，其产品就是系列化产品。系列化产品体系结构着眼于具有某类特定功能的产品，此时设计的关键在于如何使设计任务围绕这一产品的市场特性、用户需求及性能指标而展开。如图 7.22 所示的套刀，这就是系列化产品。其结构特征为材料、造型风格、比例尺度的协调统一。

系列化的目的在于用有限品种和规格的产品来最大限度且较经济合理地满足需求方对产品的要求。这一类型的产品个体往往能够执行多种功能。这时，产品整体发挥了功能系统的作用，我们没有必要建立各子功能与产品部件之间的一一对应关系，各部件间是功能共通状态。也就是说，产品的某两个元件在它们的界面上存在相互间的作用和交融。而这些界面之间也存在复杂的交互关系，使得各

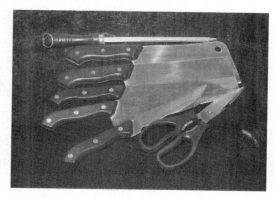

图 7.22　系列化产品——套刀

个界面的界限因此变得模糊起来。结果，对某一局部的微小改动往往会影响产品的全局及其他许多相关的部分。

由于产品要素众多，因此，系列化构造内容也极其丰富，已成为丰富产品的重要手段。

7.5.3　对产品共享要素的说明

产品整合构造的对象是产品或关联产品群，目标是实现对产品要素的共享。而共享的产品要素是指产品平台、功能模块、产品标准、产品造型要素、产品造型风格、产品色彩、产品材料、产品表面装饰等。

共享的产品要素之间形成了下列几种层次关系。

（1）产品标准结构可以看作是零件互换载体。

（2）产品模块结构包含了产品标准，可以看作是更大的带有（超越零件）功能的互换载体。

图 7.23　单反相机体系结构

（3）产品平台结构包含了模块，可以看作是产品（共享）的最大"互换"载体。

（4）而产品系列化结构包含了产品要素，可以看作是以关联产品为核心的共享产品要素的"产品集合"。

共享的产品要素内在关系可以用单反相机体系结构表现出来（图 7.23）。

（1）单反相机集成化平台：机身。

（2）模块化：镜头。

（3）产品标准化：标准连接件、镜头与机身接口标准（EOS）、信息输出接口标准。

对于计算机产品来说，计算机的集成化平台：计算机主板；模块化：CPU、内存条、硬盘；产品标准化：标准连接件、标准按键、信息输入输出接口标准。

7.6　产品平台整合构造

7.6.1　产品平台概念

在进行产品平台整合之前，再次强调产品平台的概念。

产品结构的一个期望特性是使公司可以提供两种或多种高度区分但又共享大部分组件的产品。这些产品共享包括组件设计方案的所有资产，被称为产品平台。产品平台是一组产品共享的零部件集合，是在产品开发过程中确定的一个基准，并以它为基础，用于开发组装多种不同款式、功能各异的一系列产品。

汽车产品开发平台可使汽车公司提供多种高度区分但又共享平台大部分组件的产品。以一个主体为基础，根据需要配置相应的部件。例如，图 7.24 所示的汽车技术平台——轿车底盘平台。两厢、三厢轿车或 MPV 汽车都可以出自同一平台。

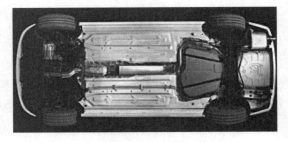

图 7.24　轿车底盘平台

　　对汽车而言，所谓平台技术指的是同一套整车开发技术（汽车底盘＋发动机＋变速系统）应用于组装多种不同款式、功能各异的车型。平台战略的核心，就是提高零部件的通用化，实现零部件的最大共享，以实现更大规模的生产。平台战略可以大大缩短产品的开发周期，实现产品的多样性，既满足了客户多样化的需求，又实现了理想的规模效应，大大降低了制造成本。

　　德国大众最早提出并使用了平台战略概念。例如，用于生产捷达车型的 PQ32 平台，用于生产宝来及高尔夫等车型的 PQ34 平台，还有大众正在全面推广的用于生产最新第六代 A 级车型的 PQ36 平台等。

　　某些情况下，平台式任务体系结构与整体式产品体系结构可以共同存在于某一产品中，同样，平台式整合体系结构与模块化产品体系结构也不矛盾，比如使用同种电池组模块的电动工具系列产品。

　　利用产品平台的设计案例：一汽奔腾采用马自达 6 产品平台的开发案例（图 7.25）。

(a) 马自达6

(b) 一汽奔腾

图 7.25　一汽奔腾与马自达 6 共享平台

　　一汽奔腾共用马自达 6 的汽车平台：底盘、变速箱、发动机一模一样，但看得见的地方都不一样了，两车的用户群几乎没有重叠。

　　一汽奔腾汽车采用乔治亚罗设计的汽车外形：巨大的进气格栅旁是一对高高挑起的牛角形前大灯，看上去像头愤怒的公牛。而腰部线条则尽量向外扩张。从 B 柱到 C 柱的过渡转为柔和，再加上较高的车顶，最后带给人的直接感受就是从容不迫。

　　从上述汽车平台的案例我们看出，外形像与不像并不是判定是否平台相同的依据。

7.6.2　产品平台整合

　　产品平台不仅仅在需要的时候而是在任何时候都能支持多样的产品。变型产品的外观造型展现了几代产品的变化，主要是市场的变化使外形有了简单的更改。由于客户的不断需要和功能、技术不断更新，系列产品和家族系列产品出现了。随着新的过程、技术和市场变化，导致开发和引入产品平台整合——新平台构造。

　　产品平台整合，就是将若干零部件集成为一个超大共用模块。就是把一些零散的东西通过某种方式而彼此衔接，从而实现资源共享和协同工作。其主要的精髓在于将零散的要素组合在一起，并最终形成有价值、有效率的一个整体。

平台整合与集成化思想方法基本一致。就是把某些东西（或功能）集在一起，而不是一个设备一个功能结构。举个简单的例子，本来处理器与二级缓存不是在一起的，后来从 pentium Ⅲ 开始把二级缓存植入处理器内，那么，处理器与二级缓存就集成在一起了。还有现在有的主板上有显卡，不用再安装另一显卡，这个显卡就是"集成显卡"，依此类推，还有集成声卡、集成网卡等。集成的目的在于扩大平台共享功能的范围。

平台战略的核心，是提高零部件的通用化程度，实现零部件的最大共享，以实现更大规模的生产。平台战略可以大大缩短产品的开发周期，实现产品的多样性。例如，单反相机机身不仅用于光学相机，也被单反数码相机采用，以便缩短产品开发周期，降低产品开发成本，增加产品品种。同时，配合不同的镜头可以实现不同的摄影要求。

产品平台整合设计的着眼点在于考虑如何实现多种产品的部件共享。这就是产品基础平台。

7.6.3 产品平台构造的方法

产品平台规划是在差异性和共同性之间进行基本的权衡。一方面，提供一个产品的几个不同类型可以带来市场效益；另一方面，扩大这些不同产品共享共同组件的程度可以带来设计和制造效益。两种信息系统使团队可以进行这一权衡：差异性设计和共同性设计。

产品平台构造包括 4 种情况。

（1）产品共享的设计与零部件集合。

（2）产品共用的子系统以及子系统之间的关系组成的构架的集合。

（3）某个基型产品。

（4）某一个或几个核心部件，也可以称为产品核心，它是核心能力和最终产品的有形联系，是一个或多个核心能力的载体，产品核心是实际为最终产品的价值做出贡献的零件和部件。

要选择产品平台，应该首先寻找哪些方面是共同的（或能够形成平台的），而哪些方面是只能被单个变体独立实现的。然而，搜寻工作是极其复杂的。平台选定后，每个变体还有各自的剩余选项。但这样做，可以将每个变体的成本减到最少，将整个系列的总成本减到最少，所以是必要的。

7.6.3.1 产品平台构造的原理

理论上，两个以上关联产品的共享最大化就是所求的产品平台构造（图 7.26）。关联产品 1、产品 2 与产品 n 共享部分就是所求的产品平台构造。其构造步骤如下。

（1）将关联产品群作为构造产品平台的集合。

构造的产品平台用于两个以上关联产品的共享，目的是通过使用产品平台，加快产品的开发速度，提供产生于平台上的多种产品，以满足消费者的不同需要，如对产品功能，造型、材料、色彩、比例、尺度等众多不同的需要。因此，构造产品平台的集合必须是关联产品群。

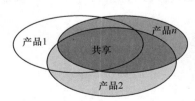

图 7.26 共享最大化产品平台构造原理

关联产品群可以是实际存在的，或者是待开发的。对于待开发的关联产品群，列出产品的需求类型、功能结构及功能特性。

（2）选择关联产品群中两个以上的产品个体作为交叉样本。

如果将关联产品群内的集合全部作为交叉样本，则样本数量太大，不便于高效解决问题。因此，要选择对公司影响力最大的，或最希望构造平台的产品作为首选交叉样本，从中得到的平台才是目标所要求的。

（3）比较判断关联产品群中可变化产品要素与可不变化产品要素。

所谓比较判断关联产品群中可变化产品要素与可不变化产品要素就是对关联产品群中的交叉样本进行"交叉"比较。

对于待开发的关联产品群，为每个产品类型列出设计特征，并做比较。

（4）将可不变化产品要素的集合作为关联产品群的产品平台预选。

"交叉"比较后重叠的部分就是交叉样本的"共享平台"。将此"交叉"后的"共享平台"作为产品平台构造的预选方案。

对于待开发的关联产品群，决定共享的平台特征选项。

（5）对预选产品平台调整整合为产品平台方案。

将预选产品平台从对产品性能的影响、对产品结构的影响、对平台制造工艺性、平台成本、经济性、可行性、可靠性等多方面进行分析后，调整整合，确定为产品平台。

对于待开发的关联产品群，为平台构造特征与评估标准对照后，确定为产品平台。

（6）检验产品平台方案。

以此产品平台为产品开发基础，通过在其上开发出的产品品种及规格系列检验产品平台的适应性。

对于待开发的关联产品群，选择平台和产品系列选项的组合。

7.6.3.2　产品平台构造方法

实际上，根据平台的定义和与模块的关系，我们知道，产品平台是产品的基础部分，是产品上一般难变的部分，是产品上用于承载其他零部件的产品的主体部分。产品平台包含了模块，可以看作是产品"最大的互换"（共享）载体。由此，就可以得到产品平台构造方法。

1. 拆卸法构造产品平台

产品平台是一组产品共享的零部件集合，是在产品开发过程中确定的一个基准，并以它为基础，用于开发组装多种不同款式、功能各异的一系列产品。

通过拆卸，去除产品上可变的部分，去除可方便互换的部件，保留组成产品的基础部分或一般难变的部分。且尽可能大的保留组成产品的基础部分或一般难变的部分。否则，构造出的平台价值就会缩水。

2. 装配法搭建产品平台

产品结构包括了零件、部件、产品承载结构等要素。装配产品就是要将产品要素按产品结构要求组装起来。

在装配产品的过程中，首先要装配产品的基础部分，或用于承载产品上其他零件、部件的主体部分。这种首先装配的产品部分就是产品的基础平台，也就是要寻找的产品平台。

上述产品平台构造步骤在实际应用中还需要根据具体问题具体分析对待并做出具体的调整，特别是反馈修正要进行多次。

构造的产品平台作为新开发产品的一部分，将产品的其余部分作为可变部分，根据产品的市场定位和用户定位即可开展有效快速的开发活动。

不论是简单的产品平台，还是复杂的产品平台，其开发难度和开发成本都远大于一个同类独立产品的开发。原因是产品平台是众多产品的共同部分，平台上存在的问题会带到以此为平台的每一件产品身上。所以，为避免此类问题的普遍出现，必须在产品平台的开发上竭尽全力，追求最优化、最完善。

7.6.4 产品平台的变体

平台选定后，模块化平台构造的一个相伴而生的机会是派生产品的发展。变型系列产品是通过改变最初的产品来设计制造更多的产品而出现的。因此，根据最初的产品再设计，系列产品的开发缩短了周期并降低了整体的成本。

3 种派生产品（变型产品）的基本类型如下。

（1）降低成本的派生产品。系列中最初产品成本的降低是通过选择其他替代材料，除去产品多余特征，提高生产效率或优化原有设计而获得的。新产品在产品家族中被分开设计生产，因此消费者能够享受成本节省所带来的好处。

（2）生产线扩充的产品。在一种基本的产品上，某些特性被修改或扩充来满足更多的客户及不同市场的需要。产品的流行设计特征用做改良设计的工程度量标准，例如准确性、可靠性和耐久性方面，这种类型的派生产品只是对最初产品的扩展，成本不会明显增加。然而，它自然地形成一个平台和产品系列。

（3）增强型产品。这些产品根据基本模型的创建，增加附加的特性来迎合市场及更多客户的需要。对最初产品的特性要重新设计和扩展到一个用来支持多种变型产品的平台上。当增强型产品投放市场的时候，往往引起价格明显上涨（例如，带有收音功能的索尼随身听）。

7.6.5 可升级平台

另一种类型的平台结构是可升级模块化平台。这里，系列中的每种产品没有共同的组件，但是它们除了大小以外都是相同的。各变型产品中的相同之处是用来创造这些产品的生产和开发过程，带一个可升级平台，每种变型产品的功能基本上相同。例如，同一家公司功率不同的发动机系列，是一个可升级平台，每个引擎具有相同的系统，并且这些系统具有相同的功能，为了达到不同的推力标准，各组件在大小和材料方面都不相同。

7.7 产品模块化概述

模块化原理是人们在长期的实践中逐步认识的。一般认为，中国古代的秦砖汉瓦是早期的模块；活字印刷则可以作为中国古代应用模块化技术的典范；现代模块化技术的主要发展时期是在第二次世界大战之后。1964 年，IBM 的设计者在开发 IBM 360 计算机时创造性地采用了"模块化"原理，并通过"模块化分解"和"模块化集成"实现了计算机发展史上里程碑式的重大创新。IBM 通过将电脑分解成主板、处理器、磁盘驱动器、电源等功能相对单一的模块，电脑的复杂程度被一步步细分；再通过一定的规则（界面）确保不同品牌电脑的相应模块能互相兼容，则不仅使模块可以近乎完全独立地设计、制造，还可以让多个厂商在同一模块上彼此进行竞争。正是这种基于模块分解基础上的全球 PC 厂商的分工整合，大大加速了电脑技术创新和产品升级的速度。IBM 在电脑架构设计上运用"模块化"原理的大胆创新，最终导致了全球电脑产业结构的飞速升级和持续创新，形成了今日全球范围内分工整合的 IT 产业格局。模块化正是推动这一对人类影响极为深远的变革的主导力量。

7.7.1　模块化定义

7.7.1.1　模块

模块是产品中相对独立的具有互换性的部件，在模块化系统中用于构成系统的功能单元。每一个组件由若干完成产品相应功能的零件组成，这种组件就是模块。

机械产品的模块是一组具有同一功能和同一接合要素（指连接部位的形状、尺寸、连接件间的配合或啮合等），但性能、规格或结构不同却能互换的单元。机床卡具、联轴器可称为模块，自行车或摩托车的避振器是模块（图 7.27）。

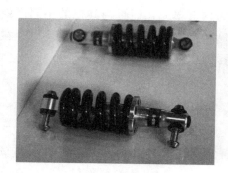

(a) 避振器　　　　　　　　　　　(b) 个人台式计算机模块

图 7.27　模块

7.7.1.2　模块化

模块化可以直观地理解为以一系列模块构成整机系统的设计方法。经过模块化处理的系统，除个别的零部件外，全部的零部件都与相应的模块形成确定的归属关系，也就是说在系统构成之前，模块内各零部件的相对位置、连接关系以及模块的功能均已确定。

由于模块化体系中通常有一部分或全部模块可以在不同的系统中互换，而且模块之间的连接关系具有简单和统一等特点，与儿童的积木玩具相似，故模块有时又被称为积木块，相应地，模块化技术也就被称为积木化。

7.7.1.3　模块化设计

产品设计是面向整体使用功能要求的设计，虽然有时模块也可以独立使用，但模块化设计主要是面向整体中的某一部分使用功能要求而进行的设计。模块是介于标准件与产品平台之间的一个功能模块。

模块化设计有两个层面。一个是在产品设计层面选用标准接口的功能模块，这叫做模块选用。另一个层面是在产品内部划分功能分区，然后将划分好的功能分区设计成便于互换的模块。这后一个层面就是模块设计。模块选用侧重点在产品，所以模块化产品设计是先选用模块，然后以选用的模块结构来进行产品设计。模块设计侧重点在模块，所以产品模块化设计是先设计模块，然后再完成产品的整体设计。

7.7.2　产品模块化分类

产品模块化分为功能模块和制造模块两类。

功能模块是对产品的功能进行子功能的划分，然后将各子功能用形式关系加以表达。

制造模块主要考虑实际加工制作中的技术环节，某些零部件根据加工的要求合成在一起，从而形成了一个所谓的装配模块。

7.7.2.1 基于功能的模块

功能可分为主要功能、附属功能；与之相应的功能模块也可分为基本模块和附属模块等。基本模块实现系统中的基本功能或主要功能，是反复使用的基础模块；附属模块配合基本模块完成工作。有时还会出现具有特定作用的特殊模块和根据用户要求完成附加功能的附加模块。以功能为基础的模块化形式主要有悬挂式模块、负载式模块、拼接式模块、混合式模块和可调整的整合构造模块5类。

1. 悬挂式模块

悬挂式模块的形式可定义为，以某个基础性的设备部件为构造单元，通过与其他的不同部件连接而能够执行不同的任务。这通常也是构造用户化的整合体系结构的一般性思路：同一模块出现在系列化产品的所有个体成员中，每件产品均采用一致的接口，而模块只承担一种功能。如电池、发动机、电动机就是悬挂式模块的形式。

这种模块定义与零件标准化概念的思想是一致的。

2. 负载式模块（接口模块）

负载式模块的形式表现为某一设备（产品的主体部分）利用自身提供的标准接口能够同时接纳多个不同功能模块的任意组合方式而完成相应的功能。一般情况下，这种模块都要提供一个标准化的接口，用来与母体设备上的某个"插口"相连接。例如，计算机主板上的内存扩展插槽便是这种形式。

3. 拼接式模块

拼接式模块的一般形式是几个模块通过边界或接触部分互相连接，而各模块都通过同一个界面表现出来。在这种形式中，各模块有自身不同的功能，并且经过拼合后的整体不影响各模块功能的发挥。由于各个模块都不能单独概括和反映完整的功能，因此，产品是各个模块的整体概括。在这类产品中，各个部件可能有不止一个界面。办公家具和整体厨房就是一个拼接式模块的例子（图7.28）。

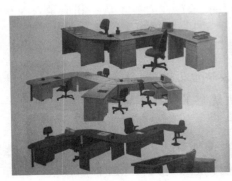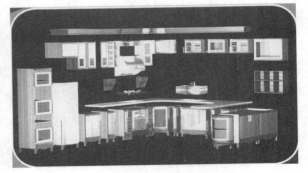

(a) 办公家具　　　　　　　　　　　(b) 厨房

图 7.28　拼接式模块

4. 混合式模块

混合式模块也表现为各标准部件的组合形式，但各个模块之间建立的是网络状的交织结构，这不同于拼接式模块简单的线性连接。由于这种网状结构关系，每一模块必须提供至少两个连接点（图7.29）。

图 7.29　混合式模块

一般说来，相对较复杂的系统都采取混合式模块的形式。例如在家用电器中，我们利用一系列标准部件，比如风机设备、照明装置、按钮结构、滤网结构等，通过它们的搭配组合构造出各式各样的吸油烟机。

5. 可调整的整合构造模块

可调整的整合构造有两种情况，一种是提供几种模块，购买之前选择确定；另一种是提供功能可变的一种模块，购买之后选择使用；所形成的产品，前者功能单一，成本低，价格也低；后者为多功能，成本高，价格也高。

举例来说，计算机制造商销售给用户配有不同电源的产品。为了符合需要，电源从整个电脑产品中独立成为一个单独的组件，不同的电源形成了一个独立的可调整的产品系列。通过插装不同的配件，这种独立性可以满足制造商、零售商甚至客户的需求。客户使用过程中，电源固定在机箱内部，直到安装新的电源时，它才被拆下更换。也就是说，一旦安装了，它就被暂时固定下来。

让我们再来看另外一个例子，现在，计算机内存是与计算机的其他配件分开的。在购买时，客户可以根据需要安装不同数量的内存条。之后，将内存条固定在主板上，直到购买并安装新的内存条。一旦安装后，产品配置就暂时固定下来了。

举另外的一个例子，客户在任何时候都可以自由调整汽车座椅位置，包括购买之后。可变焦照相机也是为使用而调整的构造，因为它不是仅仅通过一两个固定的距离定焦而是随着拍摄距离任意调整焦距的。由于这种特殊的设计，结构不是固定不变的，而是一个能在任何时刻提供调节的装置。

7.7.2.2　基于加工制造的模块

在功能模块的基础上，根据具体生产条件，确定生产模块，该模块是个加工装配单元，是实际使用时拼装组合的模块。一个功能模块也可以分解为几个生产模块。基于生产加工的模块，它们的划分依据主要是满足于加工技术和组装操作的特性。事实上，对一件产品的精确描述，既能通过功能模块划分的方式，也能通过生产加工模块划分的方式实现。

（1）OEM 模块。加工模块中最常见的是 OEM 模块，各部件集成为模块的原因主要是供应商（即原始设备制造商，OEM），考虑到这样做的成本相对于单独进行研发要廉价许多。比如，目前各类计算机中所广泛采用的电源设备就是这样的一种模块形式（图 7.30），我们可以随处非常方便地购买和获取。

（2）装配模块。表现为一组功能相关的部件为了便于装配的需要而做捆绑处理（图 7.31）。在如图 7.31 所示的新型设计中，变速手柄与刹车柄被放在了同一组件中，从而体现了一种便于装配的需要而做捆绑处理的装配模块构造。

图 7.30　电源

图 7.31　变速手柄与刹车柄

（3）规格模块。是指性质内容完全相同，只是物理尺寸和形体规格上有区别的模块。比如割草机中的刀具部分，不同宽度的刀具可以根据切割任务的不同而进行更换。规格模块往往出现在同类的产品或相同的操作程序中。

（4）组件模块。以部件作为基本模块的情况较为普遍，如吸尘器的吸管、电话听筒、电脑键盘等，它们既是基本的模块，又具有一定的功能。也是功能模块。

组件模块可以使部件有不同的功能，有时比更换部件更灵活。如吸尘器吸管部件（包括软管和硬管），更换不同的吸头组件，产生不同的吸附功能。

将零件作为生产模块灵活性更大，通过各种零件的相互组合，可变换多种型号的产品。这样，可以减少零件生产模块的种类。很多塑料产品在这方面最具有优势，有些具有独立功能的产品本身就可作为一个零件，而且，塑料自身的材料特性，使模块具有很好的组合性。

7.7.3　模块的特点

模块所具备的特点主要有：独立性、抽象性、互换性和灵活性等。

1. 独立性

模块内部的元素或零件除了通过接口，一般不与外界发生联系。模块本身所具备的功能是在与外界进行最低限度的联系下实现的，因而在规定了接口端功能的条件下，模块的设计、制造、调试等过程一般都可以独立进行。

2. 抽象性

模块的抽象性表现为，模块是作为具有特定功能的黑盒子调用的，只要求模块在正常的物理量与信息量输入的情况下，按其功能相应输出物理量和信息量，这些系统所需的外部特性必须得到满足。系统设计并不需要理会模块内部的构成与特点，模块内部各种元素构成及其相互关系都隐藏在界面内。

3. 互换性

系统如果需要改变功能的话，往往只需在原有系统中增加或更换某些模块即可，模块具备这种通用化的特点，是使模块从系统中独立必不可少的条件。

常规系统零部件的互换性是指结构形式、功能和名义参数完全相同的零部件可以在不经过任何修整或基本上无需修整的情况下相互更换，使系统的功能以及性能保持不变的特性。

模块的互换性除了上述的内容之外，还包括模块内部结构形式、功能以及性能参数等不同其他种类的模块亦可以依照同样方式与系统内某些模块相互更换，从而改变系统的功能以及性能或者其他技术经济指标的特性。

近年来，随着电子计算机技术的迅速发展，计算机的性能价格比提高很快，一些计算机生产企业在激烈的市场竞争中纷纷开发出能够在用户现场简便升级的微型计算机系统。这些计算机一般把中央处理器（CPU）等安排在插板上，如果需要升级，只需把原来的 CPU 板拔出，重新放入另一块插板即完成升级。由于储存器、加速器、显示器等都可以保留，因而所花费的资金远低于再购买功能相同系统，由此可见，在这类体系中，各系统之间良好的继承性是由于模块具有良好的互换性，因而可以使用户以较小的代价就实现了系统性能的显著提高。

4. 灵活性

模块可以不从属某个系统，只要任何一个需要某项功能的系统能够兼容，具备相应功能的模块就可以加入该系统，从而使产品具有良好的灵活性。

当系统增加、减少或更换某些模块，就可以方便地使得性能与功能的更新；而且，同一功能的模块，可利用不同的元素以及连接方式构成。通用打印机仅接口结构就有多个方案，以适应各种用途，用户可以根据自己的需要进行选择，用户选定后只需安装相应的接口板就成为如同用户订制的产品。数码单反相机机身搭配的各种焦距不同的镜头（图 7.32），根据需要可以随时选用、更换，使用非常方便。

图 7.32　照相机镜头

模块的灵活性和互换性方便用户订制实施。用户订制，就是要求在产品设计时，注意整机功能的适应能力。由于市场规律的作用，用户通常在选择设备时十分注意性能价格比问题，原则上不会为不需要的功能付钱，如果生产企业专门设计一系列功能不同的产品，可能会导致产品成本过高而使之失去竞争力。解决这个问题的一般做法是，在具备基本功能的产品基础上，设计一系列的附件或选件，即扩展模块，根据每一个用户的具体需要，对整机的功能进行扩展，使用户购买的产品功能既满足需要又没有多余的功能。

7.8 产品模块化设计方法

7.8.1 模块化设计概述

7.8.1.1 模块化设计

为开发具有多种功能的同一种类的不同产品，精心设计出多种模块（如设计吸油烟机的风机模块），将其经过不同方式的组合来构成不同产品，以解决产品品种、规格和设计制造周期、成本之间的矛盾，这就是模块化设计的含义。

在对产品进行市场预测、功能分析的基础上，根据用户的要求，将产品的某些要素组合在一起，构成一个具有特定功能的子系统，将这个子系统作为通用性的模块划分并设计出一系列通用的功能模块。对这些模块进行选择和组合，就可以构成不同功能、或功能相同但性能不同、规格不同的系列产品。这就是产品的模块化设计，这种设计方法称为模块化设计。

如图 7.33 所示是一些模块化设计的例子。

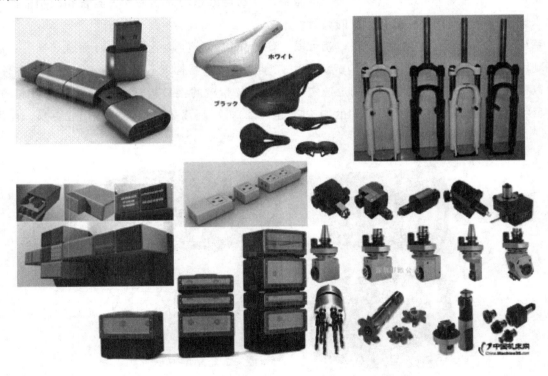

图 7.33　模块化设计

7.8.1.2 模块化设计与一般产品设计的区别

将模块看作是特殊的产品，则产品设计方法可以移植到模块设计上来。前提条件是必须按模块的规律来设计模块。模块与一般产品的区别在于，模块应具有特定的接口或结合表面以及结合要素，以便保证模块组合的互换性。

模块具有以下特点。

（1）具有特定的功能。

（2）尺寸、功能参数模块化。

（3）具有连接的要素。

相对于产品设计而言，模块化设计受制于产品，受制于产品对模块提出的功能要求，受制于产品对模块结构空间的限制，受制于模块与产品的连接关系构造限制。除此之外，基本上可以按产品设计对待。

所以，模块化设计突出表现出 3 要素：功能参数、结构尺寸、连接关系。

7.8.1.3　模块标准化接口问题

模块标准化接口是指模块结构标准化，尤其是模块接口标准化。模块化设计所依赖的是模块的组合，即连接或啮合，又称为接口。

显然，为了保证不同功能模块的组合和相同功能模块的互换，模块应具有可组合性和可互换性两个特征，而这两个特征主要体现在接口上，必须提高其标准化、通用化、规格化的程度。例如，具有相同功能、不同性能的单元一定要具有相同的安装基面和相同的安装尺寸，才能保证模块的有效组合。

7.8.1.4　模块化设计原则

（1）组合性，结合面的合理性和精确性。合理性，即是模块在组合当中的可靠性和良好的置换性。易装、易拆、易换，有时还必须遵循某些标准，或在一定范围里将其标准化。

（2）适应性，模块结构与外形的适应性。从整体上考虑模块应具有的共性，在与不同的产品进行组合时，都有能与之保持形式上和视觉上的协调。

（3）系列构成的合理性。要以需求为依据，往往要通过系统方法进行市场、技术、经济等可行性分析来确定产品的系列构成和型谱。

7.8.1.5　计算机辅助模块化设计特点

CAD 技术在产品设计中得到广泛应用，应用在模块化设计中大大提高了精度与速度。计算机辅助设计可以在三维设计软件中建立丰富的模型库，以此为模块，在设计中使用，可以大大提高模块化设计效率。而且，计算机设计软件本身就是集模块之大成，在产品设计时可建立标准模块，随时调用。

计算机技术不仅用于模块化设计，而且通过计算机辅助管理，更能发挥模块化产品的优势。国内外的许多企业在模块化产品设计中，开发了模块的计算机管理系统。如整体厨房企业在开发模块化厨房的同时，建立了模块的计算机管理系统，将厨房模块的尺寸、组合方式、价格等都存储于电脑中，可以模拟出多种组合的可能性及不同效果，以供顾客选择。与此同时，还可将模块的明细表、组装图、价格表等一并输出，给供求双方都带来了极大的方便。

7.8.2　模块的规划

模块系统可分为开放式和封闭式两类。所谓开放式模块系统，即模块系统是由尺寸不同的模块组成的标准度量系统。只要有足够的模块就可以组成任意不同的量度，具有扩展的无限性。封闭模块系统是由一定种类模块组成有限数的组合。在实际组合时，要考虑使用需求工艺可行性及整体相容性等因素。

模块化产品通常有两种情况：一种是标准模块产品，也就是以广泛应用的标准件为基本模块，或是以他人或自己开发的现有产品的、可通用部分为基本模块发展的产品系统。这种情况通常是购买或沿用固定部件作为模块展开设计。这样可以省去时间和费用，以及各种繁杂的投人。另一种是自定义模块，即在本项产品系统中，自行考虑模块的划分。这种情况是根据产品系统的发展目标而进行的统筹规划。

产品模块要求通用程度高，相对于产品的非模块部分生产批量大，对降低成本和减少各种投入较为有利。但在另一方面又要求模块适应产品的不同功能、性能、形态等多变的因素，因此对模块的柔性化要求就大大提高了。对于生产来说，尽可能减少模块的种类，达到一物多用的目的。对于产品的使用来说，往往又希望扩大模块的种类，以更多地增加品种。针对这一矛盾，设计时必须从产品系统的整体出发，对产品功能、性能、成本诸方面的问题进行全面综合分析，合理确定模块的划分。

模块的规划是模块化产品设计中的关键问题。即要在一个产品系统里将哪些功能、哪些部分，以怎样的组合方式，怎样的形态，多少数量以及构成模块的一系列相关要素等，进行综合评估，并提出方案。

为了有效地发挥模块组合性优势，必须充分考虑模块的组合方式及组合的种类，以求用尽可能少的模块组合更多的不同功能和性能的系列产品。

总之，模块的规划必须对模块化设计三要素：功能参数、结构尺寸、连接关系提前布局，将模块功能参数落实到产品的系列化中，制定出模块发展的系列型谱。

7.8.3 模块化设计流程

模块化设计分为两个不同层次：第一个层次为工程系统设计的系列模块化产品研制过程，需要根据市场调研结果对整个系列进行模块化设计，本质上是系列产品研制过程；第二个层次为单个产品的模块化设计，需要根据用户的具体要求对模块进行选择和组合，并加以必要的设计计算和校核计算，本质上是选择及组合过程，工业设计常面临此类设计。

模块化设计一般流程：产品市场调查、产品功能分析、结构参数及模块划分、模块结构设计、模块造型及系统优化设计、编写技术文档。

（1）模块化设计成功的前提。必须注意市场对同类产品的需求量、市场对同类产品基型和各种变型的需求比例，分析来自用户的要求，分析模块化设计的可行性等。对市场需求量大的部件可以作为产品模块。对市场需求量很少而又需要付出很大的设计与制造花费的产品，不应在模块化系统设计的总功能之中作为模块。

（2）合理确定模块化设计所覆盖的产品种类和规格。种类和规格过多，虽对市场应变能力强，有利于占领市场，但设计难度大，工作量大；反之，则对市场应变能力减弱，但设计容易。

（3）产品参数有尺寸参数、运动参数和动力参数（功率、转矩、电压等），须合理确定，过高过宽造成浪费，过低过窄不能满足要求。另外，参数数值大小和数值在参数范围内的分布也很重要，最大、最小值应依使用要求而定。主参数是表示产品主要性能、规格大小的参数，参数数值的分布一般用等比或等差数列。

（4）合理确定模块化设计所覆盖的产品种类和规格，过高过宽造成浪费，过低过窄不能满足要求。

（5）以用户的需求为出发点来分析各物质、能量、信息的交换过程，并对功能系统中的并行功能链和顺序功能链结构做出严格的区分。建立功能系统，确定模块化设计类型，划分模块。只有少数方案用到的特殊功能，可由非模块实现；若干部分功能相结合，可由一个模块实现（对于调整功能尤其如此）。

（6）我们已经明确了模块间的相互作用和交互关系，这里需要考虑的是模块间的空间关系。首先，我们用方块的形式代替各个模块做出一个布局图，即建立产品的概略布局图。其中方块的大小规格大体上反映模块的预计物理尺寸。然后，根据消费者的需求或产品的使用环境来对布局进行总体尺寸标注。这时要在多个方案间进行比较。因此这一步骤允许出现同一模块或不同模块有不同布局图的情况。

（7）根据布局图来找到相应的模块。这里，理论上查找的对象应当包括所有的外部的和内部的成分。因此，最终的结果是：产品是现有所有模块的集合。但是实际上，产品在实现过程中往往除了现有模块，生产单位还要集成加入具有创新价值的模块。

（8）最后，我们将能得到一系列的模块主题。这时首先要根据这些语义概念验证它们的可行性，最后从众多的可行性方案中择选出一个将其演化为最终的产品。

（9）进行模块结构设计，模块造型及系统优化设计，形成模块库。由于模块要具有多种可能的组合方式，因此设计时要考虑到一个模块的较多接合部位，应做到加工合理、装配合理；应尽量采用标准化的结构；尽量用多工位组合机床同时加工，否则模块的加工成本将非常可观；还应保证模块寿命相当，维修及更换方便。

7.8.4 模块化设计的主要方式

7.8.4.1 横系列产品模块化设计

不改变产品主参数，利用模块发展变形产品。这种方式是易实现，应用最广。常是在基型品种上更换或添加模块，形成新的变形品种。

例如，更换端面铣床的铣头，可以加装立铣头、卧铣头、转塔铣头等，形成立式铣床、卧式铣床或转塔铣床等。

例如，更换吸油烟机风机下面的集烟罩，可以用不锈钢、烤漆、玻璃等不同材料的不同吸烟罩造型，可以得到一系列新造型的吸油烟机产品（图 7.34）。

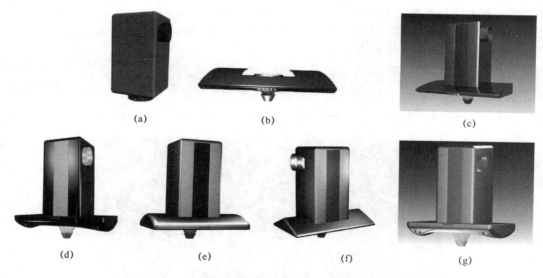

(a)　　　　(b)　　　　(c)

(d)　　　(e)　　　(f)　　　(g)

图 7.34　吸油烟机模块化设计

7.8.4.2 纵系列产品模块化设计

纵系列产品模块化设计是在更换模块的同时改变结构尺寸，在同一类型中对不同规格的基型产品进行设计（图 7.35）。主参数不同，动力参数也往往不同，导致结构形式和尺寸不同，因此较横系列模块化设计复杂。若把与动力参数有关的零部件设计成相同的通用模块，势必造成强度或刚度的欠缺或冗余，欠缺影响功能发挥，冗余则造成结构庞大、材料浪费。因而，在与动力参数有关的模块设计时，往往合理划分区段，只在同一区段内模块通用；而对于与动力或尺寸无关的模块，则可在更大范围内通用。

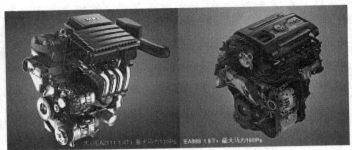

图 7.35 发动机系列

7.8.4.3 多系列模块化设计

多系列包括纵系列、横系列和跨系列模块化设计。

例如，德国沙曼机床厂生产的模块化镗铣床，除可发展横系列的数控及各型镗铣加工中心外，更换立柱、滑座及工作台，即可将镗铣床变为跨系列的落地镗床。德国某厂生产的工具铣，除可改变为立铣头、卧铣头、转塔铣头等形成横系列产品外，还可改变床身、横梁的高度和长度，得到 3 种纵系列的产品。

7.9 产品标准化

7.9.1 产品系统设计与标准化

7.9.1.1 产品系统设计起源于标准化

标准化要求产品各部件或某些种类的产品之间建立一种联系，实现零部件的可互换，主要是出自制造过程的需要；而系统设计则是使客观物体置于相互影响和相互制约中，以可互换和可互补的方式实现使用功能的多样性和灵活性。例如，电加热管的标准件采用统一标准（图 7.36）。

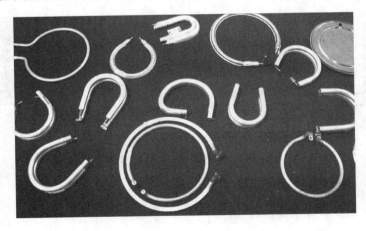

图 7.36 标准

7.9.1.2 系统设计是一种方式设计

20 世纪 50 年代，由德国乌尔姆造型学院的设计师们提出的产品系统设计思想，经过几十年的发展，已经成为一种成熟的设计方式，而且这种设计的方式也日益成为我们生活中一部分。越来越多的产品都趋向系统设计的方式，如普遍使用的高保真音响系列便是一例。

在形式上，系统设计仍然遵循着标准化的原则，但它主要是一种方式设计。它使消费者获得了选择、安排或发展一种使用方式的自由，它甚至鼓励使用者按照自己的意愿来"重新设计"产品的组合形式。

7.9.1.3　构造产品的制造单元是零部件

由于产品的功能千奇百怪，因此产品零部件更是五花八门，对产品要素的改良设计必须具体问题具体分析。

但是，有一类产品要素在大多数机器产品中具有共性，各种机器、设备、产品都要用到，这就是连接件。另外，随着计算机技术的普及，产品之间的通信也变得普遍和平凡起来，这就是通信接口技术。对于连接件和接口之类的产品要素由于使用频繁、量大面广，已成为一种标准在各个行业中贯彻执行。

标准化是对产品（或零件）的类型、性能、规格、质量、所用原材料、工艺装备和检验方法等规定统一标准，并使之贯彻实施的过程，其结果为标准。标准化的零件，叫做标准件。如对各种机电产品上使用的螺栓、螺帽、螺钉、垫圈等零件，分别给予一定的符号或代号，加以统一规定，制订成各种标准（图 7.37）。标准化后，就可以根据不同的需要、用途，按照规定的标准组织生产和使用。

图 7.37　标准连接件

7.9.1.4　标准化的意义

在近代文明史中，标准化成为提高劳动生产率的重要手段。美国福特汽车厂 1903 年开始生产汽车。1918 年前后，美国福特汽车厂将各种车型简化为一种"T"型车，在简化产品和零部件品种的基础上，采用流水作业的大批量生产，使成本从 1910 年的 800 美元降低到 1917 年的 500 美元以下，到 1926 年降到 260 美元，因而统治了世界汽车市场，一度占到世界市场的 50%。在 20 世纪 70 年代，日本一举打破美国对世界汽车市场的垄断，原因之一是日本在汽车生产中标准化程度高达 90%，而美国在当时仅为 70%。

随着标准化工作的开展，标准化的观念已由零件、部件、接口设计深入到生活的方方面面，包括设计法规的制定、专利的申请要求都已确定了标准规范。

7.9.2　标准的概念

7.9.2.1　标准的定义

我国于 1983 年根据当时的 ISO 第二号指南颁布了国家标准 GB 3935.1—83《标准化基本术语第一部分》。对标准的定义是："标准是对重复性事物和概念所做的统一规定。它以科学、技术和实践经验的综合成果为基础，经有关方面协商一致，由主管机构批准，以特定形式发布，作为共同遵守的准则和依据。"1996 年，我国又根据 1991 年的 ISO/IEC 第二号指南对 GB 3935.1—83 进行了修订，颁布了GB3935.1—1996《标准化和有关领域的通用术语第一部分：基本术语》。

2002 年我国颁布的国家标准 GB/T 200001—2002 代替 GB 3935.1—1996 标准，对标准的定义是：为了在一定范围内获得最佳秩序，经协商一致制定并由公认机构批准，共同使用的和重复使用的一种规范性文件。所谓规范性文件，是各级机关、团体、组织颁发的各类文件中最主要的一类，因其内容具有约束和规范人们行为的性质，故名称为规范性文件。（注：标准宜以科学、技术的综合成果为基础，以促进最佳的共同效益为目的。）

标准是科学、技术和实践经验的总结。为在一定的范围内获得最佳秩序，对实际的或潜在的问题制定共同的和重复使用的规则的活动，即制定、发布及实施标准的过程，称为标准化。

标准化定义中所揭示的含义有3点。

（1）强调标准化的目的是最佳秩序和取得最佳效益。

（2）标准化不是孤立的事物，而是一种活动，包括制订、修订、贯彻和实施工作。这个过程也不是一次就完结了的，而是一个不断循环、螺旋式上升的运动过程。每完成一个循环，标准的水平就提高一步。

（3）标准化的核心是标准，关键是贯彻它。

7.9.2.2 标准的种类

标准系统是个多层次、多类型的复杂系统。

所有的标准不可能按一个根据进行划分，而应依不同目的从不同角度按不同根据进行划分。所以对各类标准的特点应有初步了解。各标准的分类如下所述。

（1）按一般习惯分为：技术标准、管理标准和工作标准。

（2）按作用范围分为：国际标准；区域标准；国家标准；地方标准和企业标准。

（3）按标准在标准系统中的地位和作用分为：基础标准和一般标准。

（4）按专业特征分为71个专业标准。

（5）按对象在生产过程中的地位和作用分为：原材料（毛坯、半成品）标准；零、部件标准；设计标准；工艺标准；工艺装备设备维修标准；自制设备及设备维修标准；环境条件标准及产品标准和检验标准。

（6）按标准管理系统中的地位和作用分为：技术管理标准；生产组织标准；经济管理标准；行政管理标准；管理业务标准和工作标准。

（7）按标准的特殊功能分为：安全标准；方法标准；包装标准；编码（编号、代号）标准等。

（8）按标准的法律属性分为强制执行的标准和推荐性标准。

（9）按标准的保密性分为公开标准和内控标准。

7.9.2.3 与标准化相关的几个术语

1. 规范

规定产品、过程或服务应满足的技术要求的文件。这是对设计、施工、制造、检验、运输等技术事项所做的一系列统一规定。例如对质量、性能、安全、尺寸、试验和试验方法、包装、标记、标签等规定的参数和要求，是标准的一种形式，是约定俗成或明文规定的标准。

2. 规程

为设备、构件或产品的设计、制造、安装、维护或使用而推荐惯例或程序的文件（注：规程可以是标准、标准的一个部分或与标准无关的文件）。规程是标准的一种形式。如《电工电子产品基本环境试验规程》（GB/T 2423.1—1989 至 GB/T 2423.4—1993）对环境条件、试验程序、试验内容、试验方法、试验依据、测量项目和数据处理都做了详细规定。

3. 规格

一项标准可包括一项或数项规格，但规格不能机械地视为一项标准。规格是同一品种或同一形式的产品，按尺寸、质量或其他有关参数划分的类别。

规格是标准要求的具体规定。如对于物品的种类、形式、形状、尺寸、构造、安装、质量、等级、成分、性能、寿命及安全性等的要求。如小型三相异步电动机，在功率上可以分为 0.8kW、1.1kW、1.5kW、2.2kW、3kW、4kW、5.5kW、7.5kW、10kW、13kW、17kW、22kW、30kW、40kW、55kW、75kW、100kW、125kW 等 18 个规格。

4. 型式、型号

型式是指同一种产品按其形状、结构、特征的不同所划分的类别。型号则为用字母、数字等表示产品型式、规格的一种符号。

5. 产品标准

这是对产品结构、规格、质量和检验方法所做的技术规定。它是一定时期和一定范围内具有约束力的产品技术准则，是产品生产、质量检验、选购验收、使用维护和洽谈贸易的技术依据。产品标准的主要内容包括：产品的适用范围；品种、规格和结构形式；主要性能；产品的试验、检验方法和验收规则；产品的包装、储存和运输等方面的要求。

产品标准可分别由国家、主管部门和企业制定。

7.9.2.4 标准化对象的一般属性

制订标准的对象即"具有多样性、相关性特征的重复事物"。

这里所说的"多样性"是指某一事物具有多种表现形态。例如，同一种产品具有不同的结构形式和尺寸规格。

"相关性"指的是事物内部各部分之间以及内部和外部的相互关联、相互依存和相互制约的关系。如产品之间的配套问题、尺寸精度配合问题、安装连接问题、技术特性互相适应问题等，都属于解决相关性问题。

这里所说的"重复"，指的是同一事物反复多次出现的性质。例如，成批大量生产的产品在生产过程中的重复投入、重复加工、重复检验、重复生产等。标准对象的这些特征是互相联系着的、有的多样性突出，有的相关性突出，而大多数则兼而有之。制订标准就是要抓住事物的这些特征，做出恰如其分的规定。

7.9.2.5 标准的本质特征

标准的本质特征是统一。不同级别的标准在不同范围内进行统一；不同类型的标准，从不同角度、不同侧面进行统一。"统一"并不意味着全都统死、全都统到只有一种。有时只限定一个范围。有时规定几种情况，当然也有绝对统一的情形。标准的作用归根结底来源于统一，来源于必要的合理的统一规定。如果客观事物不需要进行科学的、合理的、有效的统一。标准便失去存在的意义。这就是系统思想。

7.9.3 产品标准化工作内容

7.9.3.1 产品设计标准化工作

此阶段主要进行设计预备工作和大量的细致的市场调查工作和资料收集工作，以明确设计概念。

在产品开发时就应注意简化产品品种，防止将来出现不必要的多样化，以降低成本。对于一定范围内的产品品种进行缩减，产品简化后，它的参数应形成系列，参数系列可从国家标准优先数列中选取（GB 321—80）。将同一品种或同一型式产品的规格按最佳数列科学排列，形成产品的优化系列，以尽量少的品种数目满足最广泛的需要。

统一各种图形符号、代码、编号、标志、名称、单位、运动方向（开关转换方向，电机轴旋转方向，交通信号指示方向）等。

使产品的形式、功能、技术特征、程序和方法等具有一致性，并将这种一致性用标准确定下来，消除混乱，建立秩序。

7.9.3.2　调研、搜集目标产品的已有技术、标准、规范

技术标准包括国家标准、专业标准和企业标准等有关涉及原材料（毛坯、半成品）标准；零、部件标准；设计标准；工艺标准；工艺装备设备维修标准；自制设备及设备维修标准；环境条件标准及产品标准和检验标准。还要调研安全标准；方法标准；包装标准；编码（编号、代号）标准等。对目标产品的已有专利、商标等进行系统调研，搜集有关信息和各种相关资料。

7.9.3.3　产品技术平台整理

测绘、拆卸产品，研究产品基准。

在产品系列确定之后，用技术经济比较的方法，从系列中选出最先进、最合理、最有代表性的产品结构作为基本型产品，并在此基础上开发出各种换型产品。

在具体设计工作中，调用和测绘基本型产品的标准件与通用模块，能满足基本型产品的结构直接采用或做局部调整，将不能满足基本型产品的部分作为产品开发的主要设计工作展开概念与方案设计。如汽车设计要利用已有的汽车底盘和发动机开展设计工作，吸油烟机要利用已有的专业风机（电机、风轮、蜗壳）开展设计工作。

7.9.3.4　企业中的产品设计标准化工作

根据《机电新产品标准化审查管理办法》（国标发〔1981〕042号）的要求：从编制新产品设计任务书到设计、试制、鉴定各个阶段，都必须充分考虑标准化的要求，按照本办法规定，认真进行标准化审查。为此，应进行以下工作。

（1）收集国内外同类产品、零部件的有关标准，并做出水平分析。

（2）提出产品标准化综合要求，包括：产品设计应符合产品系列标准和其他现行标准的要求；对原材料、元器件标准化的要求；工艺装备的标准化和通用化的程度；产品预期达到的标准化程度；结构要素的标准化和通用化的程度；与国内外同类产品标准化水平对比，提出产品标准化的最佳要求；预测标准化经济效果。

（3）对产品图样和技术文件进行标准化审查。

（4）审查产品图样和设计文件的代号。

为了提高产品和服务的质量，应制定产品销售和使用的标准，如：积极向用户和消费者提供有关的资料介绍产品性能、使用方法、注意事项，说明性标签或使用说明书；严格按要求向用户和消费者提供符合产品质量标准的产品；解释标准，提供技术服务；提供备品、配件，建立维修网，使各项服务工作规范化、标准化等。

在设计工作中还会涉及许多有关的法规、法令和制度，产品设计人员都应遵守。

7.10　产品标准化方式

标准化有多种方式，每种方式都针对不同的情况、表现为不同的标准化内容，以达到不同的目的。

一般可分为以下 5 种标准化方式：简化、统一化、系列化、通用化、组合化。

7.10.1　简化

简化是标准化的一种方式，其目的是对于一定范围内的产品品种进行缩减以满足一定的需要。在设计时，由于品种规格的合理简化，可以减少设计的错误，提高设计水平；由于减少了设计工作量可以缩短设计周期，或可以集中力量进行产品的改进设计和新产品的开发；品种规格简化后也易于设计的管理。

简化时应考虑以下的原则。

（1）简化要适度，既要控制不必要的繁杂，也要避免过分不合理的简化，后者造成使用的不便。简化也应注意时机。过早简化，由于时机不成熟反而有害于技术的发展，过迟则易于造成不易改换的混乱局面。我们应该在产品开发时就应注意防止将来出现不必要的多样化，以降低成本，提高劳动生产率，增加企业的竞争能力。

（2）简化的结果应保证消费者的需求和利益不受损害，并满足消费者不断增长的需求。

（3）产品简化后，它的参数应形成系列。

7.10.2　统一化

统一化是标准化的一种方式，它把两种或两种以上的规格合并为一种，从而使生产出来的产品在使用中可以互换。统一化的实质是使对象的形式、功能、技术特征、程序和方法等具有一致性，并将这种一致性用标准确定下来，消除混乱，建立秩序。

统一化有两种类型。

（1）绝对统一，这不允许有任何灵活性。例如各种图形符号、代码、编号、标志、名称、单位、运动方向（开关转换方向，电机轴旋转方向，交通信号指示方向）等。

（2）相对统一，总的趋势是统一，具体时又有灵活性。例如产品质量标准，是对质量要求的统一化，具体的质量指标又有灵活性（如分级规定，指标的上、下限，公差范围等）。

统一含有简化的意义（都是减少不必要的多样性），简化着重在减少和精炼，统一化则强调一致性和统一性，统一是更高度的简化。

7.10.3　系列化

系列化是将同一品种或同一形式产品的规格按最佳数列科学排列，以尽量少的品种数满足最广泛的需要。它是标准化的一种重要方式。

系列设计可以通过两种方法达到。

（1）对现有产品进行分析比较，选出较好的作为基础，淘汰比较落后的。再按系列中的空白规格进行补充以形成系列。

（2）根据现有的产品资料进行分析比较，综合优点，按需要设计新的产品系列。

根据需要，产品的系列设计可以从不同的角度进行，例如功能主参数系列、结构系列、尺寸系列、材料系列、色彩系列、价格系列、包装系列、形态系列等。

7.10.4　通用化

在互换性的基础上，尽可能地扩大同一对象（包括产品零件、部件、构件等）的使用范围的方法称为通用化。其中互换性包括尺寸互换性和功能互换性。尺寸互换性是指各工厂的零部件与其他产品之间的连接尺寸、连接部分的运动速度和方向的一致性。功能互换性是指使用功能彼此的等效性，零部件构件在实用方面具有相同的功能。通用化是标准化的一种形式。

通用化的目的是最大限度地减少零部件在设计和制造过程中的重复劳动。提高产品的通用化水平对于组织专业化生产和提高经济效益有明显的作用。

通用化的一般方法如下。

（1）在产品系列设计时，全面分析产品的基型系列和变型系列中的零部件，找出有共性的零部件定为通用件。

（2）单独设计新产品时，尽量采用已有的通用件；新设计零部件时，考虑能为以后的产品所采用，逐步发展为通用件。

（3）对现有产品整顿，根据生产、使用和维修的情况，将可以通用的零部件经过分析、试验达到通用化。

7.10.5 组合化

组合化是用产品系列中的通用零部件作为组合单元，利用其功能互换性或几何互换性，再设计一些专用的零部件，由此组成新产品的过程。组合化又称积木化，是标准化的一种形式。

组合化是建立在组合单元的组合和分解的基础上。

组合单元的设计程序一般如下。

（1）确定其应用范围。

（2）编制组合型谱（由一定数量的组合单元组成新产品的各种可能型式）。

（3）设计组合单元的零部件，并制定相应的标准。

由于组合尺寸选择的不同，可以将组合分为两种不同的方式。

（1）一般组合。这种组合中，设 C 为组合尺寸，A、B 为单元尺寸，则 $C=A+B$。其中 A、B 需符合系列化要求，应尽量选用优先数。而两个优选数之和 C 却不一定是优先数。这种组合称为一般组合。

（2）模数化组合。这种组合中，对于 $C=A+B$，其中 C、A、B 均有模数系列化要求，它们均应选自标准的模数系列。

模数（module）是产品长度基数、宽度基数和高度基数的最大公约数，是某种系统（建筑、设备或制品）的设计、计算和布局中普遍重复应用的一种基准尺寸。

7.11 产品规格说明

7.11.1 规格概述

规格由数值和度量标准组成，是设计和管理产品的明确指导。开发小组通常要建立一系列的规格说明，这些规格说明简洁明了，包括产品功能的详细信息。虽然产品规格说明不能告诉开发小组如何满足顾客需要，但是从满足顾客需要的目的出发，它们确实代表了开发小组应该努力达成的共识。

例如，吸油烟机的规格参数。

尺寸：750mm×550mm×450mm（长×宽×高）。

功率：258W。

出口：ϕ160mm。

净重：30kg。

静压：大于260Pa。

噪音：小于40dB。

气流：大于16m³/min。

电机：双电机。

电源：220V/50Hz。

产品的规格由数值和度量标准组成，这些规格说明简洁明了，包括产品功能的详细信息。

7.11.2 何时建立规格说明

在开发过程早期进行一次。在理想情况下，开发小组在开发过程早期进行一次产品规格说明，然后设计和管理产品以精确满足这些规格说明的要求。

对于高技术产品，至少要进行两次说明。识别顾客需要后，开发小组立即制订"目标规格"。这些规格说明代表小组的期望。但是在这些规格说明建立后，开发小组才知道对于想要达到的目标产品，技术将施加什么样的约束。开发小组的努力也许满足不了某些规格的要求，同时也可能超出另一些规格的要求，这取决于开发小组最终选择的产品概念。

由于这个原因，在选择产品概念后，必须对目标规格说明进行修正。开发小组一边估计实际技术约束和期望的产品成本，一边修正规格说明。为了制订"最终规格"，开发小组必须经常在产品的各个不同特征之间进行权衡，虽然这种权衡很困难。

7.11.3 建立目标规格说明过程

目标规格是在识别顾客需要后，在形成产品概念并选中一个具有前景的产品概念之前建立的。人们称这种初步规格为"目标规格"。这些初步规格是开发小组的目标，它们描述了开发小组认为有极大市场前景的产品。随着开发过程的进行，开发小组会根据实际选定产品概念的限制来精确阐述这些规格。

建立目标规格说明过程包含4个步骤。

（1）准备度量标准清单，在必要时，使用需要—度量标准矩阵。

（2）收集竞争基准信息。

（3）为每个度量标准设置理想目标值和勉强可接受目标值。

（4）审视目标规格。

7.11.4 收集产品性能参数规格

新产品和竞争性产品间的联系在决定商业成功中起着重要作用。在开发小组怀着如何在市场中展开竞争的思想进行产品开发时，目标规格是一种语言，开发小组使用它讨论和决定其产品相对于现有产品的位置，包括它自己的位置和竞争者的位置。

为了支持这些位置决定，必须将有关竞争性产品的信息收集在一起。

例如，2011 年一汽大众迈腾与东风雪铁龙 C5 参数对比（表 7.1）。

对于每一种竞争性产品，其度量标准值都键入同一列中。收集这些数据是一项费时的工作，它（至少）涉及大多数竞争性产品的购买、测试、拆卸和估计产品成本过程。然而，这些时间是必须要花费的，因为如果不具备这些信息，那么没有哪一个产品开发小组能取得成功。

注意，有时，竞争者目录和支持文献中包含的数据是不正确的。由于这种情况是可能的，应该用独立测试或观察对关键的度量标准值进行核实。

表 7.1　　一汽大众迈腾与东风雪铁龙 C5 参数对比

生产厂家	一汽—大众—迈腾				东风—雪铁龙 C5		
汽车级别	中型车				中型车		
长/mm	4865				4805		
宽/mm	1820				1860		
高/mm	1475				1458		
轴距/mm	2812				2815		
排量/L	1.4	1.8	2.0	3.0	2.0	2.3	3.0
功率/kW	96/5000 118/5000～6200 147/5100～6000 184/—				108/6000 126/5875 162/6000		
扭矩/Nm	220/1750～3500 250/1500～4500 280/1700～5000 310/—				200/4000 230/4150 300/3750		

7.11.5　确定产品设计理想的目标值

在这一步中，为了给度量标准设置目标值，开发小组要对可利用信息进行综合。其中有两种目标最有用：一种是理想目标，另一种是勉强可接受目标。

理想目标是开发小组期望的最好结果。

勉强可接受目标是这样一种度量标准值，它刚好能使产品具有商业可行性。

这两种目标的用处在于，指导概念生成和概念选择的后续阶段，并在选定产品概念后精确确定规格。

表达度量标准值的方法有 5 种。

（1）不小于 X：这些规格建立度量标准的下限目标，该值越高，结果当然越好。例如，车闸装配刚度值定为不小于 325kN/m。

（2）不大于 X：这些规格建立度量标准的上限目标，该值越小越好。例如，悬叉质量的最大值不超过 1.4kg。

（3）在 X 和 Y 之间：这些规格建立度量标准的上限值和下限值。例如，弹簧承载量设定在 480～800N 之间。该值大于 800N，弹簧就会过载；而小于 480N，弹簧就太松。

（4）恰好为 X：这些规格建立某个度量标准的特定值，如果实际值和该值有偏离，系统性能就会降低。例如，"倾斜量"这个度量标准的理想值设为 38mm。除非绝对必要，应避免使用这种类型的规格。在重新考虑之后，开发小组会意识到当初认定的那种"恰好为 X"的规格可以替换为"在 X 和 Y 之间"的那种规格。

（5）一组离散值：有些度量标量可以取几个离散值。例如可以是 1.000in、1.125in、1.250in（在工业生产中，自行车关键尺寸使用英制单位）。

为了设置目标值，开发小组需要进行许多方面的考虑，包括：现在可用竞争性产品的性能、竞争者未来产品的性能（如果可能的话）以及产品任务语句和目标市场部分。

开发小组希望产品能符合一些理想值，但是又相信如果一种产品具有一种或多种近似可接受特征，它也具有商业可行性。

注意，这些规格是粗略的，因为除非已选择了一种产品概念并确定了一些设计细节，许多抽象的均衡都是相当不确定的。

例如，表7.2中级乘用车（三厢）的目标规格。

表7.2 　　　　　　　　　　　中级乘用车（三厢）设计基本技术性能参数

	重要程度	单位	边际值	理想值
长	5	mm	4700～4900	4810
宽	5	mm	1800～1850	1820
高	5	mm	1450～1490	1480
轴距	5	mm	2780～2830	2810
行李箱容积	3	L	450～600	550
车重	4	kg	1450～1550	1520
许用总重	4	kg	1900～2100	1950
油箱容积	3	L	＞60	70
最高车速	4	km/h	210～230	220
排量	4	L	2.0～3.0	2.4
功率	4	kW	110～180	125
扭矩	4	Nm	＞220	280
油耗	4	L/100km	6～7.5	6.2
加速	5	s/(0～100)km	＜10.0	9.0

和其他的信息一样，使用一个电子表格可以轻松地为这个系统编码，这个电子表格是作为规格清单的简单扩展物。

由于大多数数值是根据范围（超过或低于或两者都有）来描述的，开发小组正在创建可行的竞争性产品空间边界。

7.11.6 审视并修正目标

开发小组也许需要进行一些反复过程以确定目标。

在每一个反复过程后进行反馈有助于确保结果和项目的目标保持一致。需要考虑的问题如下。

（1）小组所有成员都同意吗？例如，小组希望设置一个高目标，主要的市场营销代表强调，一个特殊度量标准需要一个加强值，实际上，开发小组要得到的比他强调的更具现实性，且意义更大。同意这样的表达吗？

（2）为了与多个市场区域的特殊顾客需要最佳匹配，开发小组是否考虑开发多种产品或至少提供多样的产品型号以满足顾客对平均产品的需要呢？

（3）规格有丢失吗，反馈有助于商业成功吗？

7.11.7 权衡修正规格说明

开发小组需要权衡修正规格说明。

修正规格的过程可以通过小组会议来完成。在会议上，使用技术模型确定可行的组合值，接着设计成本应用程序。在活跃的气氛中，开发小组将精力集中在这样一些规格上，即它们将在竞争产品中取得很受人们欢迎的地位，能最大程度满足顾客需要，并确保足够的利润。

第 8 章

Chapter 8

产品款型设计

8.1 产品款型概述

　　款型是消费者在购买服装时使用的概念。消费者对购买对象一般至少有两个方面的要求是必须要满足的。一个是款式要满意，另一个是型号的大小宽窄要合体。当然，服装的质料、做工、品质、品牌、色泽、颜色、触感、价格、包装、服务态度、服务质量、售后服务、商业信誉度等都是消费者要决定买与不买的理由。但就从产品设计的角度，首要的和重要的是如何确定产品的款式与型号，即款型设计问题。

　　在工业设计或产品设计中，款式就是指式样或造型，型号就是指大小或尺度。产品的款式就是指产品的外观形态造型，此类问题主要在形态构成学和产品造型设计中论述。产品的型号或产品大小、尺度在产品的规格系列化或标准化范围内讨论。也就是说，将此两个问题一般都是分开来讨论，而且各自讨论的思维方式也不同，造型是形象思维，型号规格是逻辑思维。一个是感性的，一个是理性的。两者似乎很难放在一块研究讨论。

　　我们从系统设计基础及系统方法论知道，产品本来是一个完整的系统，之所以分开来研究，是为了简化问题，通过对产品的分析这只是我们的手段，归宿还是产品综合。也就是说，从产品的整体来解决问题是系统设计的最终目的。因此，将产品的款式与型号综合起来形成产品的"款型"概念正是系统方法论处理产品整体设计问题的思维方式特征。

　　例如，佳能数码相机 PowerShot A3300 IS 的产品定位及功能和款型（图 8.1）。

　　1. 产品定位

　　佳能数码相机 PowerShot A3300/PowerShot A3200 为底端用户使用的功能简单、重量轻、价格相对便宜，性价比较好的普通摄影相机。

图 8.1　佳能 PowerShot A3300 IS 款型

2. 功能

（1）PowerShot A3300 IS 拥有约 1600 万有效像素，PowerShot A3200 IS 拥有约 1410 万有效像素，是佳能小型数码相机的最高像素级别。发挥高像素进行人像摄影时，被摄人物的头发和肌肤的质感均可细致呈现。即使只截取画面进行放大打印，也可以得到高画质的照片。

（2）PowerShot A3300 IS/A3200 IS 配备 28mm 广角和 5 倍光学变焦，一机涵盖广角和中长焦，让你随意拍摄广阔美景或是人数众多的合影，也能将远处景物清晰拉至眼前，大千世界任你收纳。

（3）在拍摄静态照片时，往往因为手抖造成影像的模糊。PowerShot A3300 IS/A3200 IS 的 IS 光学防抖，能获得相当于提高约 3 档快门速度的影像稳定效果，实现清晰的拍摄画面。

（4）在拍摄动态短片时，PowerShot A3300 IS/A3200 IS 配备的"动态影像稳定器"功能，尤其在广角端拍摄时，可以有效减少边走边拍时产生的相机抖动，通过可减少被摄体与背景的抖动，拍摄出具有现场感的短片。

3. 款型

（1）尺寸（宽×高×厚）（不包含突出部分）95.1mm×56.7mm×23.9mm。

（2）重量（包括电池和存储卡/仅相机机身）约 149g/约 130g。

（3）整体造型采用了曲面设计，而四角大胆地切削出棱角，给人以刚柔并济的印象。而且，这两款相机在 A 系列中首次使用了镀铝处理，让机身明亮、有光泽，加上镜头周围镶嵌的装饰环，使其在细节之处更具品质感，搭配多种机身颜色，款款显露独特风采。

（4）局部造型：PowerShot A3300 IS/A3200 IS 分别拥有 3.0"液晶屏和 2.7"液晶屏，大尺寸液晶屏易于拍摄和浏览，帮您拍摄好照片，为您呈现自信和精彩。

（5）机身颜色 PowerShot A3300 IS 拥有 4 种机身颜色，而 PowerShot A3200 IS 的设计更达到了 5 种绚丽多彩的机身颜色：橡胶黑、幽蓝色、酒红色、浅洋红、雅银色（图 8.2）。

佳能PowerShot A3300机身颜色：橡胶黑、幽蓝色、酒红色、浅洋红、雅银色

图 8.2 佳能 PowerShot A3300 IS 色彩方案

从上述佳能数码相机 PowerShot A3300 IS 的产品定位及功能和款型案例中我们可以看出，产品款型从产品的整体形态、产品的局部形态、产品的大小尺度、产品的色彩设置全方位展现了产品，是对产品整体印象最直接的描述。相对于产品设计的长篇大论，产品款型是消费者最容易理解和最容易接受的产品表述形式。当然，产品款型也是产品设计的视觉化结果。

8.2 产品款型设计方法

款型设计方法是指对产品形态的形体及大小两方面进行的整合创新活动所采用的方式方法。包括对产品形态的款式造型和产品形态的规格型号变化两个方面。

首先，产品款型设计是属于产品设计，产品设计方法自然成为产品款型设计的指导方法。只是，产品款型设计是产品形态和大小尺度方面的代表。其次，对于款式或造型问题，我们可以应用产品造型设计的思想和方法来解决。对于型号或尺度问题，我们采用人机工程学方法、标准化参数规格和产品系列化设计方法来解决。综合上述两个方面，产品款型设计方法主要包括 3 个层面：产品形态的生成，产品形态的演化，产品形态的发展。具体到本章，就是，产品形态构成方法、产品形态演化方法、产品系列化设计方法。

8.2.1　产品设计表现形式的基本要素

形式是功能和结构的外在表现。同一种功能和结构的产品可以通过不同的形式表现，如电脑的 CPU 和主板相同，不同的厂家可以通过不同的机箱和不同的显示器、鼠标、键盘等表现不同的品牌。因此，形式不是唯一的。造型设计师的任务是在各种可能的形式中，快速找到令业主和消费者都比较满意的视觉感独特的产品表现形式。

造型设计师需要熟练掌握以下的造型要素。

（1）3 个基本造型要素：形状—大小—色彩质感。设计的功能、结构、形态要落实到造型的 3 个基本要素上，这就是产品、部件、零件的具体形状、大小—比例—尺度、材质表面色彩装饰，简称形状、大小、色彩。要从功能、性能、结构、形态、外观、人机、环境、安全、健康、时尚、鉴赏、市场、使用、维护等多个角度对造型的形状、比例、质感、色彩加以系统的分析、推敲、比较、落实。

（2）4 个形态设计要素：点—线—面—体。

（3）5 个形态构成要素。对于两个以上单元形组成的复杂形态或单个形在适合空间中出现或表现还涉及 5 个基本构成要素，这就是数量、种类、位置、方向、空间。任何一项设计对上述 12 个基本要素都要逐一落实，直到改变其中任何一个要素都会产生"画蛇添足"为止。

8.2.2　产品款型设计原则

8.2.2.1　使用功能宜人性原则

功能宜人性原则指产品的用途和功能适宜于人的使用，舒适、高效、安全、健康（图 8.3）。这是以人为本的设计思想：优秀的产品应当是有利于人的健康。设计应该以人为目的，人是影响设计的最重要因素，从功能、结构到形态都要考虑人、考虑使用对象。这一原则的要求是使产品可靠地达到所需的功能，并使产品的造型和功能相谐调、统一。

功能宜人性原则，它是衡量产品设计的一条最基本的原则，也是产品存在的依据。功能的原则，就是指产品适宜于人的使用。它不仅体现为技术与工艺的性能良好，而且体现出整个产品与使用者的生理与心理特征相适应的程度。设计师与工程师的区别在于设计师不但要设计一个"物"，而且在设计的过程中要看到"人"，考虑到人的使用过程和将来的发展。象产品的安全性、易操作性、使用者的环境、产品与环境的协调等问题，都是工业设计师首先要解决的问题。

图 8.3　功能宜人的座椅

8.2.2.2　新颖创造性原则

设计要有新意，没有创新就不是设计。

创造性的原则，是工业设计的一个重要前提，没有创新，就不会有进步。任何产品的开发建立在创新的基础上的，包括对原有产品款型的改善或变化，也是一种创造性的工作。一种产品若没有新意，也就没有设计的依据，不会受到市场的欢迎，也不会被不断发展着的消费者所承认（图8.4）。

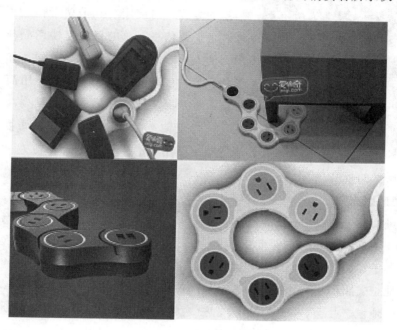

图 8.4　插排的创新设计

8.2.2.3　技术结构理性原则

充分发挥材料与工艺的力学和技术性能的特点，表现出产品的优良性能。

优秀的产品设计应当从整体构思到细节的处理都合乎逻辑，从构思到款型设计、到设计的完成，也都应当是一种逻辑的过程。即从使用功能到美学效果，都应当具有合乎逻辑的一致性。优秀的设计，应当使产品在制造过程中充分发挥材料与工艺的特点，顺乎自然，合乎情理，同时又高于这些物的因素，体现出人的力量（图8.5）。

图 8.5　吹风机技术结构

8.2.2.4　语义传达性原则

"语义性"是指事物具有被他人认知的可能性。产品设计的语义性，就是指产品的设计能够被消费者理解的可能性。设计一种产品必须让人理解产品所荷载的信息，能让消费者一目了然它的用途和使用方法。并且这种理解还必须防止在认识过程中产生"歧义"，即理解上的"误解"。设计师是运用材料、构造、造型、色彩等来表达产品存在的依据和语义的。例如科勒推出的厨房水龙头——Kohler Articulating Kitchen Faucet，一个有着机械关节，可延伸，可调整的水龙头，就和工作台灯的机械臂一样，你可以将它延伸到需要的地方，有无数的自我稳定的姿态，当不用的时候，可以紧凑地缩成一块（图8.6）。

造型要能理解，特别是操作把柄和按钮要按照操作习惯设计，指示出转动或推动，压或拉等。

图 8.6　形态语义设计

对市场而言，一个好的产品，不管直接的或间接的，势必都会给人一种信息，才能刺激或引导人们去购买。因此，设计的一开始就要考虑该产品所要传达的信息是什么？这是建立市场的基础。传达性设计原则，就是要求设计师在设计产品时，调动视觉的、听觉的、触觉的等各种传达信息的方式，向使用者和消费者传达尽可能多地使用、操作、维护等信息。总的目的是使产品与人之间的亲和力增加，使人用产品时感到可靠、方便。如汽车驾驶室内的操纵件和各种仪表的设计，一方面要用简洁的符号说明使用方法，显示必要信息；另一方面又要考虑在黑夜行车时的要求，而采用夜光或灯光局部照明的显示方式，这样就使产品在传达性上满足了要求。又如某些操纵件，如旋钮、操纵杆、按键、开关等，其外观造型按使用时的特点而设计，使人一目了然，马上就知道如何用力而达到操作的目的。

8.2.2.5　艺术造型情感原则

美的产品能促进商品化的成功，这是明显的道理，因此设计师在每设计一件产品时，都应力求达到美的要求。当然，美是一种随时空而变化的概念，而且在产销观点上或在工业设计的观点上来看，其标准和目的也是大不相同的。我们既不能因强调工业设计在文化和社会方面的使命和责任而不顾及商业的特点，也不能把美庸俗化，这需要有一个适当的平衡。

产品设计应反映地域、社会、文化、爱好、种族、性别、修养、年龄、经济地位等因素的差别。设计具有文化特点，有艺术感染力，有情趣（图 8.7）。

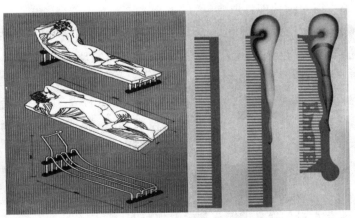

图 8.7　艺术造型情感

艺术美学的原则，这是一项难以度量的标准，但却又是客观存在的标准。"美"是人们在生活中的感受，并且与人的主观条件，如文化、爱好、种族、性别、修养、年龄等因素有着密切的关联。因此，设计师必须去体验这种美感，把握这种美感，并诉诸设计之中。同时，"美"也是有一定的地域性和时空性的特点，并呈现出一种动态的过程。随着社会的发展，美学上的感受越来越多地受到各种流行风格的影响；另一方面，不同的文化背景、不同年龄和民族之间的差异也同样表现在对产品的美学标准上。

8.2.2.6 简洁适合性原则

简洁就是指不画蛇添足，不做不必要的设计，以最自然的手法达到解决问题的目的。对于产品革新，不论是原理、结构、外观造型，乃至于使用方式等方面的简单、方便都应在考虑之列。例如造型上的简洁、纯净，这是现代产品设计的一种趋势。产品越是复杂，其人机关系也就越须简化，否则就会造成各种危害或不利，这也是一种公认的原则。总之，简洁化是一种符合商品化要求的、合乎潮流的设计原则（图 8.8）。

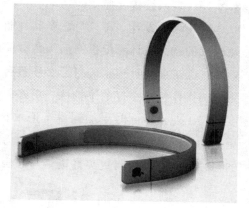

图 8.8 简洁适合

适合性，简单地说，就是解决问题的设计方案与问题之间恰到好处，不牵强，也不过分。

设计的简洁与适合性反映了一个设计师思维过程的明晰性，而繁琐则肯定是设计师思维混乱的结果。产品的发展过程经历了以装饰设计为主到功能设计的过程，简洁的设计体现了人类设计思想的进步，同时，也是时代风格的表现，是生活快节奏的社会心理反映。达到了统一，也就实现了整体的和谐。

8.2.2.7 与环境和谐原则

设计要考虑产品使用的环境要求，产品应恰如其分地溶入环境。优秀的产品应当是一种含蓄的、在人与物的关系中始终处于一种和谐有序的状态。

产品不仅应当给消费者提供使用上的方便，同时也应当给使用者心理上的慰藉。处于环境中的产品与使用者相比，它应当以突出人，而不是以突出自身物为宗旨。任何产品在设计上的过分夸张、喧宾夺主，以及给消费者的使用带来不便都是违背这一原则的表现。

8.2.2.8 商业经济性原则

广义地说，就是以最小的消耗达到所需的目的。例如制造上的省工、省料、省时、低成本，加工方法和程序的简易，使用上的省力、方便、低消耗等。

一项设计要为大多数消费者所接受，必须在"代价"和"效用"之间谋求一个均衡点，但无论如何，降低成本、薄利多销是经济性设计的基本途径。

要有需求，按照消费者和业主两方面的需求进行设计。设计的目的是生产和实施，不是放置或自赏。

8.2.2.9 生态平衡的原则

设计的产品有助于引导一种能与生态环境和谐共生的、正确的生活方式。有利于节约能源，有利于回收材料再利用。

工业设计的宗旨在于创造一种优良的生活方式，而生态与环境是这种生活方式最基本的前提。它要求设计者在设计中考虑这样一些问题：设计尽量避免浪费有限的、不可再生的资源；避免对环境和生态造成破坏；发展出能重新利用报废产品的设计方案；设计的产品有助于引导一种能与生态环境和谐共生的、正确的生活方式。

8.2.2.10 安全性设计原则

产品安全与否，将直接影响其使用，安全性好的产品，能维护消费者的安全利益，并得到信赖；反之，将导致不良的后果。工业设计把人机工程学的研究视为设计的重要内容，目的是为了使用者在操作时不易发生差错，不发生副作用，不影响身心健康，使人和产品之间有合理的谐调关系，这些都是工业设计以人为出发点的设计观念的具体体现。这一点与一些企业为了不使形象受损而影响经济利益，由此来考虑安全问题，二者出发点显然是不同的，这一点应加以注意。但总的来说，安全性是设计中必须考虑并加以保证的问题，不论其出发点如何。

8.2.2.11 系统优化原则

工业品的设计，不仅考虑产品性能，还要考虑产品整体、外观、使用操作的系统优化问题。工业化时代的产品设计和促进产品销售有关的设计必须具有以下属性：①工业设计追求的目标必须具有新颖性；②工业设计追求的目标必须具有更好的功能、更好的结构、更好的技术性能、更好的经济指标、更好的操作性、更好的维护性、更好的对环境的适应性、对业主更好的畅销度、对使用者更好的满意度；③工业设计同时更加侧重于追求具有更美的外形款式、更美的色彩、更美的质感、更美的做工、更美的比例尺度、对消费者更有吸引力的视觉美感的产品。所以，工业设计就是针对工业化生产手段的一种使工业品获得更美好资格与品质的设计活动（图8.9）。

图 8.9　工业设计

8.2.3　产品款型设计流程

8.2.3.1　做需要分析和款型设计创意的战略研究

对目前的某些与业务相关的社会问题—环境污染—资源浪费进行宏观的和战略性的调研工作，分析社会需要，提出新的战略设想，提出新的款型设计创意。

8.2.3.2　做功能定义，分析人机关系，明确设计目标，提出造型要求

对社会需要和设计创意进一步作有针对性的具体调研，特别是具体的功能、结构与工作原理、性能参数指标、市场售价等。分析并提出产品的功能要求，造型设计目标。

产品功能和造型设计目标主要通过设计任务书的形式表现出来。

8.2.3.3　根据功能设计定位、用户设计定位作形态设计

产品的技术结构确定后，要依据产品设计目标，给出相应的设计形态，满足目标要求。相同的结构可以设计出不同的形态，通过形态，使设计创意—目标功能—结构原理形象逼真的展现出来-视觉化。

形态设计主要通过设计效果图表现出来（图8.10）。

8.2.3.4　做比例与尺度设计，确定整体及与部分之间的比例关系和与环境及使用的关系

比例设计与尺度设计这是两个设计问题，主要包括确定整体比例、确定部分比例、确定部分与整体之间的比例、确定整体与使用者操作的比例尺寸、确定整体与环境的比例尺度等。主要是尺寸问题。

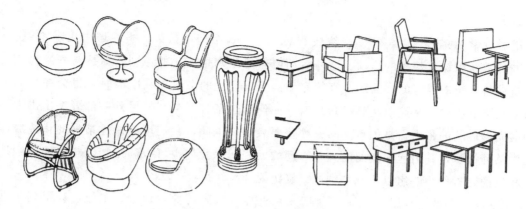

图 8.10　曲面—直面形态的椅的造型

做比例与尺度设计主要通过比例尺度分析图表表现出来。

8.2.3.5　做质感设计与色彩设计

设计主要针对产品表面材质分析，提出合适的材料或材料表面处理方案。

色彩设计主要针对产品表面的主色、辅色等，根据市场调研并分析，提出合适的色彩搭配及主要色彩方案。

做质感设计与色彩设计主要通过质感色彩分析图表和设计方案效果图的形式表现（图 8.11）。

图 8.11　色彩质感

8.2.3.6　对产品款型进行产品语义学分析

产品语言告诉人们：产品是由形状、大小、色彩、材料等符号组成的结构，并以特殊的"言语"传递着各种信息。组成信息的代码是特殊的产品语言，用一般的语言是不能翻译出来的，但经由产品语言之外的其他感觉（语境）可以不同程度的感知到，从而对买方发挥着积极的或消极的影响。因此，产品设计的关键是处理好产品语言（设计语言），从而生产出最佳的商品信息（言语）。产品的造型语言作为信息传递的载体，起着信息功能的作用。

产品语言分为 3 种，即图像符号、指示符号和象征符号。

（1）产品的图像符号是通过造型的形象发挥图像作用来传递信息。其符号表征与被表征内容具有形象的相似，如按钮的表面做成手指的负形，气压水瓶的柱塞做成突起状来说明它们的用途。

（2）产品的指示符号说明产品是什么和如何使用，其符号与被表征事物之间具有因果的联系，如仪器的各种按钮的旋钮，必须以其形状和特殊的标志符号提供足够的信息使人们易于正确地操纵。

（3）产品的象征符号是通过约定俗成的关系产生观念的联想来表现出产品的功利的、观念的和情感的内容。

格式塔心理学的完形理论，有助于构成产品语言。这个理论认为，当视域中出现不完善的形时，就会产生一种重新组织或建构的活动。这种活动遵循的原则是简化的原则，即按与刺激物相近、相似或连续等特性将其组织成好的、简约合宜的完形。当不完全的形呈现在眼前时，也会在视觉上引起一种强烈恢复完整的倾向，从而引起刺激和兴奋。如何通过某种省略，使另外一部分突出出来，并使之蕴含一种向完形运动的张力，是创造上的一种重要表现。据此，我们可以通过某种变化造成连续性的中断以提供某种指示，并引起视觉的注意和心理的紧张感。我们也可以利用相近相似的原则把形状相似或位置相近的元素作为一组以实现各种操纵旋钮的分组。

"形式服从功能"的设计语言。1945 年后，在世界各国经历的重建中，工业设计得到了迅猛的发展。到了 20 世纪 50—60 年代，由于电子技术的进步和各国经济的高度发展，社会逐渐进入到信息时代，工业设计也完成了由近代到现代的转变。在此之前的近代设计，其造型语言是形式与功能的统一。形式服从功能，它成为社会上约定俗成的设计语言。每个设计师的设计——言语，都受其支配，它成为产品品质的规范和审美依据。在近代设计中，设计师对产品的造型、色彩、结构、功能、材料、工艺和人机学考虑都达到了日臻完美的境界。

在这种设计语言的支配下，机能的选择成为一个非常重要的概念。一般认为，机能包括物理机能、生理机能、心理机能和伦理机能。由于产品最主要的功能是将事物由初始状态转化为人们预期的状态，因而物理机能（产品的结构、功能、工艺、材料、生态等）成为必须考虑的。同时产品设计应以人为出发点。因此，生理、心理和伦理机能（包括人体工学、美学、社会学、伦理学等）也必须加以考虑。如汽车是应满足物理、生理和心理 3 种机能的产品，机床、仪器设备则是着重物理、生理机能设计的产品，而老年人用品则应当在各方面都多加考虑。

现代主义设计的发展。20 世纪 60 年代后，随着西方科技进步和社会经济的一时繁荣，功能主义受到来自各方面的挑战。首先，功能主义与资本主义社会生产的无政府状态发生抵触，资本主义社会鼓励大量生产，大量消费，给社会带来了很大的浪费，这与功能主义追求的生产与需求之间的优化平衡相矛盾。西方商业性设计所要求的产品具有转瞬即逝的美学功能比包浩斯的信条更有生命力。其次在造型上，电子产品不像机械产品那样，可以循着功能—结构—造型的路线思考，有什么样的功能就有什么样的造型。千篇一律的轻薄短小的"电子盒子和裱板"带来了造型的失落。再次，自 20 世纪 60 年代出现的均匀市场开始消失，市场反映了西方富裕社会不同文化群体的要求，设计要实行多样化、小批量的战略，并且在产品中要注入更多的文化因素。

以人为出发点的设计必须实现两种对话功能，解决人-机界面和人、自然、文化界面的课题，即产品语义学的两极性（前者是空间的选择性，后者是文化脉络——时序）。最后是产品设计的环境功能及社会，功能被提到迫切的位置。

人们总是在服从代码的同时，还改变代码，不断进行创造，以开阔世界，因此造型语言的研究成为新的课题。在进入现代设计的年代，机能主义仍是多元化设计世界的主流，但符号的功能（符号内容）扩大了，成为多维功能的整合，机能面由二维的平面发展成多维的超平面。体现在产品设计中，即产品应当在多变量的动态设计中得出最佳的解答。

产品语义学中一个很重要的问题是："符号内容"是"指示物"（即适用于符号形式的特定的、具体的个体或事例）还是"意义"。这里的"意义"可以理解为是与"指示物"对立的、适用于同一符号形式的一系列指示物应满足的条件。如果是以"意义"来规定符号内容，只要满足"意义"的规定，就可适用于符号，我们就可以面向一个更开阔的世界了。因此产品语义学的研究提出了设计的依据不是具体的功能，而是意义。

在设计过程中，在由包括各种设计要素（功能、人-机界面、工艺、材料、经济、社会、文化、环境等）的深层结构转化为产品语言时不是一一对应的，可以用不同的符号表示相同的意义，或者一种符号表示不同的意义。

为使产品语言便于理解，应注意以下各点。

（1）作为符号的各种造型要素应具有相对的同调性，即其变化不应过大，以便人们能认出不同类型和用途的产品。

（2）产品语言的信息，应有一定的冗余度，它所传达的信息量应大于正常的需求量，以提高信息传达的可靠性。

（3）产品语言的符号，应避免产生消极有害的联想，以免损害产品的审美价值。例如鹿的造型在美国能引起美好的联想，具有阳刚之气的涵义。而在巴西则相反，它是同性恋的俗称。

8.2.3.7　进入产品系列化设计流程

上述 6 个设计流程只完成了一种产品的款式设计，通过产品系列化设计流程，即可完成关联产品群的全部款型设计。

对于每一个产品的款型，除去形态造型语义学分析外，必须做出人机工程学的校对。方能保证用户定位的落实。

8.3　产品形态演化方式

当设计一个新的形象，在人们的意念中就有许多已有的意念形象在起作用。这些头脑中已有的形象，有些是现实形态的反映，有些是现实形态的模糊印象或现实形态的变形、抽象。这些形象称之为母形。新形是由母形演变而来的。在母形中，最简单的形称之为原形。按原形的形态结构可分为方、圆、三角、点、线和面形等理性的原形，也有自然形态或人为形态的简单轮廓形，像人、动物、植物、景物等现实的原形。

8.3.1　产品形态的基本构成方式

（1）要得到新的形可以直接由原形复制，这是最简单的构成方式。

（2）可通过使原形发生变形得到新形。

（3）也可以通过分解形得到新形。

（4）或者是两个以上的形叠加组合得到新形。

（5）还可以将上述 4 种生成方式综合，不断推演繁殖新形。

8.3.2　原形复制

在设计中，从一个形做的最简单的变化方式就是复制。所谓复制就是再来一个相同的形。原形复制后，根据排列位置和方向的不同主要有下列几种形式。如图 8.12 所示，用原形复制构成方式设计的电动轮毂。

图 8.12　复制

1. 重复

重复是复制的一种整齐的，也是最简单的排列形式，就是换一个位置再配置一个。重复单元形配置使母形得到加强，视觉上产生强调、统一、节奏和均衡的美感。

2. 旋转

旋转是在重复的基础上将形的位置、方向沿圆周方向配置的形式，其表现为环状结构。旋转的特点是形虽原地不动但给人的视觉感受有转动的趋势。

3. 发射

发射是将形沿经向或发射骨骼线方向排列的形式。发射的特点是形的中心非常突出，形的各部分都有向中心汇集或沿发射线向外发射出去的动感。发射和旋转都是动感较强的形态表现形式。

4. 对称

对称是一种特殊的复制，它是通过镜像复制的，与母形形成一种镜式反映关系。对称有点对称、线对称和移动对称。一般所指的对称是线对称，现代意义上的对称形式有十几种之多。像移动、反射、旋转、扩大以及他们的组合都可归结为对称形式。对称可以产生一种极为轻松，自然的心理反应。它给一个形注入平衡、匀称、完好的特征。从而使观看者身体两半的神经处于平衡状态。满足了眼动和注意力活动对平衡的需求，产生一种统一的、节奏的、平衡的美感。对称是一种古典的美的表现形式。但在现代设计中依然得到设计师和用户的钟爱。

8.3.3　变形

变形从意念形态的构思过程来说是在重复的基础上对形的整体或局部、大小或结构所做的改变，使得新形与原形类似但又不同。在经历变形后，可能发生较大的变化，也可能遭到彻底的破坏而面目全非。在形态设计中，变形是非常灵活的创造手段；在设计者的巧妙构思下，它能使形更概括、更传神。变形的形式有下列几种。

1. 线性变形

线性变形是形态的整体或沿某个方向按一定比例做乘法运算变换而得到的形式。有整体的放大、缩小，有单向的伸长、压缩及错切等形式。线性变形具有理性的、规律的变化特征。放大有移近、强调和突出的作用。缩小有远离、忽略和点缀的作用。与重复配合可以产生渐变的变化形式。

2. 自由变形

自由变形是按设计者的主观意图做非线性变换的变形形式。自由变形具有流畅、飘动、无规律、随意性而又具有变形适度的特征。能使设计师尽情发挥，使母形与某种有联系的自然形态或人为形态发生吻合。

3. 局部变形

如形的局部发生凸起、凹入、迁移、线性变形或非线性变形而又不产生分离的变形形式。这种局部变形根据"局部"的范围有大有小。小的局部变形不影响母形的辨识，对母形能形成较强烈的对比。而母形的大部分发生变形和迁移有可能影响对母形的辨识。但一般仍能识别出母形来（图 8.13）。

图 8.13　局部变形

8.3.4　分减

分减是对母形进行分割、移位或减缺的变化方式。分割创造的新形与母形差别较大，但与母形又有一定的联系。其中分割、移位的联系较紧密。在减缺方式下，若保留形的特征部分则联系紧密，若移出形的特征部分，联系就很难建立起来。减缺得到的形具有新鲜抽象感（见图 8.14）。

1. 分割

分割是对母形用直线或曲线及面形分解破裂的一种变形形式。分割是一种广泛使用的形态变化形式。当一个单元形显得单调乏味时，采用构思巧妙的分割能使形态产生丰富、多层次、生动的美感。分割有直线分割和曲线分割。按分割后的形状、大小有等形分割、等量不等形分割和自由分割。

2. 移位

移位是在分割的基础上将形态做位置移动的变化形式。移位的目的在于寻求有联系的两个形的主观或视觉上的最佳位置关系。移位往

图 8.14　分减构成方式设计的各种餐具

往会产生意想不到的视觉效果。象室内装饰用的"拉花"就是分割移位形成的立体形态造型。

3. 减缺

减缺是将一个完整形态通过分割而去除一部分，保留一部分的变化形式。减缺也是制造新形的重要手段。由于原形的一部分丢失，使新形有一种全新的感受，令人耳目一新，这种变化又叫做图底转换。

8.3.5　迭加

迭加是两种或两种以上的母形通过空间位置关系的改变制造新形的造型方式。迭加的母形之间的距离在视觉上不能太远，要有一种视觉的联系、整体的感受。迭加所得到的新形在感受上与单个的母形几乎有本质的差别。人们感受迭加的单元形是从整体上而不是分解开来感受的。迭加的单元形变化极为丰富，是现代设计的重要手段。迭加和复制有联系也有区别。复制是同一母形的重复应用，强调

的是同一母形。而迭加注重于两个以上母形的空间位置关系（图 8.15）。根据位置关系迭加有下列几种基本形式。

(a) 自行车链罩后尾翼　　　　　　　　(b) 尼康 D300 数码单反相机

图 8.15　迭加造型

1. 相离

相离指两个或两个以上的单元形相近但不接触的配置形式。相离的特点是形相互之间虽未接触但形成一种密切的联系，使人们有一种只能从整体上而不能把它们分解开来的感受。

2. 连接

连接指两个或两个以上的单元形相接触但又不重叠的变化形式。连接形式可以使形象丰富、层次增多。连接形式一般表达了联合、壮大、团结的象征意义。

3. 重叠

重叠指两个以上的单元形相互有重叠部分的形式。重叠比连接的接触范围大，连接强度高，视觉心理上也有这种感受。

4. 结合

结合指两个形融为一体但又有各自的独立边界轮廓的迭加形式。在两个形的迭加形式中，结合的整体感最强，各自的独立性大为减弱，使人能从整体上去感受和理解。

8.3.6　综合

将复制、变形、分减、迭加其中的两种或两种以上的变化方式同时使用，能够产生更加丰富的视觉形象。在现代的工业设计中，单纯一种形式的设计依然使用，而更多的是采用两种或两种以上的综合的设计形式（图 8.16 和图 8.17）。

1. 渐变

渐变是将重复和变形、或分减、迭加形式综合使用的变化形式。渐变形式具有统一的节奏感，又有变化的生动感。整体上给人立体感、韵律感和层次丰富的动感。

2. 简练

简练是将变形和分减综合在一起的变化形式。简练是比较复杂和高级的变化形式，综合程度很高。简练的特征是夸张、放大特征部位，保留必需的、去除细枝末节，使形象达到内容深刻而表现形式简单，象征或抽象的表现形式。简练一般有所侧重，有些以放大夸张特征部位为主，有些以减缺抽象为主。

图 8.16　渐变综合

图 8.17　综合设计的电动自行车（王伟设计）

3. 装饰

装饰是将重复、变形、简练和迭加综合应用的变化形式。装饰一般以应用迭加为主，在主形上迭加辅助以增加层次、丰富表现形式，或将不规则的形进行整形处理。装饰可改善已有形态的单调感，并可使形象赋予新的含意。

单元形变化的基本形式练习在形态设计中是一项基本功，掌握并能熟练应用变化形式才能设计出方案众多的各种形象。如何使用变化手段主要依靠设计者的创造构思、知识结构、经验、设计水平和灵感。

单元形的 5 种生成演变方式是单元形变化的最基本方式，由这 5 种方式可演变出 17 种单元形变化的基本形式，这些基本形式也可根据形态构成要素进一步推演细化。这些变化形式可以使人们的设计活动更明确、规范、理智，更科学化，并广泛应用于标志、广告、包装、文字和图案以及产品造型等的设计。

8.4　产品系列化概念

一个新产品的开发周期比较漫长，一旦开发试验成功后，很快就面临着产品的更大范围的开发任务。这是产品系统设计的应用特征。利用标准化的理论与方法来指导产品设计工作，能提高设计效率、提高产品质量和降低制造成本，从而提高产品在市场上的竞争能力。设计中具体的标准化方法主要有系列化、组合化和相似设计等。

8.4.1　系列化

系列化是通过对同一类产品发展规律的分析、研究，对国内和国外的生产与需要发展趋势的调查和预测，结合我国或企业自身的生产技术条件，经过全面的技术经济比较，将产品的主要参数、型式、尺寸、基本结构等做出合理的安排与规划，特别是将同一品种或同一型式产品的规格按最佳数列科学排列，以尽量少的品种数满足最广泛的需要，形成产品的品种和规格的标准化。它是标准化的一种重要方式。

通过产品系列化合理地简化产品的品种规格，提高零部件的通用化程度，并采用发展变型产品来满足用户的特殊要求。这样使企业能经济合理地组织生产，又以最少的品种规格有效的满足各方面的需求。

任何一个企业在产品开发的过程中，要想扩大市场，要想做大、做强，必须进行系列化产品开发。这是同种产品满足不同社会阶层、不同文化风俗、不同年龄、不同性别人们的差异化需求所决定的。如图 8.18～图 8.20 所示为有实力的公司在系列化产品开发方面的实际产品。

图 8.18　2005 年广交会上展示的不同款式的电热水壶系列产品

图 8.19　2006 年 4 月天津自行车展会上展示的前叉、车座系列部件

图 8.20　2006 年 4 月上海自行车展会上展示的自行车系列产品

8.4.2　产品系列化作用及特性

8.4.2.1　系列化的作用

产品系列化的作用有 4 个方面。

（1）可以有效地满足相似或个性的需要。

（2）根据系列化的科学规划，可以合理地简化产品的品种，提高零部件的通用化程度。

（3）使生产批量相对增大，快速满足相同功能产品的多种需要，便于采用新技术、新材料、新工艺。

（4）可以提高产品开发效率，提高劳动生产率，因而可降低成本。

8.4.2.2　产品系列化特性

产品系列化特性如下。

（1）关联性——系列产品的功能之间具有因果关系和依存关系。比如冰箱系列、洗衣机系列、灶具系列。

（2）独立性——系列产品中的某个功能可独立发挥作用。如手工维修工具中的扳手系列，互相不可取代。

（3）组合性——系列产品中的不同功能相匹配，产生更强的功能。如西服套装。

（4）互换性——系列产品中的功能可以进行互换，以产生不同的功能。如不同款式的电热水壶系列产品中的功能可以进行互换。一个冰箱坏了，可以换一个规格大些或小些的冰箱。

8.5　产品系列化设计类型

系列产品的类型根据功能与形式的变化组合关系大体可分为以下几种规格系列、成套系列、组合系列、家族系列。

8.5.1　规格系列产品

功能相同、造型相同、不同规格、不同型号的同种产品组成的系列叫规格系列。如同一厂家生产的同一款式的不同规格型号的旅游鞋。

例如相同功能、相同款式造型的扳手系列、套管系列、钻头系列、榔头系列、钉锤系列、斧头系列、镐头系列等手工工具系列是相同功能的规格系列产品（图 8.21）。

8.5.2　成套系列产品

功能相似，造型相配套的同类产品组成的系列叫成套系列产品。产品的局部改变或模块的更换所形成的系列也是成套系列产品（图 8.22）。

如同一厨具厂家生产的成套锅具系列等。同一服装厂家生产的不同规格型号的西服套装（衣、裤）是成套的，但要形成系列还需要规格与型号的呈系列变化。

尽管功能相似，各个单件的使用频度也不尽相同。但组合在一起可提高产品的适应性，也可满足特定的需要。另外，因为充分体现了成套意识，可以增加商机。同时，成套产品整齐美观，具有良好的视觉效果。

图 8.21　手工工具系列图　　　　　　　　8.22　电热水器系列

8.5.3　组合系列产品

　　功能不同，造型配套，不同规格、不同型号的同组产品组成的系列叫组合系列产品。

　　以不同功能的产品或部件为单元，各单元承担不同的角色，为共同满足整体目标而构成的产品系列。该系列产品的功能之间不可互换，但有依存关系。这种系列也可以形成家族感，但与形式上的统一感相比，功能上的配套性更为重要。从使用角度讲，这种系列设计的意义在于体现功能协同上的可靠性，从商品角度讲，更能体现出品牌效应。

　　这种系列类型的特点之一就是可互换性。因此，要求相组合的产品具有一定的模数关系，或某个部分具有模数关系。甚至还要遵循行业标准或国家标准；由于这类产品遵循标准化、具有可互换性，所以也使产品具有更好的适应性。因此，这类产品往往使可互换的部分成为模块，与产品母体相结合，派生出若干系列。

　　如图 8.23 所示，茶壶、电水壶和托盘组成了一个完整的组合系列。厨房用品铲、勺、漏组成了一个完整的组合系列。

图 8.23　组合系列

8.5.4　家族系列产品

　　功能有差异，造型有不同的同族产品组成的系列叫家族系列产品。产品间有通用部分，有专用部分。其通用部分反映了系列产品的家族特征。

　　家族系列也具有组合系列的特点，即由独立功能的产品构成系列。但家族系列中的产品，不一定要求可互换，而且系列中的产品往往是同样的功能，但形态、规格、色彩、材质上不同，这与成套系列产品又相类似。产品之间存在功能上的相关性，且形式上也有相关性。这类产品更具有选择性，更具有商业价值，从而更能产生品牌效应（图 8.24）。

图 8.24　美的电水壶家族系列产品

　　例如有实力的汽车厂家一般把两厢轿车、三厢轿车、跑车、商务通 MPV、城市越野 SUV、越野车等车型作为汽车家族系列产品同时开发，并不断更新换代（图 8.25 和图 8.26）。

图 8.25　丰田汽车的家族系列产品

图 8.26 奇瑞汽车的家族系列产品

8.6 产品系列化设计方法

8.6.1 系列化设计方法概述

根据系列产品的分类，有规格系列、成套系列、组合系列、家族系列等。绝大部分产品都可以通过规格型号的变化得到系列产品。另外，产品的功能与结构的组合配套也能有效地扩大产品的适应范围，满足更多的需要。因此，就产生了产品系列化设计的两种主要方法：

（1）规格型号变化法。

（2）组合配套变形法。

对于规格型号变化法，产品的系列化一般可分为 3 方面的工作内容。

（1）制定产品基本参数规格系列标准。

（2）编制系列型谱。

（3）开展系列设计。

对于组合配套变形法，产品的系列化工作包括以下内容。

（1）组合设计。

（2）变换设计。

变换设计中的纵向变换和相似变换与规格型号变换等同。

本节主要论述组合配套变形法的系列设计方法，而对于参数规格系列的制定及系列型谱的编制在后几节专门论述。

8.6.2 组合系列设计

产品是一个系统，其构成要素往往包括功能、用途、原理、形状、规格、材料、色彩、成分等。

系列产品的组合设计就是将某些要素在纵横方向上进行组合或将某个要素进行扩展，构成更大的产品系统。

8.6.2.1 多功能系列产品组合

在单件产品设计中，常会将多种功能部分组合到一个产品中，即所谓多功能产品。这种多功能化产品的优点是一物多用，而缺点是：对某些功能使用频率不同，又会将多余的功能强加给使用者，让其承担浪费。系列产品的功能组合，是将若干不同功能的产品组成一个系列，在购买或使用时具有可选择性；在主题上是一个整体，在使用上具有灵活性。

8.6.2.2 要素组合（纵向）

系列产品的实质就是商品要素在某个目标下的系列组合。所谓商品要素，不外乎是功能、用途、结构、原理、形状、规格、材料等成分，如果将其中的某个要素进行扩展，从纵向上或横向上进行组合，就可形成系列产品。如将功放机和音箱组合成套形成组合音响（图 8.27）。

图 8.27　要素组合

8.6.2.3 配套组合（横向）

如果说上面谈到的要素扩展是属于纵向组合方式的话，那么配套组合就是要素的组合。即，将不同的、独立的产品作为构成系列的要素进行组合。其目的是使成套意识带来的品牌效应，有助于商业上的特定服务目标的实现。

8.6.2.4 强制组合

将功能上、品种上没有任何相关性的产品组合在一起，或形成单件产品，或构成系列，将功能上、使用上本不相干的产品，通过系列设计使其具有整体目的性和相关性。这就是出于商业上的需要而进行的强制性的组合。如图 8.28 所示的产品群是强制性的配套组合，茶具系列将茶壶和茶杯产品作为构成系列的要素进行组合。

强制组合系列中的产品也并非完全没有相关性，至

图 8.28　强制性的配套组合

少在总体目标上是一致的。以旅游系列产品为例，尽管系列中的各单件产品在功能上、使用上没有必然的联系，但均作为旅游用品、特殊用途，即具有可携带性、体积小、适应不同环境状况等，在满足旅游这一点上是一致的。也就是不同功能的产品，为了同一目标组合在一起，发挥综合作用。

这类产品的设计，关键是要解决统一性的问题。

（1）形式统一：如放置方法、包装方法等。

（2）形态统一：造型、风格统一。

（3）色彩统一：视觉统一。

（4）某个部件统一：部件的互换性。

8.6.2.5 情趣组合系列

这类组合方式往往是借用人们的希望、爱好、祝愿、友谊、幽默、时尚追求等富有人之常情；生活情趣的内容，通过形象化的造型或附加造型的方法组合到系列产品中去，构成趣味性产品系列。情趣系列组合，可以是成套化的，也可以是强制性的，组合的目的就是增加卖点。

如图 8.29 所示为 2006 年 4 月天津自行车展会上展示的车铃系列部件。

图 8.29 车铃情趣组合系列

8.6.3 变换系列设计

通过改变产品要素的设计，即局部结构、造型改变或模块更换，即为变换设计，所设计的产品被称为变型产品。这是系列产品设计中的常见方法。其目的在于：增强产品功能，提高产品性能、降低成本等。

8.6.3.1 变换系列设计的特点

（1）适应性强。这类产品的出现，受市场机制的影响，因此，以多变的形式适应不同层面的需求。

（2）快速反应。能针对市场需求快速推出提升功能的换代产品。

（3）低成本。因为是对产品的某个部分的变换，或者说是产品系列中某些部分被模块化，省略了重复和共用的部分，可达到降低设计成本和生产成本的目的。

8.6.3.2 变换设计的条件

（1）通用性。产品部件或单元甚至模块应达到可置换性要求。

（2）标准化。标准化是可置换设计的先决条件。标准化含有两层概念：一是产品系列中为达到互换目的而建立的标准；二是行业或者国家制定的标准，这对保证产品质量，统一评价技术管理，缩短新产品开发周期，利用维修、降低成本等都具有重要意义。

（3）系列化。产品系列化目标与变换设计是相辅相成的。变换设计是在基型产品的基础上进行要素变换，可大致分为几类，即纵向变换、横向变换和多向变换、相似变换及模块化设计等。不同类型的产品系列，要采取不同的处理方法。

8.6.3.3 变换系列设计的方法

1. 纵向变换设计

纵向变换设计是通过一组功能相同、属性相同、结构相同或相近，而尺寸规格及性能参数不同的产品系列设计，即纵向系列。

2. 横向变换设计

横向变换设计是在产品的基本形态上进行功能扩展，派生出多种相同类型产品，所构成的产品系列，即横向系列。如，在普通自行车的基础上进行二次开发，派生出诸如变速车、赛车、山地车、学生车等。

横向变换设计要点如下。

（1）充分考虑通用部件。

（2）考虑可互换部件的位置，留出使用余地。

（3）考虑接合部位的合理性。

3. 多向变换设计

多向变换设计的主要特征就是以相同性能，或通用部件构成不同类型的产品，并选择产品的某些要素，采用增减、置换、重组、颠倒等变换方法进行多角度、多层次、多途径的变换设计，形成一个产品系列族类。多向系列产品实际上是一种跨系列的产品族，往往形成家族系列（图 8.30）。

需要注意的是，多向系列所体现的往往不一定是形式上的系列感，而是技术和原理上的共性，有时是通过通用件或模块来实现的。所以，在具体设计时要特别注意和解决好基型产品与通用件或模块结合面等结合要素的合理性和精确性。在这一点上设计者容易从思想上松懈，认为这只是属于技术上或工艺上的问题，与外形无关。然而，在许多情况下，衔接的问题不仅与外形密切相关，而且好的设计往往可以利用衔接的特点，形成设计上的特点，从而在视觉上、使用上都会取得良好的效果。

图 8.30　多向变换

4. 相似变换设计

相似变换设计实际上是纵向变换的另一种方式，即是在功能属性、结构等相同的条件下，将其形态尺寸、性能参数按一定的比例关系进行变换设计，构成相似系列产品（图 8.31）。

相似系列设计方法对于机电产品设计来说应有相当的严密性，即严格按照相似理论设定相似条件。而对于工业设计的相似变化来说，不一定要有如此理性的要求，感性的判断也很重要。前者不仅形态相似，而且性能原理的参数也按一定的公比进行变换，而后者往往性能原理参数不变，仅是形态上的相似变换。当然，也会有与前者相同的情况。

在功能属性、结构等相同的条件下，将其形态尺寸、性能参数按一定的比例关系进行变换设计，构成相似系列产品。

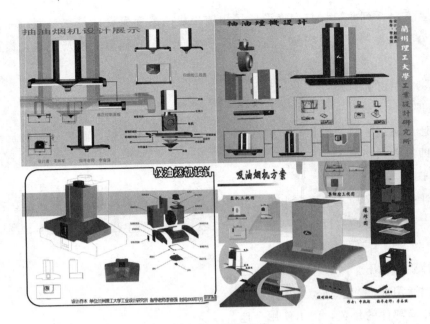

图 8.31　相似变换

（1）相似变换的要点。要根据具体情况确定形态的相似类型，即完全相似与不完全相似。

1）完全相似产品几何形态完全按固定比例变换。

2）不完全相似由于产品的某些部位出于功能上、使用上的限制，无论基本形态如何进行相似变换，该部件固定不变。如，手电筒的形态按比例进行相似变换，但操作开关按钮尺寸保持不变，因为该部位要满足最低的人体工学上的需要。不完全相似的情况有时是出于生产工艺上最低要求的限制。

（2）基本形态的确定。相似系列产品不是针对某单件产品的设计，而是首先需要确定基本形态，然后在此基础上进行几何计算、作图或凭感觉进行推导。无论是哪一种方式，基型的设计是最重要的。这样，可以大大提高设计效率和生产效率。基型推导的思维方式，对于单件产品设计构思也具有重要意义，这样可以避免漫无边际、跳跃性思维的不确定性和低效率，从而通过相似变换的推导过程寻求最优化。

8.6.4　产品系列化设计流程

8.6.4.1　做好系列设计计划

根据系列型谱的安排，在基本型产品的基础上充分运用结构典型化、零部件标准化、通用化等思想方法进行系列化产品设计。尽量做到仅增加少数专用件就可以发展一个变型产品或变型系列，使变型和基本型产品最大限度的通用。

系列设计可以通过两种方法达到。

（1）对现有产品进行分析比较，选出较好的作为基础，淘汰比较落后的。再按系列中的空白规格进行补充以形成系列。

（2）根据现有的产品资料，进行分析比较，综合优点，按需要提出新的产品设计系列计划。

根据需要，产品的系列设计计划可以从不同的角度进行，例如主参数系列、尺寸系列、材料系列、色彩系列、价格系列、包装系列、形态系列等。

8.6.4.2　产品系列设计程序

产品的系列设计应根据参数标准、系列型谱和使用要求进行，其设计程序与单个产品设计程序相同。

设计时，首先根据系列设计计划，在系列中选择基型；然后对基型产品按照系列设计规划的要求进行技术设计、造型设计和工艺设计。

（1）向横的方向扩展：设计全系列的各种规格。

（2）向纵的方向扩展：设计变型系列或组合系列产品。

8.6.4.3　系列设计注意事项

选好基型，搞好基型设计。基型应该是系列内最有代表性、规格适中、用量较大、结构先进、性能可靠的型号。

基型设计应在国内外同类产品选优的基础上进行。通过试验验证，采用新技术、新结构、新材料，促使产品更新换代。

通用化。主参数相同的产品，以基型为主，实现最大限度的通用化。遵循结构典型化的原则，实现组件、部件、零件的通用化。

在设计基型产品的基础上设计基型系列的各种规格。对系列内产品的主要零、部件确定几种典型结构形式，供具体设计时选用。

纵系列中不同规格产品的外形尺寸，重量均有相当大的差别，分档较密的系列能局部的实行分组通用，在同一通用组中，构件外形风格应尽可能一致。

设计变型系列或变型产品时，应利用组合化，模块化的设计思想，尽量做到只增加少数专用部件即可发展一个变型产品或变型系列，以达到变型和基型产品能最大限度地通用。

分析产品结构，对具有共性的零，部件，进行通用化工作。对通用件可实行部件归口设计，以提高零部件的标准化、通用化水平。也可以把通用件编成图册，供设计人员参考选用。

8.7　制定产品参数系列

8.7.1　基本参数及意义

纵向变换系列设计和相似变换系列设计都需要将其形态尺寸、性能参数按一定的比例关系进行变换设计。如何确定基本参数，如何选择变换参数系列，这就需要在系列产品开发的早期，科学制定产品的参数系列。

8.7.1.1　基本参数

产品的基本参数是产品基本性能或基本技术特征的标志，是选择或确定产品功能范围、规格尺寸的基本依据。产品的基本参数及其特性可分为性能参数与几何尺寸参数两种。

性能参数指表征产品的基本技术特性的参数，如载荷、功率、容量、转速、压力等。

几何尺寸参数指表征产品的重要几何尺寸的参数。在一个产品的若干基本参数中，起主导作用的参数称为主参数（主要参数）。

主参数能反映产品最基本的特性，如电动机的功率、起重机的起重量等。

8.7.1.2　确定产品基本参数系列的重要意义

（1）由产品的基本参数构成的基本参数系列，是指导企业发展品种，指导用户选用产品的基本依据。

（2）产品的基本参数系列确定得是否合理，不仅直接关系到该产品与相关产品之间的配套协调，而且在很大程度上影响企业的经济效益。

（3）产品基本参数系列是产品系列化的首要环节，也是编制系列型谱、进行系列设计的基础。

8.7.2 制定产品参数系列的步骤和方法

8.7.2.1 选择主要参数和基本参数

主要参数是各项参数中起主导作用的参数。基本参数是能反映产品主要性能、基本结构和基本尺寸的参数。可包括尺寸参数、运动参数和动力参数 3 种。作为系列化对象的参数，选择时应考虑保证产品使用性能，保证互换配套和对制造成本的影响。对于不同种类的产品其参数的内容是很不相同的，必须具体分析。主参数是各项参数中起主导作用的多数。

选择主参数的原则如下。

（1）主参数应能反映产品的基本特性（如电动机的功率）。

（2）应是产品中最稳定的参数（如机床床身上工件最大回转直径）。

（3）应从方便使用出发、优先选性能参数，其次选几何尺寸参数。

主参数的数目一般只选一个，最多也只能选两个。如电机的功率、车床的最大加工直径和长度。

8.7.2.2 列出参数方程

一般机械的主要参数和基本参数以及各个基本参数相互之间有着密切的联系，应通过技术分析列出参数间的函数关系式，没有函数关系而有统计相关的函数，可列出回归方程。

8.7.2.3 确定主参数的上、下限值

确定上、下限，就是确定参数系列的最大、最小值。这个数值范围的确定，一般要经过对国内外的用户近期和长远的需要情况、国内该产品的生产情况、质量水平以及国外同类产品的生产和使用情况做周密地分析才能确定。

8.7.2.4 有关的参数分级

主参数按照一定的规律进行分档、分级后，形成有规律的数列，又会导致有关的参数分级，此即形成了参数系列。

8.7.2.5 合理分档形成规格系列

在大小规格的上、下限间合理地分档，以形成系列方案，同时满足功能目标和经济目标，选出最佳系列。

整个系列安排多少档，档与栏之间选用怎样的公比等。完成这项任务除了必须进行的调查、举报足够的统计资料之外，一般都应提出几个可行方案。然后运用统计资料进行技术经济比较，从中选择最优方案。

8.7.2.6 在选择参数系列时应注意的原则

（1）参数系列的选择既要满足当前大多数产品需要，又考虑到长远的产品发展战略。

（2）参数系列要考虑同类产品和配套产品的协调。

（3）参数系列的选择要有合理的分档密度，并尽量选用优先数和优先数系。

（4）参数系列的选择标准要以人机工程学的要求为标准，做到高效、舒适、健康、安全。

8.7.3 优先数系

8.7.3.1 优先数系概念

选择参数系列时要优先考虑优先数系。

优先数系是国际上统一的数值分级制度，是一种无量纲的分级数系，适用于各种量值的分级。在确定产品的参数或参数系列时，应最大限度地采用。

产品（或零件）的主要参数（或主要尺寸）按优先数系形成系列，可使产品（或零件）走上系列化、标准化的轨道。用优先数系来进行系列设计，便于分析参数间的关系，可减轻设计计算的工作量。

8.7.3.2 优先数系的应用

优先数系适用于能用数值表示的各种量值的分级，例如长度、直径、面积、体积、载荷、应力、速度、时间、功率、电流、电压、流量、浓度、传动比、公差、测量范围、测点间隔、比例系数等，特别是产品的参数系列，凡是取值有自由选择余地的参数，均应最大限度的选用优先数系。

8.7.4 模数制

因优先数系之和或差一般不再是优先数系，所以，若干单元拼合起来的组合尺寸或积木式组装结构不宜采用优先数系，可用模数制来协调单元尺寸与组合尺寸之间的配合。

模数是指有包容关系的外件和内件间设计和布局中普遍应用的一种基准尺寸。

模数有组合模数和分割模数两种。组合模数记作 m，是组合尺寸的最小基数，这种组合是叠加组合，模数值的选用取决于内件（组合单元）的最小尺寸，制品尺寸应是模数的整倍数。分割模数记作 M，是组合尺寸的最大基数，这种组合是分割组合，内件（或组合单元）的尺寸应取 M 的整数分割值。

制就是在模数的基础上所制订的一套尺寸标准。

8.8 编制产品系列型谱

8.8.1 系列型谱

系列型谱是企业根据市场发展的需要，依据对国内外同类产品生产状况的分析，对基本参数系列所限定的产品进行形式规划，把基型产品与变型产品的关系以及品种发展的总趋势，用简明的图表反映出来，形成一个简明的品种系列表。

总之，系列型谱是用以表示产品系列的构成、相互关系及发展趋势的图表。

8.8.2 产品发展的总蓝图

设计新品种的产品时，应有一个总体规划，系列型谱是产品发展的总蓝图，它是根据产品的参数系列，产品的结构形式，基型产品与变型产品的关系及其应有的技术性能来拟定。

8.8.3 系列型谱的形式和内容举例

例如，OLYMPUS4/3 镜头系统作为一个完全为数码时代设计的标准，应该说是最适合数码单反的。奥林巴斯计划推出多支镜头，图 8.32 所示为 OLYMPUS4/3 系统镜头系列型谱开发计划（2004）。

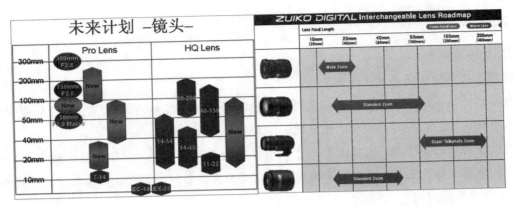

图 8.32　OLYMPUS 镜头系列型谱开发计划（2004）

该型谱中纵向的关系是表示产品的参数规格系列-镜头焦距大小分档，也可以说是产品的规格参数。它是由决定产品性能的主参数系列确定的。表中每一纵列代表结构相似、参数大小不同的产品系列。

该型谱中横的关系是表示产品的结构形式-型号，即基型与变型（以基型产品为逐础派生出来的产品）之间的关系。表中每一纵列代表结构相似、主要参数不同的基型和各种变型产品。

该型谱中"50mm 镜头"为基型系列，余者为变型系列。纵横交错构成的每一空间网络，表示一个可发展的品种。

有些型谱还将该产品的发展方向、生产情况、设计试制状况、近期及远期重点等带方向性的问题，用醒目的符号标志出来，以指导生产和设计。

8.8.4　编制系列型谱应进行的工作

分析国内外同类产品的发展情况（包括产品布局和形式、产品性能和技术水平、产品品种发展情况、基本系列和变型系列）和发展趋势。

产品需要情况的分析。

产品及其部件通用化关系的分析。

8.8.5　产品系列型谱的内容

基本形式与系列构成。首先确定基本型产品。在产品系列确定之后，用技术经济比较的方法，从系列中选出最先进、最合理、最有代表性的产品结构作为基本型产品。

基本形式应按产品总体布局的不同，划分成几种形式，系列构成包括基型系列与各种变型系列，是系列类型的总规划。然后，在基本型产品的基础上，通过规格和型号的变化，派生出各种换型产品。

各系列的用途、性能及结构特征等的说明。

产品品种表。根据产品主参数，系列构成和形式等编制出产品品种表（系列型谱）。根据需要还可在表中标出按订货发展品种等特殊标记。

产品参数表。表中应包括主参数、基本参数和一般参数。一般参数是指参数标准以外与产品结构有关的尺寸与性能参数。

用图表的形式把基本型系列和派生系列之间的关系表达出来，就形成了产品系列型谱。它是作为产品系列设计和远景规划的依据。

产品系统设计案例选

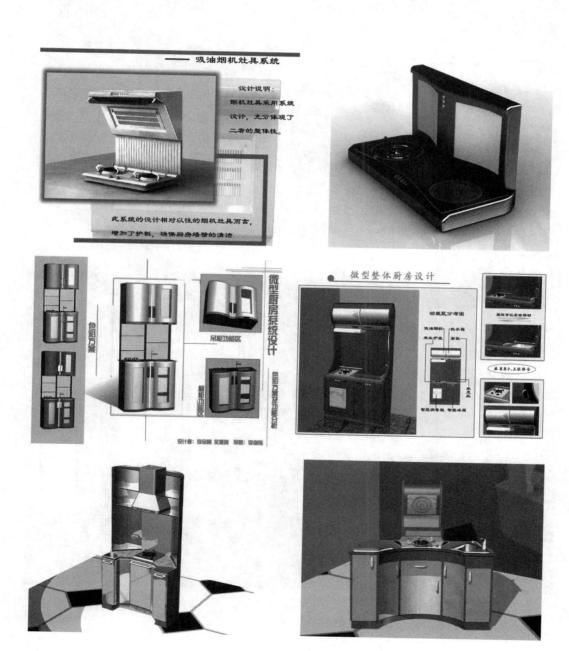

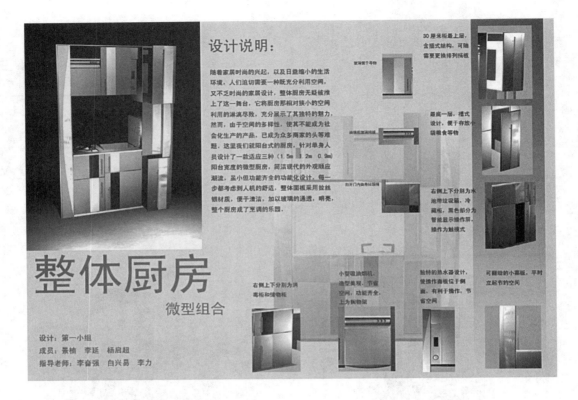

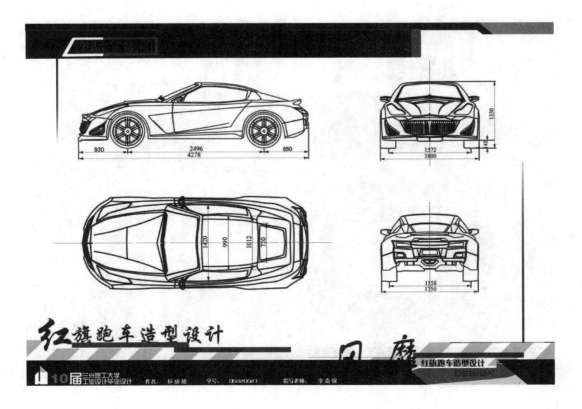

WESC型液压万能试验机造型设计

效果展示

设计风格简约，具有现代感；整体统一，给人一种轻巧感。

2010届工业设计毕业作品

姓名：李连晶　学号：06820022　指导老师：李力　　1

兰州理工大学设计艺术学院工业设计系2010届毕业设计

暖气片设计■ 细节图

（1、8）片片之间采用相互并入连接扣合方式

（2）模块之间与端体的卡架连接

（3）单一模块底座透气感设计

（4、5）侧面通风口个性设计

（6、7）管路与机体散热片的连接架构

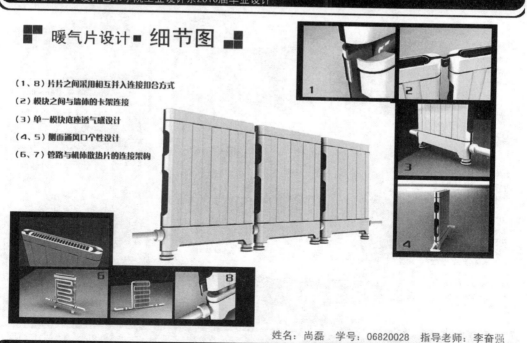

姓名：尚磊　学号：06820028　指导老师：李奋强

中药蒸汽热敷器设计

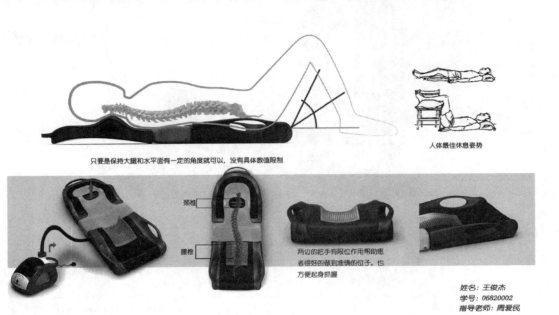

只要是保持大腿和水平面有一定的角度就可以，没有具体数值限制

人体最佳休息姿势

颈椎

腰椎

两边的把手有限位作用帮助患者很好的做到准确的位子，也方便起身抓握

姓名：王俊杰
学号：06820002
指导老师：周爱民

兰州理工大学设计艺术学院2010届工业设计专业毕业作品——VP1600回转工作台立式数控钻镗床外观造型设计

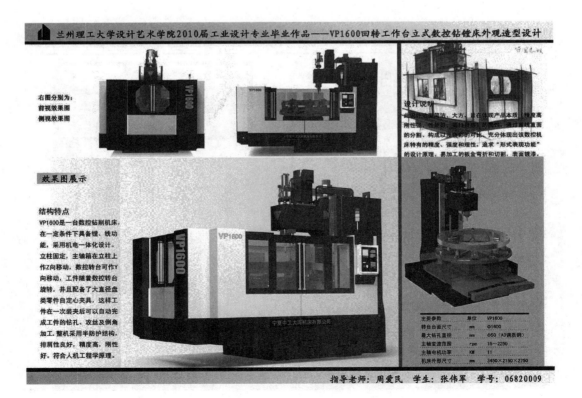

右图分别为：
前视效果图
侧视效果图

设计说明
造型简洁、大方，着在体现产品本质。精度高刚性强，结构稳定……通过直线直面的分割、构成以及镜面的对比，充分体现出该数控机床特有的精度、强度和理性。追求"形式表现功能"的设计原理，易加工的板金弯折和切割，表面镀漆。

效果图展示

结构特点
VP1600是一台数控钻削机床，在一定条件下具备镗、铣功能，采用机电一体化设计。立柱固定，主轴箱在立柱上作Z向移动，数控转台可作Y向移动，工件随着数控转台旋转。并且配备了大直径盘类零件自定心夹具，这样工件在一次装夹后可以自动完成工件的钻孔、攻丝及倒角加工。整机采用半防护结构，排屑性良好，精度高，精度好，符合人机工程学原理。

主要参数	单位	VP1600
转台台面尺寸	mm	Φ1600
最大钻孔直径	mm	Φ50（A3调质钢）
主轴变速范围	rpm	15～2250
主轴电机功率	KW	11
机床外型尺寸	mm	3450×2150×2750

指导老师：周爱民　学生：张伟军　学号：06820009

兰州理工大学设计艺术学院工业设计专业2010届毕业设计
——女性手机设计

06级工业设计一班
赵建峰
指导老师：李奋强

瑞士品牌 Lifetrons 镜头组系列化设计

福特汽车公司高级品牌林肯（Lincoln）家族系列汽车产品

参 考 文 献

［1］ 许国志. 系统科学［M］. 上海：上海科技教育出版社，2000.

［2］ 吴翔. 产品系统设计［M］. 北京：中国轻工业出版社，2000.

［3］ 刘长林. 中国系统思维——文化基因探视（修订本）［M］. 北京：社会科学文献出版社，2008.

［4］ 简召全. 工业设计方法学［M］. 北京：北京理工大学，2000.

［5］ 张福昌，张寒凝. 工业设计系统工程［J］. 江南大学学报（自然科学版），2002，1（4）.

［6］ 王成焘. 现代机械设计——思想与方法［J］. 上海：上海科学技术文献出版社，1999.

［7］ （美）Kevin N Otto & Kristin L Wood. 产品设计［M］. 齐春萍，宫晓东，张帆，译. 北京：电子工业出版社，2005.

［8］ （美）犹里齐，等. 产品设计与开发（第2版）［M］. 杨德林，等，译. 沈阳：东北财经大学出版社，2001.

［9］ 乌杰. 系统辩证学［M］. 北京：中国财政经济出版社，2003.

［10］ （英）P. 切克兰德. 系统论的思想与实践［M］. 左晓斯，史然，译. 北京：华夏出版社，1990.

［11］ （日）寺野寿郎. 系统工程学［M］. 张宏文，译. 北京：机械工业出版社，1980.

［12］ 顾文波. 谈德国乌尔姆造型学院的设计教育思想［J］. 艺术教育，2006，（4）.

［13］ 杨砾，徐立. 人类理性与设计科学——人类设计技能探索［M］. 沈阳：辽宁人民出版社，1987.

［14］ （美）菲利普·科特勒. 营销管理（第11版）［M］. 梅清豪，译. 上海：上海人民出版社，2003.

［15］ （美）艾·里斯，杰克·特劳特. 定位［M］. 王恩冕，余少蔚，译. 北京：中国财政经济出版社，2002.

［16］ 凌继尧，徐恒醇. 艺术设计学［M］. 上海：上海人民出版社，2000.

［17］ 马克思，恩格斯. 马克思恩格斯全集（第四卷）［M］. 中共中央马克思恩格斯列宁斯大林著作编译局. 北京：人民出版社，1958.

［18］ 徐萍. 消费心理学教程［M］. 上海：上海财经大学出版社，2001.

［19］ 朱祖祥. 工业心理学［M］. 杭州：浙江教育出版社，2001.

［20］ 李彬彬. 设计心理学［M］. 北京：中国轻工业出版社，2001.

［21］ 21世纪初科学发展趋势［M］. 北京：科学出版社，1996.

［22］ 徐灏. 机械设计手册（第3卷）［M］. 北京：机械工业出版社，1995.

［23］ 潘公凯. 工艺与工业设计［M］. 上海：上海书画出版社，2000.

［24］ 丁玉兰. 人机工程学［M］. 北京：北京理工大学出版社，2000.

［25］ 安宁. 色彩原理与色彩构成［M］. 杭州：中国美术学院出版社，1999.

［26］ 张道一. 工业设计全书［M］. 南京：江苏科学技术出版社，1994.

［27］ 尹定邦. 设计学概论［M］. 长沙：湖南科学技术出版社，2000.

［28］ 程能林. 工业设计概论［M］. 北京：机械工业出版社，2000.

［29］ 何人可. 工业设计史［M］. 北京：北京理工大学出版社，2000.

［30］ 辛华权. 形态构成学［M］. 杭州：中国美术学院出版社，1999.

［31］ 庞志成，等. 工业造型设计［M］. 哈尔滨：哈尔滨工业大学出版社，1995.

后　记

本书就要刊印了，想起了一些人、事、物，很是感慨。

自小在内蒙古额济纳旗长大，胡杨林陪伴着我的青少年时代，现在依然十分怀念那段纯真的时光。读中学时比较喜欢绘画，但那时绘画基本靠自学。1981 年，我的同学孙大克送了我一本《系统工程学》，内容介绍系统科学在工程中的应用方法。过了两年，他又寄来一本《运筹学》。1992 年，我读了《系统论的思想与实践》，对"系统"有了一些了解。到了 2000 年，拜读了许国志的《系统科学》专著后，使我对系统方法论有了更深的了解和认识。2008 年刘长林著的《中国系统思维》使我对系统方法论的认识进一步提高。1982—1986 年学习生产工艺设计和几何学。1986 年偶然在兰州新华书店买了一本《设计美术新潮》，看完后使我猛然意识到艺术与科学竟然可以结合成为一门学科。1986 年浙江大学许喜华老师出版了《产品造型设计》，我借开会之便亲自登门造访，交流之后，茅塞顿开。同年孙大克将北京理工大学的一套工业设计专业教学资料讲义寄来，我逐门开始学习。到了 1998 年，兰州理工大学批准筹办工业设计专业。从 2000 年开始，将三个年级的学生，从 98 三年级、99 二年级、2000 一年级，全部进入工业设计专业学习。于是，我一口气从工业设计史、工业设计方法、人机工程设计讲到专业课的产品设计。2000 年，江南大学吴翔老师的《产品系统设计》出版后，我又马上拜读，将过去所学的系统工程学和系统科学知识，结合过去在企业所学的产品生产工艺设计以及 1995—1999 年由我主持新开发的健骑自行车设计经验融会贯通，开始在工业设计大四年级讲授"产品系统设计"。专业创办初期，与苏建宁、赵得成、赵雪松等老师克服了许多意想不到的困难。在教学过程中，经常与工业设计专业的同行交流，与大家合作非常愉快。从 2004 年开始，带领学生到浙江去做毕业设计，为企业开发新产品，得到了宁波市东金科技有限公司徐明强董事长、义乌康仕成文化礼品公司等的大力支持。经过了 8 年时间的积累，讲义年年更新，内容不断充实。认真观察海尔、佳能和大众等名牌企业的产品规划、产品开发、新产品上市之路，使我进一步认识到产品系统设计的价值。遂鼓起勇气和中国水利水电出版社教育出版分社的孙春亮社长联系，得到了孙春亮社长、淡智慧主任和周玉枝编辑的支持和鼓励。清华大学的刘振生教授和江南大学的李世国教授作为教材的主审，在教材的规划期就进行审核，并提出了许多宝贵的教材编写建议和意见。以上我所想到的人是我首先要感谢的。特别要感谢孙大克同学对我的帮助。

在工业设计领域，大家对 1957 年、1980 年、2006 年国际工业设计协会和 2010 年工业和信息化部等 11 个部委对工业设计所下的定义讨论非常热烈。同时，也有专家、学者对工业设计不断提出新的定义和解释。

从系统方法论的角度来看，复杂事物在各个层次展开，其全部才是完整的，而每次定义只是反映了其中的某个层面或某几个层面而已。各地、各个时期发展的不平衡才是系统完整的组成部分。工业设计的定义如此，工业设计的课程也是五花八门，这都不足为怪，亦是工业设计结构中多个层面的不同反映而已。

面对工业设计复杂的定义和工业设计专业的五花八门，更坚定了我选择用系统设计方法论解决产品设计问题，由此而催生了这本专业教材《产品系统设计》。

产品系统设计最重要的是两点：一是从整体的、有联系的方法论上，宏观把握复杂事物；二是分系统结构、分层次、分元素，将复杂事物分解到最简来处理。也就是系统综合方法和系统分析方法。有了这两种方法就可以对复杂事物的广度问题和深度问题加上人类的感性知识和艺术情感，可以解决复杂的设计问题。由于系统设计方法论是上升到设计的哲学高度来认识问题，涉及的因素庞杂繁多，体系复杂，因此我们把产品系统设计作为工业设计专业高年级开设的一门重要的专业课。前面需要学习工业产品设计，再向前要学习人机工程设计、产品造型设计、工业设计方法及专业基础先导课程等。

网络时代，我们的生活发生了巨大变化，给我们提供了很多方便，也为此次成书提供了许多便利。在此，特别要感谢：MBA 智库百科（http://wiki.mbalib.com/）、网易（http://www.163.com/）、汽车之家（http://www.autohome.com.cn/）、百度（http://www.baidu.com/）、佳能（http://www.canon.com.cn/products/camera/）、昵图网（http://www.nipic.com/design/）、太平洋汽车网（http://www.pcauto.com.cn/）、太平洋电脑网（http://www.pconline.com.cn/）等我喜欢经常浏览的网站。其中，对汽车、照相机、电脑、手机公司新产品介绍及这些公司发展动态的报道，对我构造此书帮助比较大。在此，对网站管理及采编人员的辛勤工作表示衷心的感谢！

在此，我还要感谢我的学生：兰州理工大学工业设计专业的学生多年来持续不断地与我共同讨论、研究、探讨工业设计及产品系统设计问题；也要感谢王博鹏、常慧贞、周飞、韩素斌、何璐君以及张新新、邱凯等研究生对插图修改的贡献；还要感谢李旭老师、周爱民老师、王鹏老师、景楠博士、张书涛博士等对本书第二版次序章节及标题和部分内容提出的宝贵修改意见。

最后也要感谢妻子杨绪昆、儿子李冠哲对我一直以来的关爱和忍让，也十分怀念我不久前过世的父母 李成钦 、 付永章 。

作者　李奋强

2016 年 6 月 28 日于兰州

扫描书下二维码获得图书详情
批量购买请联系中国水利水电出版社营销中心 010-68367658
教材申报请发邮件至 liujiao@waterpub.com.cn 或致电 010-68545968

——精品推荐—— ·"十二五"普通高等教育本科国家级规划教材

《办公空间设计》
978-7-5170-3635-7
作者：薛娟 等
定价：39.00
出版日期：2015 年 8 月

《交互设计》
978-7-5170-4229-7
作者：李世国 等
定价：52.00
出版日期：2017 年 1 月

《装饰造型基础》
978-7-5084-8291-0
作者：王莉 等
定价：48.00
出版日期：2014 年 1 月

——新书推荐—— ·普通高等教育艺术设计类"十三五"规划教材

| 色彩风景表现 |
978-7-5170-5481-8

| 设计素描 |
978-7-5170-5380-4

| 中外装饰艺术史 |
978-7-5170-5247-0

| 中外美术简史 |
978-7-5170-4581-6

| 设计色彩 |
978-7-5170-0158-4

| 设计素描教程 |
978-7-5170-3202-1

| 中外美术史 |
978-7-5170-3066-9

| 立体构成 |
978-7-5170-2999-1

| 数码摄影基础 |
978-7-5170-3033-1

| 造型基础 |
978-7-5170-4580-9

| 形式与设计 |
978-7-5170-4534-2

| 家具结构设计 |
978-7-5170-6201-1

| 景观小品设计 |
978-7-5170-5519-8

| 室内装饰工程预算与投标报价 |
978-7-5170-3143-7

| 景观设计基础与原理 |
978-7-5170-4526-7

| 环境艺术模型制作 |
978-7-5170-3683-8

| 家具设计 |
978-7-5170-3385-1

| 室内装饰材料与构造 |
978-7-5170-3788-0

| 别墅设计 |
978-7-5170-3840-5

| 景观快速设计与表现 |
978-7-5170-4496-3

| 园林设计初步 |
978-7-5170-5620-1

| 园林植物造景 |
978-7-5170-5239-5

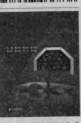

| 园林规划设计 |
978-7-5170-2871-0

| 园林设计 CAD+SketchUp 教程 |
978-7-5170-3323-3

| 企业形象设计 |
978-7-5170-3052-2

| 产品包装设计 |
978-7-5170-3295-3

| 视觉传达设计 |
978-7-5170-5157-2

| 产品设计创意分析与应用 |
978-7-5170-6021-5

| 计算机辅助工业设计—Rhino 与 T-Splines 的应用 |
978-7-5170-5248-7

| 产品系统设计 |
978-7-5170-5188-6

| 工业设计概论 |
978-7-5170-4598-4

| 公共设施设计 |
978-7-5170-4588-5

| 影视后期合成技法精粹—Nuke |
978-7-5170-6064-2

| 游戏美术设计 |
978-7-5170-6006-2

| Revit 基础教程 |
978-7-5170-5054-4